现代数学基础

84.1

非线性微分方程的同伦分析方法（上卷）

■ 廖世俊 著

■ 崔继峰 刘曾 杨小岩 译

中国教育出版传媒集团
高等教育出版社·北京

图书在版编目（CIP）数据

非线性微分方程的同伦分析方法．上卷：英文 / 廖世俊著；崔继峰，刘曾，杨小岩译．-- 北京：高等教育出版社，2024. 9. -- ISBN 978-7-04-062760-2

Ⅰ. O175

中国国家版本馆 CIP 数据核字第 2024WM4046 号

非线性微分方程的同伦分析方法

Feixianxing Weifen Fangcheng de Tonglun Fenxi Fangfa

策划编辑 吴晓丽　　责任编辑 吴晓丽　　封面设计 张　楠　　版式设计 杜微言

责任校对 张　薇　　责任印制 刘弘远

出版发行	高等教育出版社	网　　址	http://www.hep.edu.cn
社　　址	北京市西城区德外大街 4 号		http://www.hep.com.cn
邮政编码	100120	网上订购	http://www.hepmall.com.cn
印　　刷	唐山市润丰印务有限公司		http://www.hepmall.com
开　　本	787mm × 1092mm　1/16		http://www.hepmall.cn
印　　张	16		
字　　数	280 千字	版　　次	2024 年 9 月第 1 版
购书热线	010-58581118	印　　次	2024 年 9 月第 1 次印刷
咨询电话	400-810-0598	定　　价	59.00 元

本书如有缺页、倒页、脱页等质量问题，请到所购图书销售部门联系调换

物 料 号　62760-00

中文版序

从 1989 年本人初步形成“同伦分析方法”的雏形, 到 2022 年独立发表一篇论文指出小分母问题在“同伦分析方法”框架下可以完全避免, 已历时 33 个春秋: 本人从一个 26 岁青年, 步入花甲之年. 岁月如梭, 令人感叹!

三十多年来, “同伦分析方法”在理论上不断完善和发展, 得到国内、国际学术界和工程界越来越多的应用, SCI 他引上万次. 1991 年本人在美国伍兹霍尔 (Woods Hole) 海洋研究所举行的国际学术会议上首次报告这个方法时, 称该方法为 “Process Analysis Method”, 但在 1992 年本人的博士论文中正式改为 “homotopy analysis method” (同伦分析方法), 因为一位杂志的匿名评审人指出: 所谓的“连续变化过程”就是拓扑理论中的同伦. “同伦”这个对力学专业来说陌生的名词, 让不少初学者望而生畏, 也让不少同仁误以为我是数学专业毕业的. 但实际上, “同伦分析方法”并不需要拓扑理论的其他知识, 很容易被理工科学生理解和掌握.

早期的同伦分析方法建立在传统的“同伦”概念之上, 但并不能确保强非线性问题级数解收敛. 思考了多年之后, 本人 1997 年通过引入没有任何物理意义的“收敛控制参数”, 扩展了传统的同伦概念之内涵, 提出“广义同伦”这个全新的概念, 并在此新概念基础上重构了同伦分析方法, 使其能确保强非线性问题级数解收敛, 极大地完善了同伦分析方法, 从理论上克服了摄动理论几乎所有的局限性. 此后, 同伦分析方法被成功应用于科学、工程、金融等领域各种类型的强非线性问题. 因此, 广义同伦概念的提出, 是同伦分析方法发展过程中的关键, 具有重要的理论意义.

本人毕业于上海交通大学船舶与海洋工程系的潜艇专业, 之所以对强非线性问题感兴趣, 源于在硕士时期旁听了本系刘应中教授关于摄动理论的一门研究生课程, 了解到摄动理论的一些局限性. 在德国留学时, 本人非常幸运地有选择研究方向的自由, 想起了刘先生在课堂上指出的摄动理论之局限性, 希望自己能克服它们. 现在回想起来, 自己当时真是年少无知, 根本不知道有多少人曾经在这个研究方向尝试、失败过. 但或许正是因为无知, 所以无畏: 年轻人没有什么害怕失去的. 在此, 本人要特别感谢刘应中教授. 他在授课时不仅传授知识, 更批判地指出现有理论和方法的局限性, 给年轻人指出可能的前进方向. 这种批判比简单地传授知识对学生的影响或许更大. 也要特别感谢本人的两位博士生导师: 无人深潜器专家朱继懋教授和船舶水动力学专家 H. Soeding 教授, 给我探索的自由, 宽容我的失败. 即使在三十多年后的今天, 自由探索和宽容失败, 都是非常奢侈的事情. 本人确实非常幸运.

今天, 同伦分析方法已被成功应用于求解科学、工程、金融等领域的各种类型的非线性问题. 这些成功的、广泛的应用, 验证了同伦分析方法的有效性和一般性. 局限于本人狭窄的研究范围, 这种有效性和一般性的验证, 是无法由本人和学生完成的. 因此, 特别感谢国内外不同领域的研究人员不断扩展同伦分析方法的应用范围.

在逻辑上, 同伦分析方法包含大多数求解非线性方程的传统解析近似方法, 如人工小参数法、δ 展开法、Adomain 分解法, 甚至著名的欧拉变换等. 除此之外, 在同伦分析方法后面提出的一些方法, 如 1998 年提出的“同伦摄动方法”(homotopy perturbation method)、2008 年提出的“最优同伦渐近方法”(optimal homotopy asymptotic method) 等, 都是同伦分析方法的特例: 应用这些方法求解的所有问题, 在同伦分析方法框架下都可以获得完全一样的结果 (详见本书第六章). 因此, 同伦分析方法理论上更具一般性.

2022 年, 本人应用同伦分析方法证明: 小分母问题是完全可以避免的 (详见本人发表的论文: “Avoiding small denominator problems by means of the homotopy analysis method”. *Advances in Applied Mathematics and Mechanics*, 15(2): 267–299, 2023). 众所周知, 小分母问题是非线性力学领域的一个著名难题, 且与混沌、三体问题等密切相关, 因此具有重要的理论意义. 本人 1989 年开始尝试克服摄动理论之局限性时, 根本不敢奢想有一天它能求解小分母难题! 这再一次显示了同伦分析方法求解非线性难题的能力. 实际上, 许多弱非线性问题用摄动理论就足够了, 没有必要用同伦分析方法求解. 同伦分析方法应该被更多地应用于求解其他解析近似方法不能解决的强非线性问题, 特别是那些著名的非线性难题.

2002 年本人出版了第一本专著《超越摄动——同伦分析方法导论》(*Beyond Perturbation*), 介绍同伦分析方法的基本思想和一些应用. 该专著对同伦分析方法的推广和传播发挥了较大作用, 至今已被 SCI 他引四千余次. 2012 年, 为了系统地总结同伦分析方法理论上的最新研究进展、介绍其一些重要的应用, 本人出版了英文专著 *Homotopy Analysis Method in Nonlinear Differential equations*, 至今已被 SCI 他引上千次. 衷心感谢崔继峰博士、刘曾博士、杨小岩博士将其翻译成中文. 这对进一步在中国学术界特别是本科生、研究生和青年学者中推广和普及同伦分析方法, 并应用它攻克一些遗留的非线性难题颇有益处.

衷心感谢三十多年来老师、同仁、学生的关心、支持和交流, 衷心感谢家人的关爱、理解和包容, 衷心感谢上海交通大学给予的自由和宽容, 以及德国学术交流中心、国家自然科学基金委员会等机构科研经费的支持.

最后, 致敬让青春自由翱翔的时代.

廖世俊

2023 年春, 上海松江

前言

众所周知, 当非线性变强时, 非线性问题的摄动解和渐近近似往往失效. 因此, 摄动理论和渐近方法一般仅适用于弱非线性方程.

本人 1992 年提出的同伦分析方法 (Homotopy Analysis Method, 简称 HAM), 是一种适用于强非线性问题的解析近似方法. 首先, 不同于摄动理论, 同伦分析方法的有效性与是否存在物理小 (大) 参数毫无关系: 在同伦分析方法框架内, 无论是否存在物理小 (大) 参数, 总能将一个非线性问题转化为无穷多个线性子问题. 其次, 与其他所有解析近似方法不同, 即使是非线性非常强的问题, 同伦分析方法也能提供一个方便的途径确保级数的收敛. 而且, 基于拓扑理论的同伦概念, 同伦分析方法提供了极大的自由以选择初始猜测解、基函数、线性子问题方程类型等, 以简便地求解复杂的非线性问题. 最后, 同伦分析方法逻辑上包含其他传统的解析近似方法, 如 Lyapunov 人工小参数法, Adomian 分解法, δ 展开法, 欧拉变换等, 更具一般性. 因此, 同伦分析方法为求解科学、工程、金融等领域的强非线性问题提供了一个有效的工具.

本专著包含三个部分. 第一部分简述同伦分析方法的基本思想, 特别是其理论上的完善和发展, 包括最优收敛控制参数的选取, 控制和加速收敛的方法, 与形变方程、同伦导数算子等相关的定理, 与欧拉变换之联系, 等等.

第二部分, 有感于同伦分析方法在众多不同领域中的成功应用, 以及软件 Mathematica 和 Maple 强大的“基于函数而非数的计算”的能力, 本人提供了一个同伦分析方法求解非线性边值问题的 Mathematica 软件包 BVPh (1.0 版), 并用多个具体实例展示该软件包在求解有限 (或者无限) 区间内具有奇点、多解、多边界条件的强非线性常微分方程之有效性. 应用该软件包, 甚至可以求解一些非线性偏微分方程. 作为开源代码, 读者可在网上免费下载 BVPh (1.0 版), 且本书为读者提供了使用指南.

第三部分, 举例说明应用同伦分析方法可以成功求解一些复杂的强非线性偏微分方程, 从而丰富和加深对这些非线性问题的理解和认识. 例如, 应用同伦分析方法, 成功获得美式认沽期权最优行权边界的一个显式解析近似公式, 其有效时间可长达几十年, 而相应的摄动或者渐近公式, 仅在十几天或者数周内有效. 基于该公式, 本书提供了一个 Mathematica 程序, 可在数秒内获得美式认沽期权的最优行权价格. 再例如, 应用同伦分析方法, 首次发现了任意数量重力行进波的波浪共振条件, 其在逻辑上包含了 Phillips 提出的小振幅条件下的四波共振条件. 所有这些都显示了同伦分析方法在求解科学、工程、金融等领域强非线性问题的原创性、有效性和普遍性.

本书适合应用数学、物理、金融、工程等领域对非线性方程解析近似解感兴趣的科研人员和研究生阅读. 书中所有 Mathematica 程序及其相关输入数据, 都在附录中给出.

感谢多位合作者的有益讨论和交流, 以及多位研究生的辛勤汗水和不懈努力. 感谢国家自然科学基金委员会对该研究提供的经费支持. 最后, 衷心感谢父母、妻子和女儿在过去二十多年来的鼓励和鼎力支持.

廖世俊
2011 年 3 月, 上海

目录

上　卷

下　卷

第一章　绪论

1.1　研究目的与动机

众所周知, 求解边值问题的非线性常微分方程 (ODEs) 和偏微分方程 (PDEs) 比求解线性常微分方程和偏微分方程要困难得多, 特别是用解析方法进行求解. 传统上, 摄动方法 [94, 95, 69] 和渐近方法被广泛应用于获得科学、金融和工程中非线性问题的解析近似. 但是, 摄动方法和渐近方法通常强烈依赖于物理小 (大) 参数, 因此通常只对弱非线性问题有效. 例如, 美式认沽期权最优行权边界的渐近 (摄动) 近似只在到期前的几日或几周内有效 (例 13.1), 如图 1.1 所示.

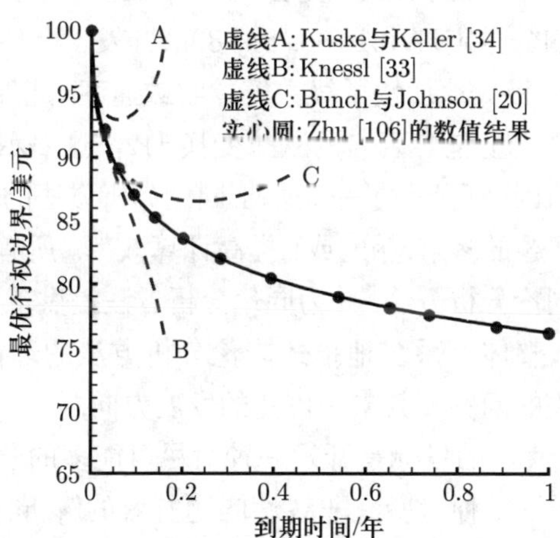

图 1.1　美式认沽期权的最优行权边界的渐近 (摄动) 近似: $X = 100$ (美元), $r = 0.1$, $\sigma = 0.3$ 和 $T = 1$ (年). 虚线 A: Kuske 与 Keller [36]; 虚线 B: Knessl [33]; 虚线 C: Bunch 与 Johnson [20]; 实心圆: Zhu [106] 的数值结果

另一个著名的例子是流体力学中流过球体的黏性流动: 阻力系数的摄动公式仅对相当小的雷诺数 $Re \ll 1$ 有效. 因此, 有必要开发一些完全独立于任何物理小 (大) 参数, 并且对强非线性问题有效的解析近似方法.

1992 年, 廖世俊 [42] 提出了一种解析近似方法, 即同伦分析方法 [43, 44, 45, 46, 47, 48, 49, 50, 51, 54, 55, 56, 57, 58, 37, 99]. 基于拓扑 [75] 中的同伦 [29], 同伦分析方法独立于任何物理小 (大) 参数. 更重要的是, 与其他解析方法不同, 同伦分析方法通过引入辅助参数 c_0, 即收敛控制参数, 为保证非线性问题级数解的收敛提供了一种简便的方法. 2003 年, 廖世俊在《超越摄动——同伦分析方法导论》[47] 一书中系统地描述了同伦分析方法的基本思想和一些主要与非线性常微分方程有关的应用.

此后, 同伦分析方法引起了十几个国家许多研究者的关注, 并已成功地应用于解决科学、金融和工程领域的许多非线性问题. 例如, 利用同伦分析方法发现了一些全新的解 [49, 57], 这些解甚至被数值方法所忽略, 并且从未见报道. 同伦分析方法给出了美式认沽期权最优行权边界的一些解析近似值 [105, 22, 23], 这些近似值通常在到期前几年有效, 因此远优于有效期只有几天或几周的渐近 (摄动) 近似 [20, 33, 36]. 此外, 同伦分析方法还成功地应用于求解一些复杂的非线性偏微分方程, 从而丰富和加深了我们对这些非线性现象的物理理解: 首次基于同伦分析方法建立了任意数量的大振幅行进波的波浪共振条件 [55], 其在逻辑上包含了 Phillips 提出的小振幅条件下的四波共振条件. 以上这些应用都表明了同伦分析方法在非线性问题中的独创性、有效性和普遍性.

此外, 还进行了一些理论研究和完善. 例如, 证明了一些与高阶近似方程和所谓同伦导数有关的数学定理 [51, 66, 84, 89]; 开发了一些最优同伦分析方法 [100, 64, 65, 70, 54], 极大地加快了级数解的收敛速度; 此外, 廖世俊 [53] 证明了同伦分析方法在逻辑上包含著名的欧拉变换 [12], 这揭示了同伦分析方法能保证级数解收敛的原因; 还开发了一些基于同伦分析方法的方法 [49, 5, 99, 64, 68], 以寻找非线性问题的多解, 和 (或) 提高计算效率. 所有这些都在理论上极大地发展和改进了同伦分析方法, 并为同伦分析方法提供了坚实的基础.

因此, 有必要从整体上系统地描述同伦分析方法的理论改进和新的应用, 并讨论一些有待解决的问题及其未来可能的发展方向.

需要强调的是, 我们的目标是开发一种对尽可能多的非线性问题有效的解析近似方法, 因为开发一种对所有非线性问题有效的解析方法是不可能的, 尤其是那些与混沌 [61, 52] 和湍流有关的问题.

1.2 同伦分析方法的特点

同伦分析方法具有以下不同于其他传统解析方法的特点.

首先, 基于拓扑中的同伦, 同伦分析方法完全独立于任何物理小 (大) 参数. 因此, 与渐近 (摄动) 方法不同, 同伦分析方法可以应用于解决科学、金融和工程中的许多非线性问题, 特别是那些没有物理小 (大) 参数的问题. 例如, 利用同伦分析方法, 得到了美式认沽期权的最优行权边界 $B(\tau)$ 按 $\sqrt{\tau}$ 级数展开到 $o(\tau^{48})$ 的解析近似解, 其有效期通常为几十年甚至半个世纪. 因此, 同伦分析方法远优于有效期只有几天或者几周的渐近 (摄动) 近似 [20, 33, 34], 如图 1.2所示. 详情请参考第十三章.

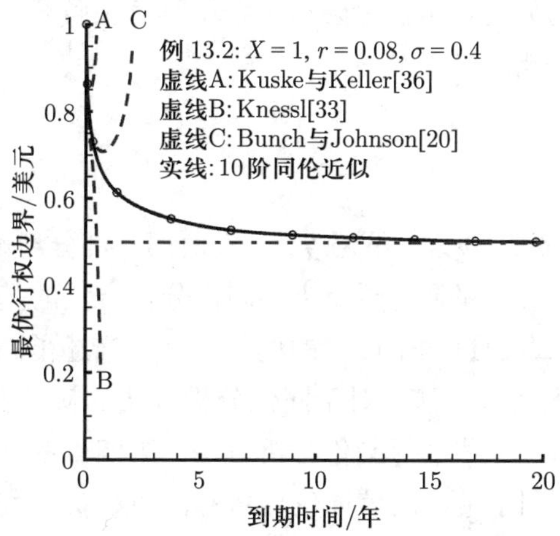

图 1.2 美式认沽期权的最优行权边界: $X = 1$ (美元), $r = 0.08$ 和 $\sigma = 0.4$. 实线: 基于同伦分析方法的按 $\sqrt{\tau}$ 级数展开到 $o(\tau^{48})$ 的 10 阶近似; 空心圆: 帕德方法近似; 虚线: 渐近 (摄动) 结果; 点划线: 长期最优行权价格为 0.5 美元

其次, 与其他解析方法不同, 同伦分析方法为我们提供了一个简便的途径来保证级数解的收敛性, 从而使其对强非线性问题有效. 例如, 当摄动结果仅对物理小参数 $0 \leqslant \varepsilon \leqslant 1$ 有效时, 可以通过同伦分析方法获得整个区间 $0 \leqslant \varepsilon < +\infty$ 上的有效近似, 如 Abbasbandy [2] 所示. 此外, 当其他方法给出的结果都发散时, 可以通过同伦分析方法得到收敛级数解, 如 Liang 和 Jeffrey [41] 所示.

再次, 同伦分析方法为我们选择线性子问题的方程类型和解的基函数提供了极大的自由度. 利用这种自由度, 一些复杂的非线性问题可以更容易得到解决. 例如, 二维 2 阶 Gelfand 方程通过同伦分析方法转化为由非常简单的 4 阶线性算子控制的无穷多个线性偏微分方程, 使得求解该方程相当简单, 如廖世俊和谭越 [58] 所示.

最后, 已经证明 [47, 53] 同伦分析方法在逻辑上包含 Lyapunov 人工小参数法 [62], Adomian 分解法 [10, 11], δ 展开法 [32] 和欧拉变换 [12]. 因此, 同伦分析方法具有很大的普适性.

综上所述, 同伦分析方法具有以下优势:

- 独立于物理小 (大) 参数;
- 保证收敛;
- 选择基函数和初始猜测解的灵活性;
- 很大的普适性.

同伦分析方法为研究科学、金融和工程中具有多解和奇点的强非线性问题提供了一个有用的解析工具.

1.3 本书大纲

本书由三部分组成, 分为上下两卷: 上卷由第一部分理论介绍构成; 下卷由第二、三部分构成. 第一部分简要介绍了同伦分析方法的基本思想及其理论上的改进和发展. 第二章通过两个简单的例子详细地描述了同伦分析方法的基本思想、所有相关的概念和方法. 对于同伦分析方法的初学者, 强烈建议先阅读第二章. 第三章介绍了一些最优同伦分析方法. 第四章系统地描述了同伦分析方法的基本思想, 证明了关于所谓同伦导数和高阶近似方程的数学定理并讨论了一些有待解决的问题. 第五章揭示了同伦分析方法与著名的欧拉变换之间的关系. 第六章简要介绍了其他一些基于同伦分析方法的方法以及同伦分析方法的发展历史.

第二部分基于同伦分析方法在许多不同研究领域的成功应用 [1, 2, 3, 4, 5, 6, 7, 8, 13, 14, 15, 16, 17, 18, 19, 21, 22, 24, 25, 26, 27, 28, 30, 31, 34, 35, 38, 39, 40, 41, 59, 60, 63, 64, 65, 66, 67, 68, 70, 71, 72, 73, 74, 76, 77, 78, 79, 80, 81, 83, 84, 85, 86, 87, 88, 89, 90, 91, 92, 93, 96, 97, 98, 100, 101, 102, 103, 104, 105, 106, 107, 108], 符号推导软件 Mathematica [9] 和 Maple 的 “基于函数而非数的计算” 能力 [82] 的启发, 作者在同伦分析方法框架下开发了 Mathematica 软件包 BVPh (1.0 版), 主要用于求解有限或无限区间上具有多解、奇点和多边界条件的强非线性常微分方程. 第七章简要介绍了 Mathematica 软件包 BVPh 1.0, 并附有相关数学公式和使用指南. 然后, 我们说明了同伦分析方法对有限区间上具有多解的非线性边值问题 (第八章)、有限区间上具有多边界条件、奇点

和强非线性的非线性特征值问题 (第九章)、无限区间上由常微分方程控制的具有呈指数或代数衰减的解的非线性边值问题 (第十章), 甚至一些与非相似边界层流动 (第十一章) 和非定常边界层流动 (第十二章) 相关的非线性偏微分方程的有效性和普遍性. BVPh 1.0 为我们求解由非线性常微分方程或偏微分方程控制的非线性边值问题提供了一个工具. 作为开源代码, BVPh 1.0 在附录 7.1 中给出.

第三部分说明了同伦分析方法可以用于研究一些相当复杂的强非线性偏微分方程, 从而加深和丰富我们对这些非线性现象的物理理解. 第十三章利用同伦分析方法给出了美式认沽期权最优行权边界的解析近似, 该边界通常在到期前几十年内有效, 有时甚至可能在半个世纪内有效, 因此比通常仅在几天或几周内有效的渐近 (摄动) 结果好得多. 基于这种解析结果, 附录 13.3 中提供了 Mathematica 程序 APOh, 其可在数秒内获得美式认沽期权的最优行权价格. 第十四章利用同伦分析方法将二维 (三维) 2 阶 Gelfand 方程转化为无穷多个 4 阶 (6 阶) 线性偏微分方程, 以更简单的方式求解该方程. 这种转化从未被其他解析或数值方法使用过, 这表明我们在解决非线性问题上的自由度可能比我们传统上认为的大得多, 因此我们必须始终保持开放的心态. 第十五章基于同伦分析方法求解了描述重力波与指数剪切流之间非线性相互作用的复杂非线性偏微分方程, 并首次发现, 对于均匀来流和非均匀来流上的波浪, 波浪破碎准则是相同的. 第十六章应用同伦分析方法成功地研究了任意数量的行进重力波之间的非线性相互作用, 并首次找到了任意数量的大幅值行进波的波浪共振条件, 其在逻辑上包含了 Phillips 提出的小幅值条件下的四波共振条件.

所有这些都表明了同伦分析方法对一些具有多解、奇点和多边界条件的强非线性问题的原创性、有效性和普适性.

为了方便读者, 本书中所有例子的相关 Mathematica 程序及其输入数据文件都在附录中给出.

参考文献

[1] Abbas, Z., Wang, Y., Hayat, T., Oberlack, M.: Hydromagnetic flow in a viscoelstic fluid due to the oscillatory stretching surface. Int. J. Nonlin. Mech. **43**, 783–793 (2008).

[2] Abbasbandy, S.: The application of the homotopy analysis method to nonlinear equations arising in heat transfer. Phys. Lett. A. **360**, 109–113 (2006).

[3] Abbasbandy, S.: The application of homotopy analysis method to solve a generalized Hirota Satsuma coupled KdV equation. Phys. Lett. A. **361**, 478–483 (2007).

[4] Abbasbandy, S.: Solitary wave equations to the Kuramoto-Sivashinsky equation by means of the homotopy analysis method. Nonlinear Dynam. **52**, 35–40 (2008).

[5] Abbasbandy, S., Magyari, E., Shivanian, E.: The homotopy analysis method for multiple solutions of nonlinear boundary value problems. Communications in Nonlinear Science and Numerical Simulation. **14**, 3530–3536 (2009).

[6] Abbasbandy, S., Parkes, E.J.: Solitary smooth hump solutions of the Camassa-Holm equation by means of the homotopy analysis method. Chaos Soliton. Fract. **36**, 581–591 (2008).

[7] Abbasbandy, S., Parkes, E.J.: Solitary-wave solutions of the Degasperis-Procesi equation by means of the homotopy analysis method. Int. J. Comp. Math. **87**, 2303–2313 (2010).

[8] Abbasbandy, S., Shivanian, E.: Predictor homotopy analysis method and its application to some nonlinear problems. Commun. Nonlinear Sci. Numer. Simulat. **16**, 2456–2468 (2011).

[9] Abell, M.L., Braselton, J.P.: Mathematica by Example (3rd Edition). Elsevier Academic Press. Amsterdam (2004).

[10] Adomian, G.: Nonlinear stochastic differential equations. J. Math. Anal. Applic. **55**, 441–452 (1976).

[11] Adomian, G.: Solving Frontier Problems of Physics: The Decomposition Method. Kluwer Academic Publishers, Boston (1994).

[12] Agnew, R.P.: Euler transformations. Journal of Mathematics. **66**, 313–338 (1944).

[13] Akyildiz, F.T., Vajravelu, K.: Magnetohydrodynamic flow of a viscoelastic fluid. Phys. Lett. A. **372**, 3380–3384 (2008).

[14] Akyildiz, F.T., Vajravelu, K., Mohapatra, R.N., Sweet, E., Van Gorder, R.A.: Implicit differential equation arising in the steady flow of a Sisko fluid. Applied Mathematics and Computation. **210**, 189–196 (2009).

[15] Alizadeh-Pahlavan, A., Aliakbar, V., Vakili-Farahani, F., Sadeghy, K.: MHD flows of UCM fluids above porous stretching sheets using two-auxiliary-parameter homotopy analysis method. Commun. Nonlinear Sci. Numer. Simulat. **14**, 473–488 (2009).

[16] Alizadeh-Pahlavan, A., Borjian-Boroujeni, S.: On the analytical solution of viscous fluid flow past a flat plate. Physics Letters A. **372**, 3678–3682 (2008).

[17] Allan, F.M.: Derivation of the Adomian decomposition method using the homotopy analysis method. Appl. Math. Comput. **190**, 6–14 (2007).

[18] Allan, F.M.: Construction of analytic solution to chaotic dynamical systems using the homotopy analysis method. Chaos, Solitons and Fractals. **39**, 1744–1752 (2009).

[19] Allan, F.M., Syam, M.I.: On the analytic solutions of the nonhomogeneous Blasius problem. J. Comp. Appl. Math. **182**, 362–371 (2005).

[20] Bunch, D.S., Johnson, H.: The American put option and its critical stock price. Journal of Finance. **5**, 2333–2356 (2000).

[21] Cai, .W.H.: Nonlinear Dynamics of Thermal-Hydraulic Networks. PhD dissertation, University of Notre Dame (2006).

[22] Cheng, J.: Application of the Homotopy Analysis Method in Nonlinear Mechanics and Finance. PhD dissertation, Shanghai Jiao Tong University (2008).

[23] Cheng, J., Zhu, S.P., Liao, S.J.: An explicit series approximation to the optimal exercise boundary of American put options. Communications in Nonlinear Science and Numerical Simulation. **15**, 1148–1158 (2010).

[24] Gao, L.M.: Analysis of the Propagation of Surface Acoustic Waves in Functionally Graded Material Plate. PhD dissertation, Tong Ji University (2007).

[25] Hayat, T., Khan, M., Asghar, S.: Magnetohydrodynamic flow of an Oldroyd 6-constant fluid. Applied Mathematics and Computation. **155**, 417–425 (2004).

[26] Hayat, T., Khan, M., Ayub, M.: On non-linear flows with slip boundary condition. Z. angew. Math. Phys. **56**, 1012–1029 (2005).

[27] Hayat, T., Sajid, M.: On analytic solution for thin film flow of a fourth grade fluid down a vertical cylinder. Phys. Lett. A. **361**, 316–322 (2007).

[28] Hayat, T., Sajjad, R., Abbas, Z., Sajid, M., Hendi, A.A.: Radiation effects on MHD flow of Maxwell fluid in a channel with porous medium. Int. J. heat Mass Transfer. **54**, 854–862 (2011).

[29] Hilton, P.J.: An Introduction to Homotopy Theory. Cambridge University Press, Cambridge (1953).

[30] Jiao, X.Y.: Approximate Similarity Reduction and Approximate Homotopy Similarity Reduction of Several Nonlinear Problems. PhD dissertation, Shanghai Jiao Tong University (2009).

[31] Jiao, X.Y., Gao, Y., Lou, S.Y.: Approximate homotopy symmetry method - Homotopy series solutions to the sixth-order Boussinesq equation. Science in China (C). **52**, 1169–1178 (2009).

[32] Karmishin, A.V., Zhukov, A.T., Kolosov, V.G.: Methods of Dynamics Calculation and Testing for Thin-walled Structures (in Russian). Mashinostroyenie, Moscow (1990).

[33] Knessl, C.: A note on a moving boundary problem arising in the American put option. Studies in Applied Mathematics. **107**, 157–183 (2001).

[34] Kumari, M., Nath, G.: Unsteady MHD mixed convection flow over an impulsively stretched permeable vertical surface in a quiescent fluid. Int. J. Non-Linear Mech. **45**, 310–319 (2010).

[35] Kumari, M., Pop, I., Nath, G.: Transient MHD stagnation flow of a non-Newtonian fluid due to impulsive motion from rest. Int. J. Non-Linear Mech. **45**, 463–473 (2010).

[36] Kuske, R.A., Keller, J.B.: Optional exercise boundary for an American put option. Applied Mathematical Finance. **5**, 107–116 (1998).

[37] Li, Y.J., Nohara, B.T., Liao, S.J.: Series solutions of coupledVan der Pol equation by means of homotopy analysis method. J. Mathematical Physics **51**, 063517 (2010). doi:10.1063/1.3445770.

[38] Liang, S.X.: Symbolic Methods for Analyzing Polynomial and Differential Systems. PhD dissertation, University of Western Ontario (2010).

[39] Liang, S.X., Jeffrey, D.J.: Comparison of homotopy analysis method and homotopy perturbation method through an evalution equation. Commun. Nonlinear Sci. Numer. Simulat. **14**, 4057–4064 (2009a).

[40] Liang, S.X., Jeffrey, D.J.: An efficient analytical approach for solving fourth order boundary value problems. Computer Physics Communications. **180**, 2034–2040 (2009b).

[41] Liang, S.X., Jeffrey, D.J.: Approximate solutions to a parameterized sixth order boundary value problem. Computers and Mathematics with Applications. **59**, 247–253 (2010).

[42] Liao, S.J.: The Proposed Homotopy Analysis Technique for the Solution of Nonlinear Problems. PhD dissertation, Shanghai Jiao Tong University (1992).

[43] Liao, S.J.: A kind of approximate solution technique which does not depend upon small parameters (Ⅱ) - An application in fluid mechanics. Int. J. Nonlin. Mech. **32**, 815–822 (1997).

[44] Liao, S.J.: An explicit, totally analytic approximation of Blasius viscous flow problems. Int. J. Nonlin. Mech. **34**, 759–778 (1999a).

[45] Liao, S.J.: A uniformly valid analytic solution of 2D viscous flowpast a semi-infinite flat plate. J. Fluid Mech. **385**, 101–128 (1999b).

[46] Liao, S.J.: On the analytic solution of magnetohydrodynamic flows of non-Newtonian fluids over a stretching sheet. J. Fluid Mech. **488**, 189–212 (2003a).

[47] Liao, S.J.: Beyond Perturbation - Introduction to the Homotopy Analysis Method. Chapman & Hall/ CRC Press, Boca Raton (2003b).

[48] Liao, S.J.: On the homotopy analysis method for nonlinear problems. Appl. Math. Comput. **147**, 499–513 (2004).

[49] Liao, S.J.: A new branch of solutions of boundary-layer flows over an impermeable stretched plate. Int. J. Heat Mass Tran. **48**, 2529–2539 (2005).

[50] Liao, S.J.: Series solutions of unsteady boundary-layer flows over a stretching flat plate. Stud. Appl. Math. **117**, 2529–2539 (2006).

[51] Liao, S.J.: Notes on the homotopy analysis method - Some definitions and theorems. Commun. Nonlinear Sci. Numer. Simulat. **14**, 983–997 (2009a).

[52] Liao, S.J.: On the reliability of computed chaotic solutions of non-linear differential equations. Tellus. **61A**, 550–564 (2009b).

[53] Liao, S.J.: On the relationship between the homotopy analysis method and Euler transform. Commun. Nonlinear Sci. Numer. Simulat. **15**, 1421–1431 (2010a).

[54] Liao, S.J.: An optimal homotopy-analysis approach for strongly nonlinear differential equations. Commun. Nonlinear Sci. Numer. Simulat. **15**, 2003–2016 (2010b).

[55] Liao, S.J.: On the homotopy multiple-variable method and its applications in the interactions of nonlinear gravity waves. Commun. Nonlinear Sci. Numer. Simulat. **16**, 1274–1303 (2011).

[56] Liao, S.J., Campo, A.: Analytic solutions of the temperature distribution in Blasius viscous flow problems. J. Fluid Mech. **453**, 411–425 (2002).

[57] Liao, S.J., Magyari, E.: Exponentially decaying boundary layers as limiting cases of families of algebraically decaying ones. Z. angew. Math. Phys. **57**, 777–792 (2006).

[58] Liao, S.J., Tan, Y.: A general approach to obtain series solutions of nonlinear differential equations. Stud. Appl. Math. **119**, 297–355 (2007).

[59] Liu, Y.P.: Study on Analytic and Approximate Solution of Differential equations by Symbolic Computation. PhD Dissertation, East China Normal University (2008).

[60] Liu, Y.P., Li, Z.B.: The homotopy analysis method for approximating the solution of the modified Korteweg-de Vries equation. Chaos Soliton. Fract. **39**, 1–8 (2009).

[61] Lorenz, E. N.: Deterministic nonperiodic flow. J. Atmos. Sci. **20**, 130–141 (1963).

[62] Lyapunov, A.M.: General Problemon Stability of Motion (English translation). Taylor & Francis, London (1992).

[63] Mahapatra, T. R., Nandy, S.K., Gupta, A.S.: Analytical solution of magnetohydrodynamic stagnation-point flow of a power-law fluid towards a stretching surface. Appliod Mathematics and Computation. **215**, 1696–1710 (2009).

[64] Marinca, V., Herişanu, N.: Application of optimal homotopy asymptotic method for solving nonlinear equations arising in heat transfer. Int. Commun. Heat Mass. **35**, 710–715 (2008).

[65] Marinca, V., Herişanu, N.: An optimal homotopy asymptotic method applied to the steady flow of a fourth-grade fluid past a porous plat. Appl. Math. Lett. **22**, 245–251 (2009).

[66] Molabahrami, A., Khani, F. : The homotopy analysis method to solve the Burgers-Huxley equation. Nonlin. Anal. B. **10**, 589–600 (2009).

[67] Motsa, S.S., Sibanda, P., Shateyi, S.: A new spectral homotopy analysis method for solving a nonlinear second order BVP. Commun. Nonlinear Sci. Numer. Simulat. **15**, 2293–2302 (2010a).

[68] Motsa, S.S., Sibanda, P., Auad, F.G., Shateyi, S.: A new spectral homotopy analysis method for the MHD Jeffery-Hamel problem. Computer & Fluids. **39**, 1219–1225 (2010b).

[69] Nayfeh, A.H.: Perturbation Methods. John Wiley & Sons, New York (2000).

[70] Niu, Z., Wang, C.: A one-step optimal homotopy analysis method for nonlinear differential equations. Commun. Nonlinear Sci. Numer. Simulat. **15**, 2026–2036 (2010).

[71] Pandey, R.K., Singh, O.P., Baranwal, V.K.: An analytic algorithm for the space - time fractional advection - dispersion equation. Computer Physics Communications. **182**, 1134–1144 (2011).

[72] Pirbodaghi, T., Ahmadian, M.T., Fesanghary, M.: On the homotopy analysis method for non-linear vibration of beams. Mechanics Research Communications. **36**, 143–148 (2009).

[73] Sajid, M.: Similar and Non-Similar Analytic Solutions for Steady Flows of Differential Type Fluids. PhD dissertation, Quaid-I-Azam University (2006).

[74] Sajid, M., Hayat, T.: Comparison of HAM and HPM methods in nonlinear heat conduction and convection equations. Nonlinear Anal. B. **9**, 2296–2301 (2008).

[75] Sen, S.: Topology and Geometry for Physicists. Academic Press, Florida (1983).

[76] Shidfar, A., Babaei, A., Molabahrami, A.: Solving the inverse problem of identifying an unknown source term in a parabolic equation. Computers and Mathematics with Applications. **60**, 1209–1213 (2010).

[77] Shidfar, A., Molabahrami, A.: A weighted algorithm based on the homotopy analysis method - application to inverse heat conduction problems. Commun. Nonlinear Sci. Numer. Simulat. **15**, 2908–2915 (2010).

[78] Siddheshwar, P.G.: A series solution for the Ginzburg-Landau equation with a timeperiodic coefficient. Applied Mathematics. **3**, 542–554 (2010). Online available at http://www.SciRP.org/journal/am. Accessed 15 April 2011.

[79] Singh, O.P., Pandey, R.K., Singh, V.K.: An analytic algorithm of Lane-Emden type equations arising in astrophysics. using modified homotopy analysis method. Computer Physics Communications. **180**, 1116–1124 (2009).

[80] Song, H., Tao, L.: Homotopy analysis of 1D unsteady, nonlinear groundwater flow through porous media. J. Coastal Res. **50**, 292–295 (2007).

[81] Tao, L., Song, H., Chakrabarti, S.: Nonlinear progressive waves in water of finite depth - An analytic approximation. Coastal Engineering. **54**, 825–834 (2007).

[82] Trefethen, L.N.: Computing numerically with functions instead of numbers. Math. in Comp. Sci. **1**, 9–19 (2007).

[83] Turkyilmazoglu, M.: Purely analytic solutions of the compressible boundary layer flow due to a porous rotating disk with heat transfer. Physics of Fluids. **21**, 106104 (2009).

[84] Turkyilmazoglu, M.: A note on the homotopy analysis method. Appl. Math. Lett. **23**, 1226–1230 (2010a).

[85] Turkyilmazoglu, M.: Series solution of nonlinear two-point singularly perturbed boundary layer problems. Computers and Mathematics with Applications. **60**, 2109–2114 (2010b).

[86] Turkyilmazoglu, M.: An optimal analytic approximate solution for the limit cycle of Duffing-van der Pol equation. ASME J. Appl. Mech. **78**, 021005 (2011a).

[87] Turkyilmazoglu, M.: Numerical and analytical solutions for the flow and heat transfer near the equator of an MHD boundary layer over a porous rotating sphere. Int. J. Thermal Sciences. **50**, 831–842 (2011b).

[88] Turkyilmazoglu, M.: An analytic shooting-like approach for the solution of nonlinear boundary value problems. Math. Comp. Modelling. **53**, 1748–1755 (2011c).

[89] Turkyilmazoglu, M.: Some issues on HPM and HAM methods - A convergence scheme. Math. Compu. Modelling. **53**, 1929–1936 (2011d).

[90] Van Gorder, R.A., Vajravelu, K.: Analytic and numerical solutions to the Lane-Emden equation. Phys. Lett. A. **372**, 6060–6065 (2008).

[91] Van Gorder, R.A., Sweet, E., Vajravelu, K.: Analytical solutions of a coupled nonlinear system arising in a flow between stretching disks. Applied Mathematics and Computation. **216**, 1513–1523 (2010a).

[92] Van Gorder, R.A., Sweet, E., Vajravelu, K.: Nano boundary layers over stretching surfaces. Commun. Nonlinear Sci. Numer. Simulat. **15**, 1494–1500 (2010b).

[93] Van Gorder, R.A., Vajravelu, K.: Convective heat transfer in a conducting fluid over a permeable stretching surface with suction and internal heat generation/absorption. Applied Mathematics and Computation. **217**, 5810–5821 (2011).

[94] Van del Pol: On oscillation hysteresis in a simple triode generator. Phil. Mag. **43**, 700–719 (1926).

[95] Von Dyke, M.: Perturbation Methods in Fluid Mechanics. The Parabolic Press, Stanford (1975).

[96] Wu, Y.Y.: Analytic Solutions for Nonlinear Long Wave Propagation. PhD dissertation, University of Hawaii (2009).

[97] Wu, Y.Y., Cheung, K.F.: Explicit solution to the exact Riemann problems and application in nonlinear shallow water equations. Int. J. Numer. Meth. Fl. **57**, 1649–1668 (2008).

[98] Wu, Y.Y., Cheung, K.F.: Homotopy solution for nonlinear differential equations in wave propagation problems.Wave Motion. **46**, 1–14 (2009).

[99] Xu, H., Lin, Z.L., Liao, S.J., Wu, J.Z., Majdalani, J.: Homotopy-based solutions of the Navier-Stokes equations for a porous channel with orthogonally moving walls. Physics of Fluids. **22**, 053601 (2010). doi:10.1063/1.3392770.

[100] Yabushita, K., Yamashita, M., Tsuboi, K.: An analytic solution of projectile motion with the quadratic resistance law using the homotopy analysis method. J. Phys. A - Math. Theor. **40**, 8403–8416 (2007).

[101] Zand, M.M., Ahmadian, M.T., Rashidian, B.: Semi-analytic solutions to nonlinear vibrations of microbeams under suddenly applied voltages. J. Sound and Vibration. **325**, 382–396 (2009).

[102] Zand, M.M., Ahmadian, M.T: Application of homotopy analysis method in studying dynamic pull-in instability of microsystems. Mechanics Research Communications. **36**, 851–858 (2009).

[103] Zhao, J.,Wong, H.Y.:A closed-formsolution to American options under general diffusions (2008). Available at SSRN: http://ssrn.com/abstract=1158223. Accessed 15 April 2011.

[104] Zhu, J.: Linear and Non-linear Dynamical Analysis of Beams and Cables and Their Combinations. PhD dissertation, Zhejiang University (2008).

[105] Zhu, S.P.: A closed-form analytical solution for the valuation of convertible bonds with constant dividend yield. ANZIAM J. **47**, 477–494 (2006a).

[106] Zhu, S.P.: An exact and explicit solution for the valuation of American put options. Quant. Financ. **6**, 229–242 (2006b).

[107] Zou, L.: A Study of Some Nonlinear Water Wave Problems Using Homotopy Analysis Method. PhD dissertation, Dalian University of Technology (2008).

[108] Zou, L., Zong, Z.,Wang, Z., He, L.: Solving the discrete KdV equation with homotopy analysis method. Phys. Lett. A. **370**, 287–294 (2007).

第二章　同伦分析方法的基本思想

摘要

本章通过两个简单的例子, 详细阐述了同伦分析方法 (HAM) 的基本思想和所有基本概念, 包括同伦的概念, 构造连续形变方程的灵活性, 保证级数解收敛的方法, 收敛控制参数 c_0 的本质, 加速收敛的方法等. 相应的 Mathematica 程序在附录中给出, 强烈建议同伦分析方法的初学者先阅读本章内容.

2.1　同伦的概念

同伦分析方法 (HAM) [118, 119, 120, 121, 122, 123, 124, 125, 126, 127, 128, 129, 130, 131, 140] 是由廖世俊基于同伦的概念于 1992 年提出的 [118], 其中同伦是拓扑和微分几何中的一个基本概念 [111, 137]. 同伦概念的出现最早可以追溯到法国数学家 Jules Henri Poincaré (1854—1912) 的工作. 简而言之, 同伦描述了数学中的一种连续变化或形变. 例如, 圆形可以连续形变成正方形或椭圆, 咖啡杯可以连续形变成面包圈. 但是, 咖啡杯不能连续形变成足球. 从本质上讲, 同伦定义了数学中在某些方面具有相同特征的不同事物之间的联系.

例如, 在 $x \in [0,1]$ 区间上的两个不同的实函数 $\sin(\pi x)$ 和 $8x(x-1)$ 可以通过构造如下的函数族连接起来

$$\mathcal{H}(x;q) = (1-q)\sin(\pi x) + q\,[8x(x-1)]\,, \tag{2.1}$$

其中 $q \in [0,1]$ 为嵌入变量. 注意, $\mathcal{H}(x;q)$ 不仅依赖于自变量 $x \in [0,1]$, 而且依

赖于嵌入变量 $q \in [0,1]$. 特别地, 当 $q=0$ 时, 有

$$\mathcal{H}(x;0) = \sin(\pi x), \qquad x \in [0,1],$$

当 $q=1$ 时, 有

$$\mathcal{H}(x;1) = 8x(x-1), \qquad x \in [0,1].$$

因此, 当嵌入变量 $q \in [0,1]$ 从 0 增加到 1 时, 实函数 $\mathcal{H}(x;q)$ 将从三角函数 $\sin(\pi x)$ 连续形变到多项式 $8x(x-1)$, 如图 2.1 所示. 在拓扑中, $\mathcal{H}(x;q)$ 被称为同伦, $\sin(\pi x)$ 和 $8x(x-1)$ 被称为是同伦的, 表示为

$$\mathcal{H} : \sin(\pi x) \sim 8x(x-1).$$

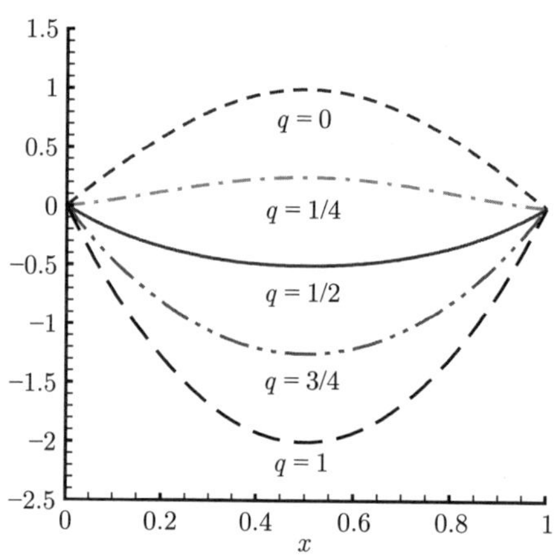

图 2.1 同伦 $\mathcal{H}(x;q)$ 的连续形变: $\sin(\pi x) \sim 8x(x-1)$. 虚线: $q=0$; 点划线: $q=1/4$; 实线: $q=1/2$; 双点划线: $q=3/4$; 长虚线: $q=1$

设 $C[a,b]$ 表示区间 $a \leqslant x \leqslant b$ 上所有连续实函数的集合. 一般来说, 如果一个连续函数 $f \in C[a,b]$ 可以连续形变为另一个连续函数 $g \in C[a,b]$, 则可以构造同伦

$$\mathcal{H} : f(x) \sim g(x),$$

方法如下

$$\mathcal{H}(x;q) = (1-q)\, f(x) + q\, g(x), \qquad x \in [a,b]. \tag{2.2}$$

然而, 连续实函数不可以连续形变为不连续函数. 例如, $\sin(x)$ 不能连续形变为以下阶跃函数

$$s(x) = \begin{cases} 1, & x < 0, \\ 0, & x = 0, \\ -1, & x > 0. \end{cases}$$

定义 2.1 定义从拓扑空间 $\mathbf{X}$ 到拓扑空间 $\mathbf{Y}$ 的两个连续函数 $f(\mathbf{x})$ 和 $g(\mathbf{x})$ 的同伦为从空间 $\mathbf{X}$ 与单位区间 $[0,1]$ 的乘积到 $\mathbf{Y}$ 的连续函数 $\mathcal{H}$: $\mathbf{X} \times [0,1] \to \mathbf{Y}$, 如果 $\mathbf{x} \in \mathbf{X}$, 那么 $\mathcal{H}(\mathbf{x};0) = f(\mathbf{x})$ 且 $\mathcal{H}(\mathbf{x};1) = g(\mathbf{x})$.

由于曲线可以用代数方程或微分方程来定义, 所以上述为函数定义的同伦概念可以很容易地扩展到方程. 例如, 考虑代数方程组

$$\mathcal{E}(q) : (1+3q)\, x^2 + \frac{y^2}{1+3q} = 1, \qquad q \in [0,1], \tag{2.3}$$

其中 $q \in [0,1]$ 是嵌入变量. 当 $q = 0$ 时, 我们有圆的方程

$$\mathcal{E}_0 : x^2 + y^2 = 1, \tag{2.4}$$

其解为圆 $y = \pm\sqrt{1-x^2}$. 当 $q = 1$ 时, 我们有椭圆的方程

$$\mathcal{E}_1 : 4x^2 + y^2/4 = 1, \tag{2.5}$$

其解为椭圆 $y = \pm 2\sqrt{1-4x^2}$. 因此, 当嵌入变量 q 从 0 增加到 1 时, 方程 (2.3) 由圆的方程 $\mathcal{E}_0$ 连续形变到椭圆的方程 $\mathcal{E}_1$, 而其解 y 从圆 $y = \pm\sqrt{1-x^2}$ 连续形变到椭圆 $y = \pm 2\sqrt{1-4x^2}$, 如图 2.2 所示. 因此, 更准确地说, (2.3) 的解 y

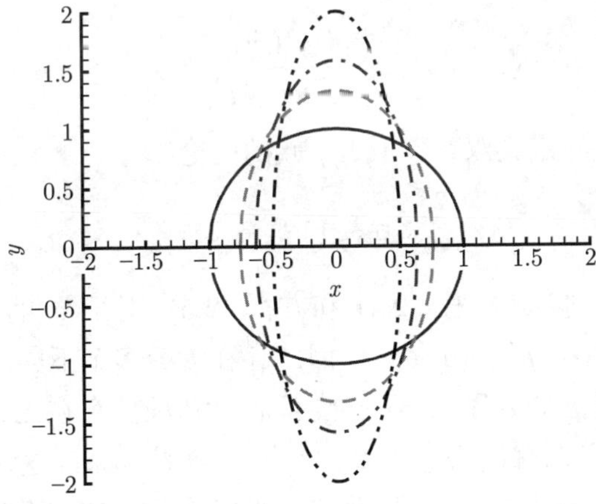

图 2.2 同伦方程 (2.3) 的解 $y(x;q)$ 的连续形变. 实线: $q = 0$; 虚线: $q = 1/4$; 点划线: $q = 1/2$; 双点划线: $q = 1$

同时依赖于 x 和 $q \in [0,1]$, 因此 (2.3) 应更准确地表示为

$$\mathcal{E}(q):(1+3q)\,x^2+\frac{y^2(x;q)}{1+3q}=1,\qquad q\in[0,1], \tag{2.6}$$

它定义了两个同伦: 一个是方程的同伦

$$\mathcal{E}(q):\mathcal{E}_0\sim\mathcal{E}_1,$$

其中 $\mathcal{E}_0$ 和 $\mathcal{E}_1$ 分别表示 (2.4) 和 (2.5), 另一个是函数的同伦

$$y(x;q):\pm\sqrt{1-x^2}\sim\pm2\sqrt{1-4x^2}.$$

也就是说, (2.6) 的解 $y(x;q)$ 也是一个同伦. 注意, 上述连续形变完全由 (2.6) 定义. 为了简单起见, 我们称 (2.6) 为零阶形变方程. 类似地, 同伦概念可以很容易地推广到其他类型的方程, 如微分方程、积分方程等, 如本书后文所示.

定义 2.2 函数或方程的同伦中的嵌入变量 $q \in [0,1]$ 被称为同伦参数.

定义 2.3 给定一个方程 $\mathcal{E}_1$, 该方程至少有一个解 u. 令 $\mathcal{E}_0$ 表示一个更为适当且简单的方程, 称为初始方程, 其解 u_0 是已知的. 如果可以构造这样一个同伦方程 $\tilde{\mathcal{E}}(q):\mathcal{E}_0\sim\mathcal{E}_1$, 使得当同伦参数 $q\in[0,1]$ 从 0 增加到 1 时, $\tilde{\mathcal{E}}(q)$ 从初始方程 $\mathcal{E}_0$ 连续形变 (或变化) 到原始方程 $\mathcal{E}_1$, 其解从 $\mathcal{E}_0$ 的已知解 u_0 连续形变到 $\mathcal{E}_1$ 的未知解 u, 那么, 这种同伦方程被称为零阶形变方程.

需要注意的是, 我们可以构造许多不同的连接圆的方程 (2.4) 和椭圆的方程 (2.5) 的同伦. 例如, 构造零阶形变方程

$$\mathcal{E}(q,\mu):(1+3q^{\mu})\,x^2+\frac{y^2(x;q)}{1+3q^{\mu}}=1,\qquad q\in[0,1], \tag{2.7}$$

其中 $\mu>0$ 是常数, 定义双参数 (q,μ) 族的同伦

$$\mathcal{E}(q,\mu):\mathcal{E}_0\sim\mathcal{E}_1,$$

其中 $\mathcal{E}_0$ 和 $\mathcal{E}_1$ 分别表示方程 (2.4) 和方程 (2.5). 对于 μ 的不同值, 分别定义了不同的同伦. 由于 $\mu\in(0,+\infty)$, 因此存在无穷多个不同的同伦方程可将圆的方程 (2.4) 和椭圆的方程 (2.5) 连接起来, 相应地, 存在无穷多个同伦函数将圆 $y=\pm\sqrt{1-x^2}$ 与椭圆 $y=\pm2\sqrt{1-4x^2}$ 连接起来. 这说明了构造两个同伦函数或方程具有极大的灵活性. 所有这些都属于拓扑和微分几何的基本概念 [111, 137].

在上述同伦的基础上, 可以得到一些全新的概念. 需要注意的是, 同伦

$$\mathcal{H}(x;q) = (1-q)\sin(\pi x) + q\ \ [8x(x-1)]$$

可以改写为

$$\mathcal{H}(x;q) = \sin(\pi x) + [8x(x-1) - \sin(\pi x)]\,q.$$

因此, 我们可以得到

$$\frac{\partial \mathcal{H}(x;q)}{\partial q} = 8x(x-1) - \sin(\pi x), \qquad q \in [0,1], \tag{2.8}$$

它描述了从 $\sin(\pi x)$ 到 $8x(x-1)$ 连续形变的比率 (或速度), 该比率称为 1 阶同伦导数. 一般来说, 同伦

$$\mathcal{H}(x;q) = (1-q)\ f(x) + q\ g(x), \qquad x \in [a,b]$$

完全定义了对应的 1 阶同伦导数

$$\frac{\partial \mathcal{H}(x;q)}{\partial q} = g(x) - f(x), \qquad q \in [0,1]. \tag{2.9}$$

将上述概念进行推广, 我们可以进一步定义高阶同伦导数, 如后文所述.

由于拓扑学不是本科生的公共课程, 因此大多数读者对同伦的概念并不熟悉. 幸运的是, 同伦分析方法仅基于同伦的简单基本概念, 而拓扑学中的其他知识几乎是不必要的, 如本书后文所示. 因此, 在实际计算过程中, 很容易理解和应用同伦分析方法来获得非线性微分方程的解析近似. 本章后续部分将使用两个简单的例子来详细描述同伦分析方法的基本思想: 一个是非线性代数方程; 另一个是周期振动的 2 阶微分方程.

2.2 例 2.1: 广义牛顿迭代公式

先考虑一个非线性代数方程

$$f(x) = 0,$$

其中 $f(x) \in C^{\infty}[a,b]$ 是连续实函数. 假设上述方程在 $x \in [a,b]$ 区间内至少存在一个解.

设 $x_0 \in [a,b]$ 为初始猜测解. 很容易发现, $f(x) - f(x_0) \in C^{\infty}[a,b]$ 可以连续形变为 $f(x) \in C^{\infty}[a,b]$, 即它们是同伦的. 因此, 我们可以构造函数的同伦

$$\mathcal{H}(x;q) = (1-q)\,[f(x) - f(x_0)] + q\,f(x),$$

其中 $q \in [0,1]$ 是同伦参数. 当 $q=0$ 和 $q=1$ 时, 我们分别得到

$$\mathcal{H}(x;0) = f(x) - f(x_0), \qquad \mathcal{H}(x;1) = f(x).$$

因此, 当 q 从 0 增加到 1 时, $\mathcal{H}(x;q)$ 从 $f(x) - f(x_0)$ 连续变化到 $f(x)$. 这种连续变化在拓扑中称为形变 [137].

现在, 令 $\mathcal{H}(x;q) = 0$, 即

$$(1-q)\,[f(x) - f(x_0)] + q\,f(x) = 0, \qquad q \in [0,1],$$

我们有了一个代数方程的参数族. 上述代数方程参数族的解依赖于同伦参数 q. 将 x 替换为 $\tilde{x}(q)$, 这一族方程可以更精确地改写为

$$(1-q)\,\{f[\tilde{x}(q)] - f(x_0)\} + qf[\tilde{x}(q)] = 0. \tag{2.10}$$

当 $q=0$ 时, 我们有

$$f[\tilde{x}(0)] - f(x_0) = 0,$$

其解为

$$\tilde{x}(0) = x_0.$$

当 $q=1$ 时, 我们有

$$f[\tilde{x}(1)] = 0,$$

这与原始代数方程 $f(x)=0$ 完全相同. 因此, 有

$$\tilde{x}(1) = x.$$

综上所述, 当同伦参数 q 从 0 增加到 1 时, $\tilde{x}(q)$ 从初始猜测解 x_0 形变到原始方程 $f(x)=0$ 的解 x. 因此, (2.10) 定义了函数的同伦 $\tilde{x}(q): x_0 \sim x$. 为了简单起见, 方程 (2.10) 的参数族被称为零阶形变方程, 这是因为它定义了从初始猜测解 x_0 到原始方程 $f(x)=0$ 的解 x 的连续形变.

需要注意的是, $\tilde{x}(q)$ 是同伦参数 q 的函数. 假设 $\tilde{x}(q)$ 在 $q=0$ 时是解析的, 因此可以将其展开成关于同伦参数 q 的 Maclaurin 级数, 即

$$\tilde{x}(q) \sim x_0 + \sum_{k=1}^{+\infty} x_k\, q^k, \tag{2.11}$$

其中 $\tilde{x}(0) = x_0$ 已知,

$$x_k = \frac{1}{k!}\left.\frac{d^k \tilde{x}(q)}{dq^k}\right|_{q=0} = \mathcal{D}_k\left[\tilde{x}(q)\right], \tag{2.12}$$

这里, 级数 (2.11) 被称为同伦–Maclaurin 级数; $\mathcal{D}_k$ 被称为同伦导数算子; $\mathcal{D}_k[\tilde{x}(q)]$ 被称为 $\tilde{x}(q)$ 的 k 阶同伦导数. 我们将在第三章中给出算子 $\mathcal{D}_k$ 更为严谨的定义和一些相关定理. 注意, $\mathcal{D}_1[\tilde{x}(q)] = x_1$ 恰好是上述 $\tilde{x}(q)$ 在 $q=0$ 时的形变比 (2.9). 因此, $\mathcal{D}_k[\tilde{x}(q)]$, $\tilde{x}(q)$ 的 k 阶同伦导数 $(k \geqslant 1)$ 可以看作 $\tilde{x}(q)$ 在 $q=0$ 时的高阶形变比.

假设 $\tilde{x}(q)$ 在 $q \in [0,1]$ 上是解析的, 可以得到同伦–Maclaurin 级数 (2.11) 在 $q=1$ 时收敛到 $\tilde{x}(1)$. 因此, 利用关系式 $\tilde{x}(1) = x$, 我们从 (2.11) 得到了所谓的同伦级数解

$$x = x_0 + \sum_{k=1}^{+\infty} x_k. \tag{2.13}$$

需要强调的是, 在这里必须作上述假设, 这是因为函数 $f(x)$ 的 Maclaurin 级数可能不收敛于 $f(x)$. 这个假设可以通过构造适当的零阶形变方程实现, 如后文所示. 在实际计算过程中, 只能得到有限项, x 的 M 阶近似如下

$$x \approx x_0 + \sum_{k=1}^{M} x_k. \tag{2.14}$$

因此, 只要 $x_1, x_2, \cdots, x_M$ 是已知的, 就可以由上式得到 x 的 M 阶近似.

定义 2.4 给定一个非线性方程 $\mathcal{E}_1$, 至少存在一个解 $u(\mathbf{z},t)$, 其中 $\mathbf{z}$ 和 t 分别表示空间和时间自变量. 设 $q \in [0,1]$ 为同伦参数, $\tilde{\mathcal{E}}(q)$ 为将原始方程 $\mathcal{E}_1$ 和初始方程 $\mathcal{E}_0$ 与已知初始近似 $u_0(\mathbf{z},t)$ 连接起来的零阶形变方程. 假设零阶形变方程 $\tilde{\mathcal{E}}(q)$ 构造适当, 其解 $\phi(\mathbf{z},t;q)$ 存在且在 $q=0$ 时是解析的, 则可以得到同伦–Maclaurin 级数

$$\phi(\mathbf{z},t;q) \sim u_0(\mathbf{z},t) + \sum_{n=1}^{+\infty} u_n(\mathbf{z},t)\, q^n, \qquad q \in [0,1]$$

和同伦级数

$$\phi(\mathbf{z},t;1) \sim u_0(\mathbf{z},t) + \sum_{n=1}^{+\infty} u_n(\mathbf{z},t).$$

与未知量 $u_n(\mathbf{z},t)$ 有关的方程被称为 n 阶形变方程.

定义 2.5　如果零阶形变方程 $\tilde{\mathcal{E}}(q):\mathcal{E}_0\sim\mathcal{E}_1$ 的解 $\phi(\mathbf{z},t;q)$ 存在, 并且在 $q\in[0,1]$ 上关于 q 是解析的, 则得到原始方程 $\mathcal{E}_1$ 的同伦级数解

$$u(\mathbf{z},t)=u_0(\mathbf{z},t)+\sum_{n=1}^{+\infty}u_n(\mathbf{z},t),$$

M 阶同伦近似

$$u(\mathbf{z},t)\approx u_0(\mathbf{z},t)+\sum_{n=1}^{M}u_n(\mathbf{z},t).$$

根据泰勒级数的微积分基本定理, 同伦–Maclaurin 级数 (2.11) 的系数 x_k 是唯一的. 因此, 可以直接从零阶形变方程 (2.10) 推导得到 x_k 的控制方程也是唯一的. 首先, 将零阶形变方程 (2.10) 对同伦参数 q 进行求导, 可以得到

$$f'[\tilde{x}(q)]\frac{d\tilde{x}(q)}{dq}+f(x_0)=0. \tag{2.15}$$

然后, 令上式中的 $q=0$, 基于 $\tilde{x}(0)=x_0$, 可以得到

$$f'(x_0)\left.\frac{d\tilde{x}(q)}{dq}\right|_{q=0}+f(x_0)=0.$$

根据定义 (2.12), 可以得到

$$\left.\frac{d\tilde{x}(q)}{dq}\right|_{q=0}=x_1.$$

因此, 我们得到了所谓的 1 阶形变方程

$$x_1\,f'(x_0)+f(x_0)=0,$$

其解为

$$x_1=-\frac{f(x_0)}{f'(x_0)}.$$

类似地, 将零阶形变方程 (2.10) 对同伦参数 q 求导两次, 然后除以 2!, 可以得到

$$\frac{1}{2}f''(\tilde{x})\left(\frac{d\tilde{x}}{dq}\right)^2+f'(\tilde{x})\left(\frac{1}{2!}\frac{d^2\tilde{x}}{dq^2}\right)=0. \tag{2.16}$$

令 $q=0$, 利用 $\tilde{x}(0)=x_0$, 上式可写成

$$\frac{1}{2}f''(x_0)\left(\left.\frac{d\tilde{x}}{dq}\right|_{q=0}\right)^2+f'(x_0)\left(\frac{1}{2!}\left.\frac{d^2\tilde{x}}{dq^2}\right|_{q=0}\right)=0.$$

使用定义 (2.12), 可以得到 2 阶形变方程

$$\frac{1}{2}\, x_1^2\, f''(x_0) + x_2\, f'(x_0) = 0,$$

其解为

$$x_2 = -\frac{x_1^2 f''(x_0)}{2f'(x_0)} = -\frac{f^2(x_0) f''(x_0)}{2[f'(x_0)]^3}.$$

或者, 利用 (2.12) 定义的线性算子 $\mathcal{D}_k$, 并直接在零阶形变方程 (2.10) 的两边取 2 阶同伦导数, 可以得到与上述完全相同的 2 阶形变方程. 这样, 我们按照 $k = 1, 2, 3, \cdots$ 的顺序逐一得到 x_k. 一般来说, 给定一个零阶形变方程, 可以直接得到相应的高阶形变方程, 如第三章所述. 这里, 我们需要强调的是, 上述所有的高阶形变方程都是线性的, 因此很容易求解.

利用 (2.14), 可以得到 1 阶同伦近似

$$x \approx x_0 + x_1 = x_0 - \frac{f(x_0)}{f'(x_0)} \tag{2.17}$$

和 2 阶同伦近似

$$x \approx x_0 + x_1 + x_2 = x_0 - \frac{f(x_0)}{f'(x_0)} - \frac{f^2(x_0) f''(x_0)}{2[f'(x_0)]^3}. \tag{2.18}$$

需要注意的是, (2.17) 正是 Sir Isaac Newton (1643—1727) 提出的著名的牛顿迭代公式, (2.18) 是 Olver 迭代公式. 实际上, 我们可以用类似的方法给出一系列迭代公式, 这显示了同伦分析方法的潜力.

上述方法有一些有趣的特点. 首先, 它完全独立于任何物理参数: 无论非线性问题是否包含物理小 (大) 参数, 都可以引入同伦参数 $q \in [0, 1]$ 来构造这样的零阶形变方程, 从而得到同伦级数解或同伦近似解. 其次, 如上所述, 所有高阶形变方程都是线性的, 因此易于求解. 通过这种方式, 该方法将非线性方程转化为无穷多个线性子问题, 但不需要任何物理小 (大) 参数. 由于放弃了对物理小 (大) 参数的依赖, 同伦分析方法可以应用于解决更复杂的非线性问题, 如本书后文所示.

但是, 上述方法也存在局限性: 当 $q = 1$ 时, 同伦–Maclaurin 级数 (2.11) 的收敛性不能保证, 因此同伦级数解 (2.13) 可能会发散. 这主要是因为上述方法是基于这样一个假设: $\tilde{x}(q)$ 在 $q \in [0, 1]$ 上是解析的, 即同伦–Maclaurin 级数 (2.11) 在 $q = 1$ 时是收敛的, 但它并没有提供一种方法来保证这样的假设确实成立, 特别是对于具有强非线性的非线性问题. 这就解释了为什么著名的牛顿迭代公式 (2.17) 和 Olver 迭代公式 (2.18) 经常失效.

为了克服早期同伦分析方法上述的这种局限性, 廖世俊 [119] 通过引入非零辅助参数 c_0 (现被称为收敛控制参数①) 对该方法进行了极大的改进, 以构造一个更为广义的零阶形变方程

$$(1-q)\{f[\tilde{x}(q)]-f(x_0)\}=q\,c_0\,f[\tilde{x}(q)]. \tag{2.19}$$

由于 $c_0\neq 0$, 当 $q=1$ 时, 上述方程变为

$$c_0\,f[\tilde{x}(1)]=0,$$

这等价于原始方程 $f(x)=0$, 前提是 $x=\tilde{x}(1)$. 除了高阶形变方程, 所有其他公式 (如 (2.11) 和 (2.13)) 都是相同的, 可如下推导.

零阶形变方程 (2.19) 两边取 1 阶同伦导数, 即将 (2.19) 对 q 求导一次, 并令 $q=0$, 可以得到对应的 1 阶形变方程

$$x_1\,f'(x_0)-c_0\,f(x_0)=0,$$

其解为

$$x_1=c_0\,\frac{f(x_0)}{f'(x_0)}.$$

零阶形变方程 (2.19) 两边同时取 2 阶同伦导数, 即将 (2.19) 对 q 求导两次, 并令 $q=0$, 然后除以 2!, 得到对应的 2 阶形变方程

$$x_2f'(x_0)-(1+c_0)x_1\,f'(x_0)+\frac{1}{2}x_1^2f''(x_0)=0,$$

其解为

$$x_2=(1+c_0)x_1-\frac{x_1^2f''(x_0)}{2f'(x_0)}=c_0(1+c_0)\frac{f(x_0)}{f'(x_0)}-\frac{c_0^2\,f^2(x_0)f''(x_0)}{2[f'(x_0)]^3}.$$

类似地, 可以得到 3 阶形变方程的解

$$\begin{aligned}x_3=&\,c_0(1+c_0)^2\frac{f(x_0)}{f'(x_0)}-c_0^2(1+c_0)\frac{f^2(x_0)f''(x_0)}{[f'(x_0)]^3}\\&+\frac{c_0^3\,f^3(x_0)\left\{3\,[f''(x_0)]^2-f'(x_0)f'''(x_0)\right\}}{6[f'(x_0)]^5},\end{aligned}$$

等等.

① 廖世俊 [119] 在 1997 年首次将该非零辅助参数引入同伦分析方法框架, 将其表示为 "$\hbar$". 然而, 由于 "$\hbar$" 在量子力学中有特殊的含义, 所以在本书中, 将 "$\hbar$" 替换为 c_0, 即 "基本" 收敛控制参数.

根据 (2.14), 可以得到对应的 1 阶同伦近似

$$x \approx x_0 + x_1 = x_0 + c_0 \frac{f(x_0)}{f'(x_0)}, \tag{2.20}$$

2 阶同伦近似

$$x \approx x_0 + x_1 + x_2 = x_0 + c_0(c_0+2)\,\frac{f(x_0)}{f'(x_0)} - \frac{c_0^2\, f^2(x_0) f''(x_0)}{2[f'(x_0)]^3}, \tag{2.21}$$

3 阶同伦近似

$$\begin{aligned} x &\approx x_0 + x_1 + x_2 + x_3 \\ &= x_0 + c_0(c_0^2+3c_0+3)\,\frac{f(x_0)}{f'(x_0)} - c_0^2\,(2c_0+3)\,\frac{f^2(x_0)f''(x_0)}{2[f'(x_0)]^3} \\ &\quad + \frac{c_0^3\, f^3(x_0)\left\{3\,[f''(x_0)]^2 - f'(x_0)f'''(x_0)\right\}}{6[f'(x_0)]^5}. \end{aligned} \tag{2.22}$$

借助符号推导软件, 很容易推导出任意给定阶的近似迭代公式.

有趣的是, 牛顿迭代公式 (2.17) 和 Olver 迭代公式 (2.18) 分别只是公式 (2.20) 和 (2.21) 当 $c_0 = -1$ 时的特例. 在实际计算过程中, 可以将公式 (2.20) 和 (2.21) 中的收敛控制参数 c_0 看作一个迭代因子, 该因子在数值计算中被广泛用于修改牛顿迭代公式 (2.17) 和 Olver 迭代公式 (2.18). 众所周知, 适当地选择迭代因子可以极大地改进许多数值迭代方法的收敛性. 类似地, 收敛控制参数 c_0 可以极大地改进同伦级数解的收敛性. 本书将在后续章节详细说明这一点: 正是收敛控制参数 c_0 为我们提供了一种保证同伦级数解收敛的简单方法, 这就是 c_0 被称为收敛控制参数的原因. 通过引入收敛控制参数 c_0, 克服了早期同伦分析方法的上述局限性. 事实上, 廖世俊 [119] 在零阶形变方程中引入收敛控制参数 c_0, 极大地完善了早期的同伦分析方法. 我们将通过例 2.2 来详细说明这一点.

帕德方法可以应用于给出新的迭代公式. 该方法首先以 q 为自变量, 然后利用关于 q 的 [1,1] 阶帕德近似同伦级数

$$\tilde{x}(q) \approx x_0 + x_1\, q + x_2\, q^2 + x_3\, q^3 + \cdots,$$

最后, 令 $q = 1$, 得到迭代公式

$$x \approx x_0 + \frac{2f(x_0)f'(x_0)}{f(x_0)f''(x_0) - 2[f'(x_0)]^2}. \tag{2.23}$$

非常有趣的是, 上述公式与收敛控制参数 c_0 无关. 所谓的同伦–帕德方法为我们提供了一种改进同伦级数解收敛性的替代方法, 并在 §2.3.5 中详细介绍.

2.3 例 2.2: 非线性振动

上述方法也适用于其他类型的非线性方程. 例如, 我们在这里考虑一个在光滑水平面上运动的物体, 该物体受到水平力 f 的作用. 设 m 表示物体的质量, t 表示时间, $x(t)$ 表示物体的横坐标, 如图 2.3 所示. 假设物体和平面之间没有摩擦力. 根据牛顿第二定律, 物体的运动可以描述为

$$m\,\ddot{x}(t) = f,$$

其中 $\dot{}$ 表示对时间 t 求导. 为了简单起见, 这里考虑如下情况

$$x(0) = x^*,\ \ \dot{x}(0) = 0,\ \ m = 1,\ \ f = -(\lambda x + \varepsilon x^3),$$

物体的运动可描述为

$$\ddot{x}(t) + \lambda x(t) + \varepsilon x^3(t) = 0, \qquad x(0) = x^*,\ \ \dot{x}(0) = 0, \tag{2.24}$$

其中 $\lambda \in (-\infty, +\infty)$ 和 $\varepsilon \in (-\infty, +\infty)$ 是物理常数.

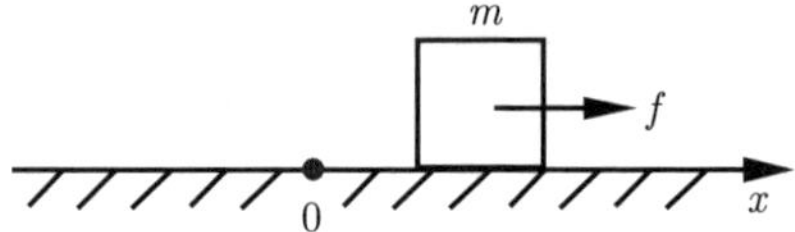

图 2.3 在光滑水平面上受到水平力 f 的作用而运动的物体

2.3.1 解的特征分析

先考虑 $\varepsilon = 0$ 的情况, (2.24) 可以写成

$$\ddot{x}(t) + \lambda x(t) = 0, \qquad x(0) = x^*,\ \ \dot{x}(0) = 0, \tag{2.25}$$

其解为

$$x(t) = \begin{cases} x^*\ \cos(\sqrt{\lambda}\,t), & \lambda > 0, \\ x^*, & \lambda = 0, \\ x^*\ \cosh(\sqrt{|\lambda|}\,t), & \lambda < 0. \end{cases} \tag{2.26}$$

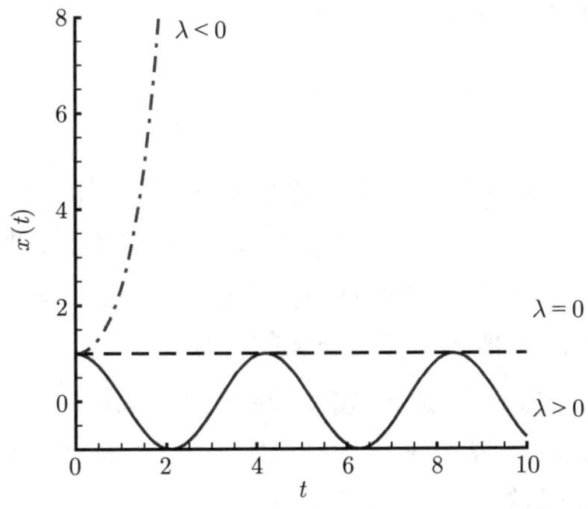

图 2.4 方程 $\ddot{x}+\lambda x=0$ 与 $x(0)=1$ 和 $\dot{x}(0)=0$ 的解. 实线: 当 $\lambda=9/4$ 时; 虚线: 当 $\lambda=0$ 时; 点划线: 当 $\lambda=-9/4$ 时

如图 2.4 所示, 对于不同的 λ 值, 解 $x(t)$ 有着完全不同的特征: 当 $\lambda>0$ 时, $x(t)$ 是周期函数, 但当 $\lambda<0$ 时, $x(t)$ 快速趋于无穷.

我们可以从物理的角度来解释这一点. 一般来说, 动态系统的平衡点由 $f=0$ 定义. 令 $f=-\lambda x=0$, 在 $\lambda>0$ 和 $\lambda<0$ 的情况下, 我们有平衡点 $x=0$. 当 $\lambda>0$ 时, 物体受到的力 $f=-\lambda x=-|\lambda|x$ 总是指向 $x=0$, 因此 $x=0$ 是一个稳定平衡点, 物体将围绕 $x=0$ 发生振动, 其运动由周期函数表示. 然而, 当 $\lambda<0$ 时, 物体受到的力 $f=-\lambda x=|\lambda|x$ 从不指向平衡点 $x=0$, 因此 $x=0$ 是一个不稳定平衡点, 物体偏离起点 $x=x^*$ 越来越远, 并且永远不会返回, 即 $x(t)$ 由指数函数表示. 当 $\lambda=0$ 时, 因为没有力作用在物体上, 所以物体是静止的. 这些就是解 $x(t)$ 对于不同的特征值 $\lambda>0$, $\lambda=0$ 和 $\lambda<0$ 有着完全不同特征的物理原因. 注意, $\sqrt{\lambda}$ 表示当 $\lambda>0$ 时的振动频率, $\sqrt{|\lambda|}$ 表示当 $\lambda<0$ 时物体从起点的逃逸速度.

综上所述, 表 2.1 中列出了解的特征和线性方程 $\ddot{x}+\lambda x=0$ 的平衡点.

表 2.1 解的特征和 $\ddot{x}+\lambda x=0$ 的平衡点 $(x(0)=x^*, \dot{x}(0)=0)$

	$\lambda>0$	$\lambda=0$	$\lambda<0$
解表达	周期函数	常数	指数函数
平衡点	$x=0$, 稳定	$x=x^*$, 中间状态	$x=0$, 不稳定

对于 $\varepsilon \neq 0$ 的情况, 平衡点由下式确定

$$f = -\lambda x - \varepsilon\, x^3 = -\varepsilon\, x\left(\frac{\lambda}{\varepsilon} + \ x^2\right) = 0. \tag{2.27}$$

当 $\lambda/\varepsilon \geqslant 0$ 时, 方程 (2.27) 只有一个实解 $x = 0$. 当 $\lambda/\varepsilon < 0$ 时, 方程 (2.27) 有三个实解, 分别为 $x = 0$ 和 $x = \pm\sqrt{|\lambda/\varepsilon|}$. 从物理上讲, 当 $\lambda/\varepsilon \geqslant 0$ 时, 存在一个平衡点 $x = 0$; 但当 $\lambda/\varepsilon < 0$ 时, 存在三个平衡点 $x = 0$ 和 $x = \pm\sqrt{|\lambda/\varepsilon|}$. 下面列出了不同 ε 和 λ 值的平衡点与解的特征:

- 在 $\varepsilon > 0$ 和 $\lambda \geqslant 0$ 的情况下, 物体受到的力 $f = -(\lambda + \varepsilon x^2)x$ 总是指向唯一的平衡点 $x = 0$, 因此 $x = 0$ 是稳定平衡点, 物体总是围绕 $x = 0$ 振动, 即 $x(t)$ 是周期函数.
- 在 $\varepsilon > 0$ 和 $\lambda < 0$ 的情况下, 物体受到的力 $f = -\lambda x - \varepsilon x^3 = |\lambda|x - \varepsilon x^3 = -(\varepsilon x^2 - |\lambda|)\,x$ 要么指向平衡点 $x = +\sqrt{|\lambda|/\varepsilon}$, 要么指向平衡点 $x = -\sqrt{|\lambda|/\varepsilon}$. 因此, 存在两个稳定平衡点 $x = \pm\sqrt{|\lambda|/\varepsilon}$, 一个不稳定平衡点 $x = 0$. 所以物体围绕稳定平衡点 $x = \pm\sqrt{|\lambda|/\varepsilon}$ 中的一个振动, 且解是周期函数.
- 在 $\varepsilon < 0$ 和 $\lambda > 0$ 的情况下, 当 $|x^*| < \sqrt{|\lambda/\varepsilon|}$ 时, 物体受到的力 $f = -\lambda x - \varepsilon x^3 = |\varepsilon| x\,(x^2 - |\lambda/\varepsilon|)$ 指向平衡点 $x = 0$, 但当 $|x^*| > \sqrt{|\lambda/\varepsilon|}$ 时, 物体受到的力从不指向任何平衡点. 因此, $x = 0$ 为一个稳定平衡点, $x = \pm\sqrt{|\lambda/\varepsilon|}$ 为两个不稳定平衡点. 综上所述, 当 $|x^*| < \sqrt{|\lambda/\varepsilon|}$ 时, 物体围绕稳定平衡点 $x = 0$ 振动, 但当 $|x^*| > \sqrt{|\lambda/\varepsilon|}$ 时, 物体从起点出发向无穷远处移动.
- 在 $\varepsilon < 0$ 和 $\lambda \leqslant 0$ 的情况下, 物体受到的力 $f = -(\lambda + \varepsilon x^2)x = (|\lambda| + |\varepsilon| x^2)x$ 从不指向唯一的平衡点 $x = 0$, 所以 $x = 0$ 是一个不稳定平衡点, 因此物体从起点出发向无穷远处移动.

表 2.2 和表 2.3 分别列出了不同 ε 和 λ 值时非线性动力系统 (2.24) 的平衡点和解表达的特征. 注意, 在 $\varepsilon > 0$ 的情况下, 对于 λ 的任意值, 物体总是围绕稳定平衡点发生振动, 因此, $x(t)$ 总是周期函数. 此外, 在 $\varepsilon < 0$ 的情况下, 当 $\lambda > 0$ 且 $|x^*| < \sqrt{|\lambda/\varepsilon|}$ 时, 存在周期解. 这些周期解描述了物体围绕稳定平衡点发生的周期振动, 在其他情况下, 解是一个指数函数, 描述了物体从起点到无穷远处的快速逃逸.

因此, 根据物理参数 λ, ε 和起始位置 x^*, 非线性动力系统 (2.24) 有两种不同类型的解: 一个是周期函数, 描述了物体围绕稳定平衡点的周期振动. 在这种情况下, 重要的物理量是运动频率, 用 ω 表示. 另一个是非周期函数, 它随着

表 2.2 非线性动力系统 (2.24) 平衡点的特征

$\varepsilon > 0$		$\varepsilon < 0$	
$\lambda \geqslant 0$	一个平衡点: $x = 0$, 稳定	$\lambda > 0$	三个平衡点: $x = 0$, 稳定; $x = \pm\sqrt{\lvert\lambda/\varepsilon\rvert}$, 不稳定
$\lambda < 0$	三个平衡点: $x = 0$, 不稳定; $x = \pm\sqrt{\lvert\lambda/\varepsilon\rvert}$, 稳定	$\lambda \leqslant 0$	一个平衡点: $x = 0$, 不稳定

表 2.3 非线性动力系统 (2.24) 解表达的特征

$\varepsilon > 0$		$\varepsilon < 0$	
$\lambda \geqslant 0$	周期函数	$\lambda > 0$	周期函数: $\lvert x^*\rvert < \sqrt{\lvert\lambda/\varepsilon\rvert}$ 指数函数: $\lvert x^*\rvert > \sqrt{\lvert\lambda/\varepsilon\rvert}$
$\lambda < 0$	周期函数	$\lambda \leqslant 0$	指数函数

$t \to +\infty$ 呈指数级趋向无穷, 描述了物体从起点 x^* 到无穷远处的快速逃逸. 在这种情况下, 存在一个重要的物理量, 用 μ 表示, 描述了物体从起点 x^* 到无穷远处的逃逸速度. ω 和 μ 中的每一个都对应一种时间尺度, 因此我们可以为周期函数定义一个无量纲时间变量 $\tau = \omega t$, 或者为非周期函数定义 $\tau = \mu t$. 虽然我们现在对非线性动力系统 (2.24) 解的组成还不了解, 但我们非常确定周期解可以表示如下

$$x = a_0 + \sum_{k=1}^{+\infty} a_k \cos(k\tau), \quad \tau = \omega t, \tag{2.28}$$

非周期解可以表示如下

$$x = b_0 + \sum_{k=-\infty}^{+\infty} b_k \exp(k\tau), \quad \tau = \mu t, \tag{2.29}$$

其中 a_k, b_k 是待定常数. 我们的目的是为所有可能的物理参数 $-\infty < \lambda < +\infty$ 和 $-\infty < \varepsilon < +\infty$ 找到上述形式的收敛级数解. 为了简单起见, 我们把 (2.28) 称为非线性动力系统 (2.24) 周期振动的解表达, (2.29) 称为非周期振动的解表达.

定义 2.6 给定至少有一个解 u 的微分方程 $\mathcal{E}$. 如果存在一个完整的基函数集 $\mathbf{e}_k$ $(0 \leqslant k < +\infty)$, 使得级数 $\sum_{k=0}^{+\infty} a_k\ \mathbf{e}_k$ 收敛于解 u, 那么称 $u = \sum_{k=0}^{+\infty} a_k\ \mathbf{e}_k$ 为给定方程 $\mathcal{E}$ 的解表达.

基于以上分析, 我们定义了两组不同的函数

$$\mathbf{S}_p := \left\{ x(\tau) \middle| x(\tau) = a_0 + \sum_{k=1}^{+\infty} a_k\ \cos(k\tau),\ \ a_k \text{ 为常数} \right\} \tag{2.30}$$

和

$$\mathbf{S}_e := \left\{ x(\tau) \middle| x(\tau) = b_0 + \sum_{k=-\infty}^{+\infty} b_k\ \exp(k\tau),\ \ b_k \text{ 为常数} \right\}. \tag{2.31}$$

显然, 如果 $f_1 \in \mathbf{S}_p$ 和 $f_2 \in \mathbf{S}_p$ 为两个周期函数, 那么 f_1 可以连续形变为 f_2. 因此, $f_1 \in \mathbf{S}_p$ 和 $f_2 \in \mathbf{S}_p$ 是同伦的. 类似地, 两个指数函数 $f_1 \in \mathbf{S}_e$ 和 $f_2 \in \mathbf{S}_e$ 也是同伦的. 但是, 周期函数 $f_1 \in \mathbf{S}_p$ 形变为指数函数 $f_2 \in \mathbf{S}_e$ 是不可能的.

以上关于非线性动力系统 (2.24) 解的特征和平衡点的分析对于同伦分析方法框架中 $x(t)$ 的初始猜测解和辅助线性算子 $\mathcal{L}$ 的选取有很大的帮助, 如下所述.

当起始位置 $x(0) = x^*$ 位于平衡点时, 其解为 $x(t) = x^*$. 因此, 假设 $x = x^*$ 不是平衡点. 此外, 为了简单起见, 只考虑周期解. 如上所述, 当 $\varepsilon > 0$, 或者 $\varepsilon < 0, \lambda > 0$ 和 $|x^*| < \sqrt{|\lambda/\varepsilon|}$ 时, 周期解存在.

设 ω 和 $T = 2\pi/\omega$ 分别表示解 $x(t)$ 的频率和周期. 基于变换 $\tau = \omega t$, 方程 (2.24) 变为

$$\gamma\, x''(\tau) + \lambda\, x(\tau) + \varepsilon\, x^3(\tau) = 0, \qquad x(0) = x^*, x'(0) = 0, \tag{2.32}$$

其中 $'$ 表示对 τ 的导数, $\gamma = \omega^2$ 为取决于 ε, λ 和 x^* 的未知常数. 如上所述, 虽然频率的平方 γ 是未知的, 但是可以确定 $x(\tau)$ 是周期为 2π 的函数, 由 (2.28) 表示, 即 $x(\tau) \in \mathbf{S}_p$. 我们的目标是给出这种对所有可能的物理参数 λ, ε 和起点 x^* 均收敛的级数解.

2.3.2 简明数学公式

设 $x_0(\tau)$ 为 $x(\tau)$ 的初始近似. 根据解表达 (2.28) 并考虑 (2.24) 中的初始条件, 我们选择

$$x_0(\tau) = \beta + (x^* - \beta)\cos\tau, \tag{2.33}$$

其中 $x = \beta$ 对应于起始位置 $x = x^*$ 附近的稳定平衡点. 根据表 2.2 和表 2.3, 可以得到

$$\beta = \begin{cases} 0, & \varepsilon > 0, \lambda \geqslant 0, \\ +\sqrt{|\lambda/\varepsilon|}, & \varepsilon > 0, \lambda < 0, x^* > 0, \\ -\sqrt{|\lambda/\varepsilon|}, & \varepsilon > 0, \lambda < 0, x^* < 0, \\ 0, & \varepsilon < 0, \lambda \geqslant 0, |x^*| < \sqrt{|\lambda/\varepsilon|}. \end{cases} \tag{2.34}$$

需要注意的是, 上述定义的 $x_0(\tau)$ 满足非线性动力系统 (2.32) 的初始条件 $x(0) = x^*$ 和 $x'(0) = 0$.

设 $\mathcal{L}$ 为具有性质 $\mathcal{L}(0) = 0$ 的辅助线性算子. 我们将在后续说明如何选择 $\mathcal{L}$. 这里, 我们只是强调在选择辅助线性算子 $\mathcal{L}$ 上具有极大的自由度.

设 c_0 为收敛控制参数, $q \in [0, 1]$ 为同伦参数. 为了简单起见, 我们定义如下非线性算子

$$\mathcal{N}(x) = \gamma\, x''(\tau) + \lambda\, x(\tau) + \varepsilon\, x^3(\tau). \tag{2.35}$$

还要注意的是, $x_0 \in \mathbf{S}_p$ 是周期函数, 其中 $\mathbf{S}_p$ 由 (2.30) 定义. 很明显, 如果 $x(\tau) \in \mathbf{S}_p$, 则 $c_0\, \mathcal{N}[x(\tau)] \in \mathbf{S}_p$. 假设 $\mathcal{L}$ 选取得当, 那么当 $x(\tau) \in \mathbf{S}_p$ 时, 有

$$\mathcal{L}\,[x(\tau) \quad x_0(\tau)] \in \mathbf{S}_p \tag{2.36}$$

因此, $\mathcal{L}\,[x(\tau) - x_0(\tau)]$ 和 $c_0\, \mathcal{N}[x(\tau)]$ 是具有相同周期的周期函数, 故可以相互形变. 我们可以构造如下函数的同伦:

$$\mathcal{H}(x; q) := (1 - q)\mathcal{L}\,[x(\tau) - x_0(\tau)] - c_0\, q\, \mathcal{N}[x(\tau)]. \tag{2.37}$$

当 $q = 0$ 和 $q = 1$ 时, 分别有

$$\mathcal{H}(x, 0) := \mathcal{L}\,[x(\tau) - x_0(\tau)]\,, \qquad q = 0, \tag{2.38}$$

$$\mathcal{H}(x; 1) := -c_0\, \mathcal{N}[x(\tau)], \qquad q = 1. \tag{2.39}$$

因此, 当 q 从 0 增加到 1 时, 同伦 $\mathcal{H}(x,q)$ 从周期函数

$$\mathcal{L}\left[x(\tau)-x_0(\tau)\right]\in\mathbf{S}_p$$

连续变化 (或形变) 到另一个周期函数

$$-c_0\,\mathcal{N}[x(\tau)]\in\mathbf{S}_p.$$

然后, 令

$$\mathcal{H}(x;q)=0,$$

可以得到微分方程

$$(1-q)\mathcal{L}\left[x-x_0(\tau)\right]=c_0\,q\,\mathcal{N}[x]$$

的双参数 (q,c_0) 族, 即

$$(1-q)\mathcal{L}\left[x-x_0(\tau)\right]=c_0\,q\,\left(\gamma\,x''+\lambda\,x+\varepsilon\,x^3\right),\tag{2.40}$$

满足初始条件

$$x(0)=x^*,\quad x'(0)=0,\tag{2.41}$$

其中 $'$ 表示对 τ 求导. 显然, 上述动力系统的解 x 不仅取决于无量纲时间 $\tau\geqslant 0$, 还取决于没有物理意义的同伦参数 $q\in[0,1]$. 因此, x 应该更准确地写成 $\tilde{x}(\tau;q)$. 注意, $\gamma=\omega^2$ 在原始方程 (2.32) 中是一个未知常数, 因此 (2.40) 中的 γ 也可以视为一个常数. 然而, 由于在构造微分方程族 (2.40) 上有很大的自由度, 我们也可以把 γ 看作 q 的函数, 记作 $\tilde{\gamma}(q)$. 它从 $\tilde{\gamma}(0)=\gamma_0=\omega_0^2$ 到 $\tilde{\gamma}(1)=\gamma=\omega^2$ 连续变化, 其中 ω_0 是未知频率 ω 的初始猜测值. 换句话说, 我们认为 $\tilde{\gamma}(q)$ 是连接了初始猜测值 $\gamma_0=\omega_0^2$ 与未知量 $\gamma=\omega^2$ 的一种同伦, 记作 $\tilde{\gamma}(q):\gamma_0\sim\gamma$. 我们将在后文解释为什么应该将 γ 视为 q 的一种连续函数. 这里, 我们只是指出, 为了避免所谓的长期项, 如 $\tau\cos(\tau)$, 这是必要的.

然后, 将 (2.40) 中的 x 和 γ 分别替换为 $\tilde{x}(\tau;q)$ 和 $\tilde{\gamma}(q)$, 可以得到双参数 (q,c_0) 族的微分方程 $\tilde{\mathcal{E}}(q)$:

$$(1-q)\mathcal{L}\left[\tilde{x}(\tau;q)-x_0(\tau)\right]=c_0\,q\,\left[\tilde{\gamma}(q)\,\tilde{x}''(\tau;q)+\lambda\,\tilde{x}(\tau;q)+\varepsilon\,\tilde{x}^3(\tau;q)\right],\tag{2.42}$$

满足初始条件

$$\tilde{x}(0;q)=x^*,\quad \tilde{x}'(0;q)=0,\tag{2.43}$$

其中 $'$ 表示对 τ 求导. 当 $q=0$ 时, 我们有方程

$$\mathcal{E}_0:\ \mathcal{L}[\tilde{x}(\tau;0)-x_0(\tau)]=0,\quad \tilde{x}(0;0)=x^*,\quad \tilde{x}'(0;0)=0. \tag{2.44}$$

根据 $\mathcal{L}$ 的线性性质, 即 $\mathcal{L}(0)=0$, 并利用 $x_0(\tau)$ 满足初始条件的事实, 很明显

$$\tilde{x}(\tau;0)=x_0(\tau). \tag{2.45}$$

当 $q=1$ 时, 由于 $c_0\neq 0$, 方程 (2.42) 和 (2.43) 等价于以下方程

$$\mathcal{E}_1:\ \tilde{\gamma}(1)\,\tilde{x}''(\tau;1)+\lambda\,\tilde{x}(\tau;1)+\varepsilon\,\tilde{x}^3(\tau;1)=0,\quad \tilde{x}(0;1)=x^*,\quad \tilde{x}'(0;1)=0, \tag{2.46}$$

其与原始方程 (2.32) 完全相同, 前提是

$$\tilde{x}(\tau;1)=x(\tau),\quad \tilde{\gamma}(1)=\gamma. \tag{2.47}$$

因此, 当同伦参数 $q\in[0,1]$ 从 0 增加到 1 时, 方程族 $\tilde{\mathcal{E}}(q)$ 从方程 $\mathcal{E}_0$ 变化到方程 $\mathcal{E}_1$, 而 $\tilde{x}(\tau;q)$ 从初始猜测解 $x_0(\tau)$ 连续形变到 (2.32) 的未知解 $x(\tau)$, $\tilde{\gamma}(q)$ 也从其初始猜测值 $\gamma_0=\omega_0^2$ 变化到未知量 $\gamma=\omega^2$. 换句话说, $\tilde{\mathcal{E}}(q)$ 是方程的同伦, 记作 $\tilde{\mathcal{E}}(q):\mathcal{E}_0\sim\mathcal{E}_1$, $\tilde{x}(\tau;q)$ 是函数的同伦, 记作 $\tilde{x}(\tau;q):x_0(\tau)\sim x(\tau)$. 需要注意的是, 如上所述, $\tilde{\gamma}(q):\gamma_0\sim\gamma$ 被定义为同伦. 还要注意的是, γ_0 和 γ 现在都是未知的, 将在之后确定. 这种连续变化在拓扑中称为形变. 因此, 方程 (2.42) 和 (2.43) 被称为零阶形变方程.

由于 $\tilde{x}(\tau;q)$ 和 $\tilde{\gamma}(q)$ 取决于嵌入变量 $q\in[0,1]$, 它们可以展开为 q 的幂级数, 如下所示

$$\tilde{x}(\tau;q)\sim x_0(\tau)+\sum_{n=1}^{+\infty}x_n(\tau)\,q^n, \tag{2.48}$$

$$\tilde{\gamma}(q)\sim\gamma_0+\sum_{n=1}^{+\infty}\gamma_n\,q^n, \tag{2.49}$$

其中

$$x_n(\tau)=\frac{1}{n!}\frac{\partial^n\tilde{x}(\tau;q)}{\partial q^n}\bigg|_{q=0}=\mathcal{D}_n\left[\tilde{x}(\tau;q)\right],\quad \gamma_n=\frac{1}{n!}\frac{d^n\tilde{\gamma}(q)}{dq^n}\bigg|_{q=0}=\mathcal{D}_n\left[\tilde{\gamma}(q)\right]. \tag{2.50}$$

这里使用了 $\tilde{x}(\tau;0)=x_0(\tau)$ 和 $\tilde{\gamma}(0)=\gamma_0$. 我们称级数 (2.48) 和 (2.49) 分别为 $\tilde{x}(\tau;q)$ 和 $\tilde{\gamma}(q)$ 的同伦 – Maclaurin 级数. 根据 (2.47), 如果同伦 – Maclaurin 级数 (2.48) 和 (2.49) 分别在 $q=1$ 时收敛到 $\tilde{x}(\tau;1)$ 和 $\tilde{\gamma}(1)$, 我们可以得到 (2.32) 的解. 因此, 保证同伦 – Maclaurin 级数 (2.48) 和 (2.49) 在 $q=1$ 时的收敛性是非常重要的. 然而, 幂级数一般具有有界的收敛半径. 但值得庆幸的是, c_0 和 $\mathcal{L}$ 都出现在零阶形变方程 (2.42) 中, 所以, $\tilde{x}(\tau;q)$ 和 $\tilde{\gamma}(q)$ 不仅依赖于同伦参数 $q\in[0,1]$, 还依赖于收敛控制参数 c_0 和辅助线性算子 $\mathcal{L}$. 更重要的是, 我们在选择收敛控制参数 c_0 和辅助线性算子 $\mathcal{L}$ 上具有很大的自由度. 因此, 假设收敛控制参数 c_0 和辅助线性算子 $\mathcal{L}$ 被适当选择, 使得同伦 – Maclaurin 级数 (2.48) 和 (2.49) 在 $q=1$ 时分别收敛到 $\tilde{x}(\tau;q)$ 和 $\tilde{\gamma}(q)$, 根据表达式 (2.47) 到 (2.49), 我们有同伦级数解

$$x(\tau)=x_0(\tau)+\sum_{n=1}^{+\infty}x_n(\tau), \tag{2.51}$$

$$\gamma=\gamma_0+\sum_{n=1}^{+\infty}\gamma_n \tag{2.52}$$

和 m 阶同伦近似

$$x(\tau)\approx x_0(\tau)+\sum_{n=1}^{m}x_n(\tau), \tag{2.53}$$

$$\gamma\approx\gamma_0+\sum_{n=1}^{m}\gamma_n. \tag{2.54}$$

为了简便, 定义集合

$$X_m=\{x_0(\tau),x_1(\tau),x_2(\tau),\cdots,x_m(\tau)\},\quad \Gamma_m=\{\gamma_0,\gamma_1,\gamma_2,\cdots,\gamma_m\}.$$

根据微积分基本定理 [113], $x_n(\tau)$ 和 γ_n 是唯一的, 并且分别由 $\tilde{x}(\tau;q)$ 和 $\tilde{\gamma}(q)$ 完全确定, 上述 $\tilde{x}(\tau;q)$ 和 $\tilde{\gamma}(q)$ 由零阶形变方程 (2.42) 和 (2.43) 控制. 这里存在两种不同的方法来推导 $x_n(\tau)$ 和 γ_n 的相应方程. 但是, 每种方法得到的结果都是相同的. 首先, 将 (2.42) 和 (2.43) 对 q 求导 n 次, 然后除以 $n!$, 最后令 $q=0$, 根据 $x_n(\tau)$ 和 γ_n 的定义 (2.50), 可以得到 n 阶形变方程

$$\mathcal{L}[x_n(\tau)-\chi_n\, x_{n-1}(\tau)]=c_0\,\delta_{n-1}(X_{n-1},\Gamma_{n-1}), \tag{2.55}$$

满足初始条件

$$x_n(0)=0,\quad x_n'(0)=0, \tag{2.56}$$

其中

$$
\begin{aligned}
&\delta_k(X_k, \Gamma_k) \\
&= \mathcal{D}_k \left[\tilde{\gamma}(q)\, \tilde{x}''(\tau; q) + \lambda\, \tilde{x}(\tau; q) + \varepsilon\, \tilde{x}^3(\tau; q)\right] \\
&= \sum_{i=0}^{k} \gamma_i\, x''_{k-i}(\tau) + \lambda\, x_k(\tau) + \varepsilon \sum_{i=0}^{k} x_{k-i}(\tau) \sum_{j=0}^{i} x_{i-j}(\tau)\, x_j(\tau)
\end{aligned} \tag{2.57}
$$

和

$$
\chi_n = \begin{cases} 0, & n \leqslant 1, \\ 1, & n > 1. \end{cases} \tag{2.58}
$$

附录 2.2 中给出了 (2.55) 和 (2.56) 的详细推导. 或者, 可以将同伦 – Maclaurin 级数 (2.48) 和 (2.49) 直接代入零阶形变方程 (2.42) 和 (2.43), 然后令 q 的相同次幂的系数相等. 正如 Hayat 和 Sajid [114] 所证明的那样, 第二种方法得到的方程与第一种方法得到的 (2.55) 和 (2.56) 完全相同, 如附录 2.2 所示. 这主要是因为, 根据微积分基本定理 [113], 同伦 – Maclaurin 级数 (2.48) 中的 $x_n(\tau)$ 是唯一的, 因此必须由唯一方程控制, γ_n 也是如此. 一般来说, 给定一个零阶形变方程, 可以直接得到相应的高阶形变方程. 这一点我们将在第三章详细说明.

这里需要强调的是, 高阶形变方程 (2.55) 和 (2.56) 是线性的. 因此, 根据 (2.51) 和 (2.52), 原始非线性微分方程 (2.32) 已被转化为无穷多个线性微分方程 (2.55) 和 (2.56). 注意, 与摄动方法 [112, 115, 116, 133, 134, 135] 不同的是, 这种转化不需要任何物理小 (大) 参数. 因此, 由于同伦分析方法摒弃了摄动方法对物理小 (大) 参数的依赖, 故它对更多的方程有效, 特别是那些具有强非线性的方程. 更重要的是, 在不受物理小 (大) 参数限制的情况下, 同伦分析方法为我们在选择辅助线性算子 $\mathcal{L}$ 上提供了极大的自由度, 如后文所示. 因此, 独立于任何物理小 (大) 参数是同伦分析方法的一个明显优势.

需要注意的是, 零阶形变方程 (2.42) 中的辅助线性算子 $\mathcal{L}$ 目前尚未确定. 如前所述, 它具有性质 $\mathcal{L}(0) = 0$. 此外, 如果 $x(\tau)$ 是周期函数, 那么 $\mathcal{L}[x(\tau)]$ 也应该是周期函数. 即便如此, $\mathcal{L}$ 仍然是很普遍的. 由于同伦分析方法基于拓扑中的同伦概念, 我们有极大的自由来选择辅助线性算子 $\mathcal{L}$, 如本书后文所示.

还要注意的是, 原始方程 (2.32) 包含线性部分 $\gamma\, x'' + \lambda\, x$. 将 ε 视为一个小参数 (即摄动量), 并将

$$
x = \bar{x}_0 + \sum_{n=1}^{+\infty} \bar{x}_n\, \varepsilon^n
$$

代入 (2.32), 然后令 ε 的相同次幂相等, 得到摄动方程

$$\begin{aligned}&\gamma\,\bar{x}_0''+\lambda\,\bar{x}_0=0, \qquad \bar{x}_0(0)=x^*,\ \ \bar{x}_0'(0)=0,\\&\gamma\,\bar{x}_1''+\lambda\,\bar{x}_1=-\varepsilon\,\bar{x}_0^3,\ \ \bar{x}_1(0)=0,\ \ \bar{x}_1'(0)=0,\\&\qquad\vdots\end{aligned}$$

当 $\lambda>0$ 时, 上述摄动方程的解 $\bar{x}_0$ 是周期的; 但当 $\lambda<0$ 时, 其解是非周期的. 然而, 如表 2.3 所示, 当 $\varepsilon>0$ 时, 即使对于 $\lambda<0$ 的情况, (2.32) 的解也是周期的. 因此, 上述摄动方法在 $\varepsilon>0$ 和 $\lambda<0$ 的情况下无法得到良好的近似解. 所以 $\mathcal{L}(x)=\gamma\,x''+\lambda\,x$ 不是获得 (2.32) 周期近似解的适当线性算子.

值得庆幸的是, 如前所述, 同伦分析方法独立于任何物理小 (大) 参数. 所以我们有很大的自由来选择一个合适的辅助线性算子. 因为原始的非线性振动问题是由 2 阶微分方程 (2.32) 控制的, 所以我们很自然地选择 2 阶微分算子

$$\mathcal{L}\,[x(\tau)]=x''(\tau)+A_1(\tau)\,x'(\tau)+A_2(\tau)\,x(\tau), \tag{2.59}$$

其中 $'$ 表示对 τ 求导, $A_1(\tau),A_2(\tau)$ 是实周期函数, 故当 $x(\tau)\in\mathbf{S}_p$ 时, $\mathcal{L}\,[x(\tau)]\in\mathbf{S}_p$. 设 $y_1(\tau),y_2(\tau)$ 表示 $\mathcal{L}\,[x(\tau)]=0$ 的非零解, $x_n^s(\tau)$ 为 (2.55) 的特解. 然后, (2.55) 的通解为

$$x_n(\tau)=\chi_n\,x_{n-1}(\tau)+x_n^s(\tau)+C_1\,y_1(\tau)+C_2\,y_2(\tau), \tag{2.60}$$

其中 C_1,C_2 是积分常数. 注意, 我们的目标是获得已知周期为 2π 的收敛级数解 $x(\tau)$, 即 $x(\tau)\in\mathbf{S}_p$, 这意味着, 根据 (2.51), $x_n(\tau)$ 一定是周期为 2π 的周期函数, 即 $x_n(\tau)\in\mathbf{S}_p$. 因此, 我们选择周期为 2π 的最简单的周期函数

$$y_1(\tau)=\cos\tau,\quad y_2(\tau)=\sin\tau.$$

因为 $y_1(\tau)$ 和 $y_2(\tau)$ 是 $\mathcal{L}(x)=0$ 的非零解 (即核), 所以对于任何非零常数 C_1 和 C_2, 有

$$\mathcal{L}[C_1\ \cos\tau+C_2\ \sin\tau]=0.$$

然后, 利用上述方程和 $\mathcal{L}$ 的定义 (2.59), 可以得到

$$\begin{aligned}&\{[A_2(\tau)-1]\cos\tau-A_1(\tau)\sin\tau\}\,C_1\\&+\ \{[A_2(\tau)-1]\sin\tau+A_1(\tau)\cos\tau\}\,C_2=0.\end{aligned} \tag{2.61}$$

对于 $\tau \in [0, +\infty)$ 区间上的任意常数 C_1 和 C_2, 上述方程成立, 当且仅当

$$A_1(\tau) = 0, \quad A_2(\tau) = 1. \tag{2.62}$$

将它们代入 $\mathcal{L}$ 的一般定义 (2.59) 中, 可以得到辅助线性算子

$$\mathcal{L}(x) = x'' + x, \tag{2.63}$$

对于任意常数 C_1 和 C_2, 具有性质

$$\mathcal{L}\left[C_1 \ \cos\tau + C_2 \ \sin\tau\right] = 0. \tag{2.64}$$

换句话说, $\cos\tau$ 和 $\sin\tau$ 属于辅助线性算子 $\mathcal{L}$ 的核. (2.55) 的通解为

$$x_n(\tau) = \chi_n \, x_{n-1}(\tau) + x_n^s(\tau) + C_1 \ \cos\tau + C_2 \ \sin\tau, \tag{2.65}$$

其中积分常数

$$C_1 = -\chi_n \, x_{n-1}(0) - x_n^s(0), \quad C_2 = 0,$$

由初始条件 (2.56) 确定. 因此, n 阶形变方程 (2.55) 和 (2.56) 的解为

$$x_n(\tau) = \chi_n \, x_{n-1}(\tau) + x_n^s(\tau) - \left[\chi_n \, x_{n-1}(0) + x_n^s(0)\right] \ \cos\tau. \tag{2.66}$$

由于 $x_n \in \mathbf{S}_p$, 上述表达式意味着 $x_n^s \in \mathbf{S}_p$, 即特解 $x_n^s(\tau)$ 一定是周期为 2π 的函数. 注意, $x_n^s(\tau)$ 和 γ_{n-1} 都是未知的, 但对于 $x_n^s(\tau)$, 我们只有一个控制方程. 因此, 需要一个额外的代数方程来确定 γ_{n-1}. 为了说明如何得到 $x_n^s(\tau)$ 和 γ_{n-1}, 我们考虑 1 阶方程

$$\mathcal{L}[x_1(\tau)] = c_0 \, \delta_0(x_0, \gamma_0), \qquad x_1(0) = 0, x_1'(0) = 0,$$

根据 (2.33) 和 (2.57), 可以得到

$$\begin{aligned} \delta_0(x_0, \gamma_0) &= \gamma_0 \, x_0''(\tau) + \lambda \, x_0(\tau) + \varepsilon \, x_0^3(\tau) \\ &= A_{1,0} + A_{1,1} \cos\tau + A_{1,2} \cos 2\tau + A_{1,3} \cos 3\tau, \end{aligned} \tag{2.67}$$

其中 $A_{1,0}, A_{1,1}, A_{1,2}$ 和 $A_{1,3}$ 是常数, 特别地

$$A_{1,1} = (\beta - x^*) \left\{ \gamma_0 - \lambda - \frac{3}{4}\varepsilon \left[5\beta^2 - 2\beta \, x^* + (x^*)^2\right] \right\}.$$

根据性质 (2.64), 如果 $A_{1,1} \neq 0$, 则 $x_1(\tau)$ 包含所谓的长期项 $\tau\cos\tau$, 但它不是周期的, 即 $x_n^s \notin \mathbf{S}_p$. 因为我们的目的是得到 (2.32) 的周期解, 所以这种非

周期解必须避免. 基于此, 必须令 $A_{1,1}=0$, 这为我们提供了一个额外的关于 γ_0 的代数方程, 即

$$(\beta-x^*)\left\{\gamma_0-\lambda-\frac{3}{4}\varepsilon\left[4\beta^2+(\beta-x^*)^2\right]\right\}=0.$$

因为 $\beta\neq x^*$, 我们有初始猜测解

$$\gamma_0=\lambda+\frac{3}{4}\varepsilon\left[4\beta^2+(\beta-x^*)^2\right], \tag{2.68}$$

对应于初始猜测频率

$$\omega_0=\sqrt{\lambda+\frac{3}{4}\varepsilon\,[4\beta^2+(\beta-x^*)^2]}\ . \tag{2.69}$$

需要注意的是, 在 $x(\tau)$ 为周期解的情况下, 上面定义的 $\gamma_0=\omega_0^2$ 对于 λ,ε 和 x^* 的所有可能值都是正数, 因此 ω_0 总是正实数. 上述表达式表明, 非线性动力系统 (2.32) 的周期振动频率在物理上不仅取决于物理参数 λ 和 ε, 还取决于起始位置 x^* 和稳定平衡点的位置 (即坐标) β.

此后, 很容易得到特解

$$x_1^s(\tau)=A_{1,0}-\frac{A_{1,2}}{3}\cos 2\tau-\frac{A_{1,3}}{8}\cos 3\tau.$$

然后, 将其代入 (2.66), 可以得到

$$x_1(\tau)=A_{1,0}-\left(A_{1,0}-\frac{A_{1,2}}{3}-\frac{A_{1,3}}{8}\right)\cos\tau-\frac{A_{1,2}}{3}\cos 2\tau-\frac{A_{1,3}}{8}\cos 3\tau.$$

类似地, 可以得到 γ_1, $x_2(\tau)$, γ_2, $x_3(\tau)$ 等. 这样, 很容易通过 Mathematica, Maple 等符号推导软件, 依次求解线性形变方程 (2.55) 和 (2.56), 然后用笔记本电脑在数秒内得到 $x(\tau)$ 和 $\gamma=\omega^2$ 的高阶近似.

需要强调的是, 上述同伦分析方法为构造零阶形变方程提供了极大的自由度, 这主要是因为同伦分析方法基于拓扑中的同伦概念, 因此独立于任何物理小 (大) 参数. 正是由于这种自由度, 我们可以选择辅助线性算子 $\mathcal{L}(x)=x''+x$ 来得到 λ,ε 和 x^* 的所有可能值的周期解, 甚至包括 $\lambda<0$. 此外, 正是由于这种自由度, 在零阶形变方程 (2.42) 中, 我们可以将 γ 视为 q 的函数, 即同伦 $\gamma:\gamma_0\sim\gamma$, 从而避免了长期项 $\tau\cos\tau$, 并得到了周期解. 另外, 正是由于这种自由度, 在零阶形变方程中引入了收敛控制参数 c_0, 这为我们提供了一种保证同伦级数解收敛的简单方法. 利用这种自由度, 我们可以得到许多强非线性问题的更好近似. 这是同伦分析方法的第二个优势.

2.3.3 同伦级数解的收敛性

我们先证明关于同伦级数 $\sum\limits_{n=0}^{+\infty} x_n(\tau)$ 和 $\sum\limits_{n=0}^{+\infty} \gamma_n$ 的两个定理.

定理 2.1 如果同伦级数 $\sum\limits_{k=0}^{+\infty} x_k(\tau)$ 和 $\sum\limits_{k=0}^{+\infty} x''_k(\tau)$ 是收敛的, 则 $\sum\limits_{k=0}^{+\infty} \delta_k = 0$, 其中 δ_k 由 (2.57) 定义.

证明 根据 (2.55) 和 (2.58), 我们有

$$\begin{aligned}
\mathcal{L}(x_1) &= c_0\,\delta_0,\\
\mathcal{L}\,(x_2 - x_1) &= c_0\,\delta_1,\\
\mathcal{L}\,(x_3 - x_2) &= c_0\,\delta_2,\\
&\vdots\\
\mathcal{L}\,(x_m - x_{m-1}) &= c_0\,\delta_{m-1},
\end{aligned}$$

其中 $\mathcal{L}(u) = u'' + u$ 为辅助线性算子. 因为 $\mathcal{L}$ 是线性算子, 以上所有方程的和为

$$\mathcal{L}(x_m) = c_0 \sum_{n=0}^{m-1} \delta_n.$$

因为同伦级数 $\sum\limits_{n=0}^{+\infty} x_n$ 和 $\sum\limits_{n=0}^{+\infty} x''_n$ 收敛, 所以

$$\lim_{n\to+\infty} x_n = 0, \quad \lim_{n\to+\infty} x''_n = 0.$$

然后, 我们有

$$c_0 \sum_{n=0}^{+\infty} \delta_n = \lim_{m\to+\infty} \mathcal{L}\,(x_m) = \lim_{m\to+\infty} (x''_m + x_m) = \lim_{m\to+\infty} x''_m + \lim_{m\to+\infty} x_m = 0,$$

因为 $c_0 \neq 0$, 所以 $\sum\limits_{n=0}^{+\infty} \delta_n = 0$. □

定理 2.2 如果收敛控制参数 c_0 选取得当, 使得同伦级数 $\sum\limits_{n=0}^{+\infty} x_n(\tau)$ 和 $\sum\limits_{n=0}^{+\infty} \gamma_n$ 分别绝对收敛于 $x(\tau)$ 和 γ, 此外, $\sum\limits_{n=0}^{+\infty} x''_n(\tau)$ 收敛于 $x''(\tau)$, 则同伦级数 $\sum\limits_{n=0}^{+\infty} x_n(\tau)$ 和 $\sum\limits_{n=0}^{+\infty} \gamma_n$ 满足原始非线性微分方程 (2.32).

证明 因为同伦级数 $\sum\limits_{n=0}^{+\infty} x_n$ 和 $\sum\limits_{n=0}^{+\infty} x''_n$ 是收敛的, 根据定理 2.1 可得 $\sum\limits_{n=0}^{+\infty} \delta_n = 0$, 即

$$\sum_{n=0}^{+\infty}\left[\sum_{k=0}^{n}\gamma_k\, x''_{n-k}(\tau)+\lambda\, x_n(\tau)+\varepsilon\sum_{k=0}^{n}x_{n-k}(\tau)\sum_{j=0}^{k}x_{k-j}(\tau)\, x_j(\tau)\right]=0.$$

因为 $\sum\limits_{n=0}^{+\infty} x_n$ 和 $\sum\limits_{n=0}^{+\infty} \gamma_n$ 分别绝对收敛于 $x(\tau)$ 和 γ, 此外 $\sum\limits_{n=0}^{+\infty} x''_n$ 收敛于 $x''(\tau)$, 根据柯西乘积定理有

$$\sum_{n=0}^{+\infty}\left(\sum_{k=0}^{n}\gamma_k\, x''_{n-k}\right)=\sum_{k=0}^{+\infty}\sum_{n=k}^{+\infty}\gamma_k\, x''_{n-k}=\sum_{k=0}^{+\infty}\sum_{m=0}^{+\infty}\gamma_k\, x''_m=\left(\sum_{j=0}^{+\infty}\gamma_j\right)\left(\sum_{m=0}^{+\infty}x''_m\right)$$

和

$$\sum_{n=0}^{+\infty}\left(\sum_{k=0}^{n}x_{n-k}\sum_{j=0}^{k}x_{k-j}\, x_j\right)=\left(\sum_{n=0}^{+\infty}x_n\right)^3.$$

此外, 显然成立

$$\sum_{n=0}^{+\infty}\lambda\, x_n=\lambda\left(\sum_{n=0}^{+\infty}x_n\right).$$

将上述三个表达式代入 $\sum\limits_{n=0}^{+\infty} \delta_n = 0$ 的方程中得到

$$\left(\sum_{j=0}^{+\infty}\gamma_j\right)\left(\sum_{n=0}^{+\infty}x_n\right)''+\lambda\left(\sum_{n=0}^{+\infty}x_n\right)+\varepsilon\left(\sum_{n=0}^{+\infty}x_n\right)^3=0.$$

根据 (2.33), 有 $x_0(0)=x^*$ 和 $x'_0(0)=0$. 然后, 利用 (2.56) 可以得到

$$\sum_{n=0}^{+\infty}x_n(0)=x_0(0)=x^*,\quad \sum_{n=0}^{+\infty}x'_n(0)=x'_0(0)=0.$$

因此, 绝对收敛的同伦级数 $x=\sum\limits_{n=0}^{+\infty} x_n$ 和 $\gamma=\sum\limits_{n=0}^{+\infty}\gamma_n$ 满足原始方程 (2.32). 证毕. □

根据定理 2.2, 保证同伦级数的收敛性是很重要的. 定理 2.1 提供了一种简便的方法来检验同伦级数的收敛性, 如后文所述. 上述两个定理一般是成立的, 正如第三章所证明的那样.

显然, 保证近似级数收敛是非常重要的. 但是, 基本上以前所有的解析近似方法, 如摄动方法、Lyapunov 人工小参数法、Adomian 分解法、δ 展开法等,

都不能保证近似级数的收敛性, 如第一章所述. 这就是这些传统解析方法主要对弱非线性问题有效的根本原因.

幸运的是, 基于拓扑中的同伦, 同伦分析方法为我们提供了极大的自由度. 利用这种自由度, 在零阶形变方程 (2.42) 中引入非零辅助参数 c_0, 即收敛控制参数. 注意, 高阶形变方程 (2.55) 中也包含收敛控制参数 c_0. 因此, 同伦级数 $\sum\limits_{n=0}^{+\infty} x_n(\tau)$ 和 $\sum\limits_{n=0}^{+\infty} \gamma_n$ 也包含收敛控制参数 c_0. 如上所述, 更重要的是, 我们在选择 c_0 的值上有很大的自由, 这样就可以找到一些合适的 c_0 值来保证同伦级数的收敛性. 因此, 收敛控制参数 c_0 为保证同伦级数的收敛性提供了一种简便的方法, 如下所述.

根据定理 2.2, 如果同伦级数 $\sum\limits_{n=0}^{+\infty} x_n(\tau)$ 和 $\sum\limits_{n=0}^{+\infty} \gamma_n$ 绝对收敛且 $\sum\limits_{n=0}^{+\infty} x_n''(\tau)$ 收敛, 则原始控制方程 (2.32) 的残差在 $\tau \in [0, 2\pi]$ 上趋于零. 控制方程平方残差的平均值清楚地表明了解析近似解的精确性. 因此, 为了选择合适的 c_0 值, 我们使用平方残差

$$E_m(c_0) = \frac{1}{2\pi} \int_0^{2\pi} \left[\Delta_m(\tau; c_0)\right]^2 \, d\,\tau, \tag{2.70}$$

其中

$$\Delta_m(\tau; c_0) = \check{\gamma}\, \check{x}\,''(\tau) + \lambda\, \check{x}(\tau) + \varepsilon\, \check{x}^3(\tau) \tag{2.71}$$

是控制方程 (2.32) 的残差, 同时

$$\check{x} = \sum_{n=0}^{m} x_n(\tau), \qquad \check{\gamma} = \sum_{n=0}^{m} \gamma_n$$

分别是 $x(\tau)$ 和 γ 的 m 阶近似. 为了提高计算效率, 我们用数值方法计算离散平方残差 $\bar{E}_m(c_0)$, 即

$$E_m(c_0) \approx \bar{E}_m(c_0) = \frac{1}{(N+1)} \sum_{k=0}^{N} \left[\Delta_m(\tau_k; c_0)\right]^2, \qquad \tau_k = \frac{2k\pi}{N}, \tag{2.72}$$

其中 N 是整数. 很明显可以看出, 对于足够大的 N, 上述表达式是 $E_m(c_0)$ 的良好近似. 本章中, 我们选取 $N = 50$. 需要注意的是, $E_m(c_0)$ 的值依赖于收敛控制参数 c_0. 对于给定的 m, $\bar{E}_m(c_0)$ 的值越小, 近似效果越好. 在给定的 m 阶近似下, "最佳" 或 "最优" 近似是由 $\bar{E}_m(c_0^*)$ 的最小值和相应的最优收敛控制参数 c_0^* 定义的.

不失一般性, 先考虑 $\varepsilon=1$, $\lambda=-9/4$, $x^*=1$ 的情况. 如图 2.5 所示, 随着近似阶数的增加, 离散平方残差 $\bar{E}_m(c_0)$ 在以下区间上单调减小

$$\mathbf{R}_c=\{c_0|-0.2\leqslant c_0\leqslant -0.05\}.$$

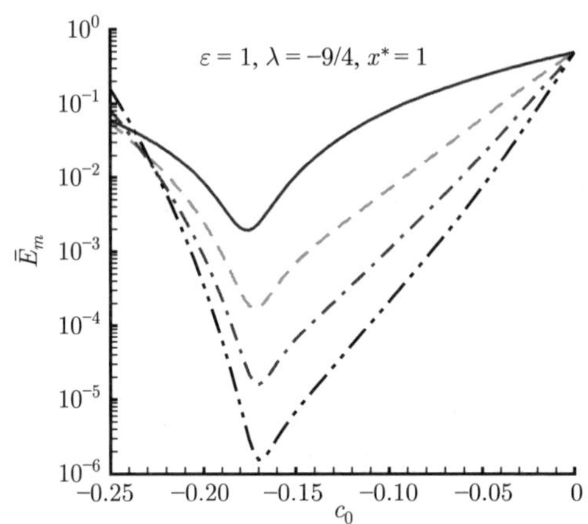

图 2.5 当 $\varepsilon=1,\lambda=-9/4$, $x^*=1$ 时的离散平方残差 $\bar{E}_m(c_0)$. 实线: 1 阶近似; 虚线: 3 阶近似; 点划线: 5 阶近似; 双点划线: 7 阶近似

因此, 如果 $c_0\in\mathbf{R}_c$, 则相应的同伦级数解收敛. 为了证实这一点, 我们研究了同伦级数解在选取不同 c_0 值时的收敛性, 例如 $c_0=-1/5,-3/20,-1/10$ 和 $-1/20$. 研究发现, 随着近似阶数的增加, 所有这些同伦级数的离散平方残差单调减小, 如表 2.4 所示. 除此之外, 所有这些同伦级数都给出了相同的值 $\gamma=3.9278$, 如表 2.5 所示. 我们的计算表明, 确实存在这样一个集合 $\mathbf{R}_c$, 当 $c_0\in\mathbf{R}_c$ 时, 尽管相应的同伦级数收敛速度不同, 但都收敛于同一结果. 在数学上, 根据定理 2.2, $x(\tau)$ 和 γ 的所有收敛同伦级数都满足原始方程 (2.32). 由于 (2.32) 有唯一解, 那么 $x(\tau)$ 和 γ 的所有这些收敛同伦级数都必须相同. 在物理上, 收敛控制参数 c_0 是一个人工参数, 不具有任何物理意义. 因此, 从物理的角度来看, 所有收敛同伦级数必须独立于收敛控制参数 c_0 (否则, 它在物理上是错误的). 这样, 我们可以从数学和物理的角度解释上述所有结果.

定义 2.7 如果零阶形变方程中除同伦参数 $q\in[0,1]$ 外的每个未知辅助参数都能影响同伦级数的收敛, 则称其为收敛控制参数. 所有这些收敛控制参数构成了收敛控制向量, 记作 $\mathbf{c}=(c_0,c_1,c_2,\cdots)$, 其中 $c_0,c_1,c_2,\cdots$ 为收敛控制参数.

表 2.4 当 $\varepsilon=1, \lambda=-9/4, x^*=1$ 时, 选取不同 c_0 值的离散平方残差 $\bar{E}_m(c_0)$

近似阶数	$c_0=-1/5$	$c_0=-3/20$	$c_0=-1/10$	$c_0=-1/20$
5	8.6×10^{-4}	6.5×10^{-5}	1.1×10^{-3}	2.0×10^{-2}
10	1.1×10^{-4}	2.8×10^{-7}	2.3×10^{-5}	2.0×10^{-3}
20	5.2×10^{-6}	9.4×10^{-12}	3.0×10^{-8}	4.7×10^{-5}
30	4.4×10^{-7}	4.4×10^{-16}	5.7×10^{-11}	1.8×10^{-6}
40	4.5×10^{-8}	2.3×10^{-20}	1.2×10^{-13}	8.7×10^{-8}
50	5.4×10^{-9}	1.3×10^{-24}	2.8×10^{-16}	4.5×10^{-9}
60	6.9×10^{-10}	8.3×10^{-29}	6.8×10^{-19}	2.5×10^{-10}
70	9.3×10^{-11}	5.3×10^{-33}	1.7×10^{-21}	1.4×10^{-11}
80	1.3×10^{-11}	3.5×10^{-37}	4.4×10^{-24}	8.0×10^{-13}

表 2.5 当 $\varepsilon=1, \lambda=-9/4, x^*=1$ 时, 选取不同 c_0 值的 $\gamma=\omega^2$ 的近似值

近似阶数	$c_0=-1/5$	$c_0=-3/20$	$c_0=-1/10$	$c_0=-1/20$
5	3.8944	3.9322	3.9550	4.0801
10	3.9381	3.9280	3.9307	3.9687
20	3.9297	3.9278	3.9279	3.9325
30	3.9283	3.9278	3.9278	3.9285
40	3.9280	3.9278	3.9278	3.9279
50	3.9279	3.9278	3.9278	3.9278
60	3.9278	3.9278	3.9278	3.9278
70	3.9278	3.9278	3.9278	3.9278
80	3.9278	3.9278	3.9278	3.9278

定义 2.8 如果每个 $c_0\in\mathbf{R}_c$ 对应的同伦级数都收敛, 则收敛控制参数 c_0 的所有可能值组成的集合 $\mathbf{R}_c$ 称为收敛控制参数 c_0 的有效区域.

定义 2.9 如果每个 $\mathbf{c}\in\mathbf{R}_c$ 对应的同伦级数都收敛, 则收敛控制向量 $\mathbf{c}$ 的所有可能值组成的集合 $\mathbf{R}_c$ 称为收敛控制向量 $\mathbf{c}$ 的有效区域.

根据图 2.5 和表 2.4, $c_0\in\mathbf{R}_c$ 的不同值给出的同伦级数以不同的速率收敛. 例如, $c_0=-3/20$ 给出的同伦级数比 $c_0=-1/5$ 和 $c_0=-1/20$ 给出的同伦级数收敛得快得多, 如表 2.4 所示. 此外, 根据图 2.5, $\bar{E}_m(c_0)$ 的最小值位于 $c_0 = -0.17$ 附近. 因此, 当 $\varepsilon = 1$, $\lambda = -9/4$, $x^* = 1$ 时, 可以得到最优收敛控制参数 $c_0^* = -0.17$. 利用最优收敛控制参数 $c_0^* = -0.17$, 离散平方残差 $\bar{E}_m(c_0)$ 迅速变小, γ 快速趋于固定值 3.9278, 如表 2.6 所示. 因此, 收敛控制参数 c_0 为保证同伦级数解的快速收敛提供了一个简便的途径. 注意, 尽管 γ 的初始猜测值有 19.3% 的相对误差, 但 γ 的 3 阶近似和 5 阶近似分别只有 0.1% 和 0.04% 的相对误差. 因此, 在这种情况下, 一些项可以通过 c_0 的最优值给出相当精确的 $x(\tau)$ 近似值, 如图 2.6 所示. 还要注意的是, $c_0 = -3/20$ 给出的同伦级数也快速收敛. 因此, 在实际计算过程中, 没有必要使用最优收敛控制参数 c_0 的"精确"值.

表 2.6 当 $\varepsilon = 1, \lambda = -9/4$, $x^* = 1$ 时, 选取最优收敛控制参数 $c_0^* = -0.17$ 的 $\gamma = \omega^2$ 的近似值

m, 近似阶数	$\gamma = \omega^2$	$\bar{E}_m(c_0^*)$
0	4.6875	0.49
1	3.9223	2.4×10^{-3}
5	3.9263	1.6×10^{-5}
10	3.9281	1.0×10^{-7}
15	3.9278	2.2×10^{-10}
20	3.9278	1.3×10^{-12}
25	3.9278	7.0×10^{-15}
30	3.9278	4.8×10^{-17}
40	3.9278	2.6×10^{-21}
50	3.9278	1.7×10^{-25}
60	3.9278	1.2×10^{-29}
70	3.9278	8.5×10^{-34}
80	3.9278	6.5×10^{-38}

上述方法具有一般意义. 例如, 我们进一步考虑以下三种情况:

- $\varepsilon = 1, \lambda = 9/4, x^* = 1$;
- $\varepsilon = 1, \lambda = 0, x^* = 1$;
- $\varepsilon = -1, \lambda = 4, x^* = -1$.

对于每种情况, 我们以类似的方式研究离散平方残差 $\bar{E}_m(c_0)$ 与 c_0 的关系

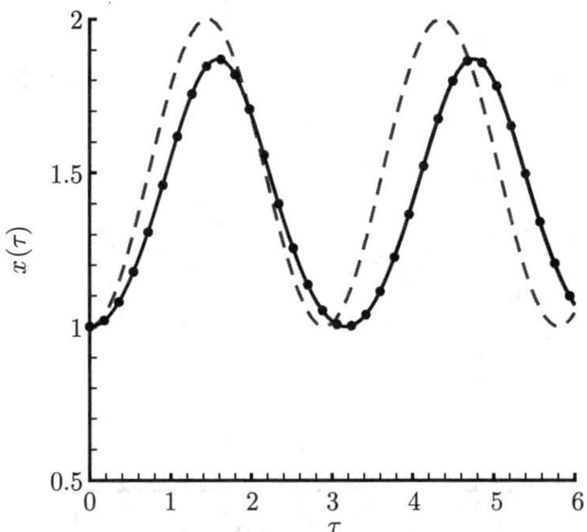

图 2.6 当 $\varepsilon = 1, \lambda = -9/4$, $x^* = 1$ 时, 选取 $c_0 = -0.17$, $x(\tau)$ 的数值结果与解析近似的比较. 实线: 5 阶近似; 虚线: 初始近似; 实心圆: 数值结果

曲线, 以便找到同伦级数收敛的 c_0 区域, 以及 c_0 的最优值. 根据图 2.7 到图 2.9, 当 $\varepsilon = 1, \lambda = 9/4, x^* = 1$ 时, 我们有最优值 $c_0 = -1/3$; 当 $\varepsilon = 1, \lambda = 0, x^* = 1$ 时, 我们有最优值 $c_0 = -4/3$; 当 $\varepsilon = -1, \lambda = 4, x^* = 1$ 时, 我们有最优值 $c_0 = -3/10$. 使用相应的 c_0 的最优值, 离散平方残差 $\bar{E}_m(c_0)$ 在每种情况下均快速变小, 如表 2.7 所示, 同时 $\gamma = \omega^2$ 也会快速趋于固定值, 如表 2.8 所示. 此外, 即使是相应的 $x(t)$ 的 1 阶或 2 阶近似也相当精确, 如图 2.10 所示. 所有这些都表明了相应的同伦级数解的收敛性. 因此, 收敛控制参数 c_0 为保证同伦级

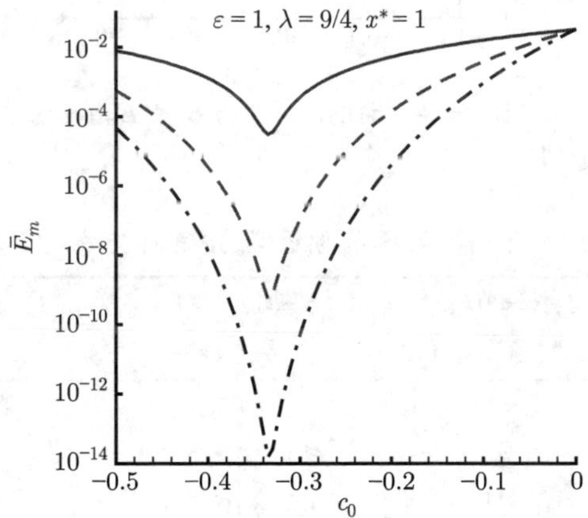

图 2.7 当 $\varepsilon = 1, \lambda = 9/4$, $x^* = 1$ 时的离散平方残差 $\bar{E}_m(c_0)$. 实线: 1 阶近似; 虚线: 3 阶近似; 点划线: 5 阶近似

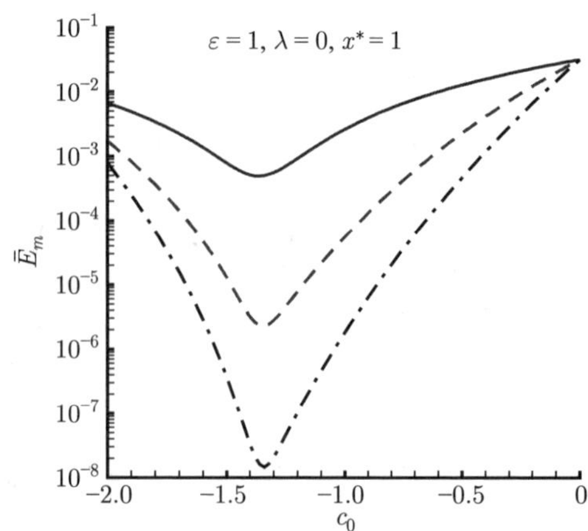

图 2.8　当 $\varepsilon=1,\lambda=0,\ x^*=1$ 时的离散平方残差 $\bar{E}_m(c_0)$. 实线: 1 阶近似; 虚线: 3 阶近似; 点划线: 5 阶近似

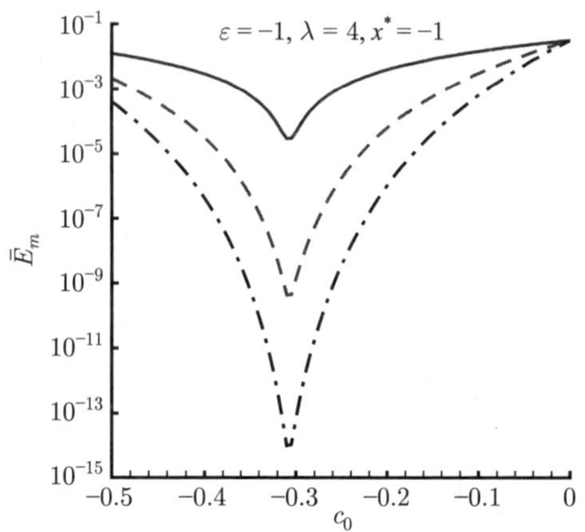

图 2.9　当 $\varepsilon=-1,\lambda=4,\ x^*=-1$ 时的离散平方残差 $\bar{E}_m(c_0)$. 实线: 1 阶近似; 虚线: 3 阶近似; 点划线: 5 阶近似

表 2.7　不同情况下 m 阶近似的离散平方残差 $\bar{E}_m(c_0)$

m, 近似阶数	$\varepsilon=1,\lambda=9/4,$ $x^*=1,c_0=-1/3$	$\varepsilon=1,\lambda=0,$ $x^*=1,c_0=-4/3$	$\varepsilon=-1,\lambda=4,$ $x^*=-1,c_0=-3/10$
0	0.032	0.032	0.032
1	3.1×10^{-5}	5.1×10^{-4}	4.6×10^{-5}
5	1.3×10^{-14}	1.5×10^{-8}	6.7×10^{-14}
10	5.8×10^{-26}	7.3×10^{-14}	2.4×10^{-24}
15	5.9×10^{-37}	7.7×10^{-19}	1.1×10^{-34}

表 2.8 不同情况下 $\gamma=\omega^2$ 的 m 阶近似

m, 近似阶数	$\varepsilon=1,\lambda=9/4$, $x^*=1,c_0=-1/3$	$\varepsilon=1,\lambda=0$, $x^*=1,c_0=-4/3$	$\varepsilon=-1,\lambda=4$, $x^*=-1,c_0=-3/10$
0	3.00	0.75	3.25
1	2.9921875000	0.7187500000	3.2429687500
5	2.9921730367	0.7177741910	3.2427770978
10	2.9921730364	0.7177700399	3.2427770917
15	2.9921730364	0.7177700110	3.2427770917
20	2.9921730364	0.7177700110	3.2427770917
25	2.9921730364	0.7177700110	3.2427770917
30	2.9921730364	0.7177700110	3.2427770917

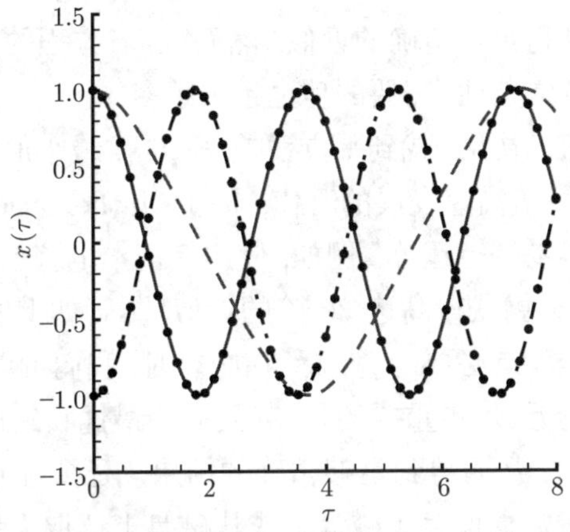

图 2.10 $x(\tau)$ 的数值结果与解析近似的比较. 实线: 1 阶近似, $c_0=-1/3$, 当 $\varepsilon=1,\lambda=9/4$, $x^*=1$ 时, 虚线: 2 阶近似, $c_0=-4/3$, 当 $\varepsilon=1,\lambda=0$, $x^*=1$ 时; 点划线: 2 阶近似, $c_0=-3/10$, 当 $\varepsilon=-1,\lambda=4$, $x^*=-1$ 时; 实心圆: 数值结果

数解的收敛提供了一个简便的途径. 需要强调的是, 其他解析方法并不能保证级数的收敛性. 因此, 这是同伦分析方法的一个明显优势.

考虑到同伦分析方法在理论上的严密性, 我们经常提到同伦级数并研究这类无穷级数的收敛性. 然而, 这并不意味着必须要用很多项才能得到足够精确的近似结果! 在许多情况下, 只有几个同伦近似项就可以得到非常精确的结果. 例如, 当 $\varepsilon=1,\lambda=9/4,x^*=1$ 时, 选取最优值 $c_0=-1/3$, 我们得到相当精确

的 1 阶同伦近似

$$x \approx \frac{1}{96}\left[95\cos(\tau)+\cos(3\tau)\right], \quad \tau=\sqrt{3}\,t. \tag{2.73}$$

当 $\varepsilon=1,\lambda=0,\ x^*=1$ 时, 选取最优值 $c_0=-4/3$, 我们得到相当精确的 2 阶同伦近似

$$x \approx \frac{1}{576}\left[551\cos\tau+24\cos(3\tau)+\cos(5\tau)\right], \quad \tau=\sqrt{\frac{23}{32}}\,t. \tag{2.74}$$

当 $\varepsilon=-1,\lambda=4,\ x^*=-1$ 时, 选取最优值 $c_0=-3/10$, 我们得到相当精确的 2 阶同伦近似

$$\begin{aligned} x \approx & -1.00952\ \cos\tau+9.60938\times10^{-3}\cos(3\tau) \\ & -8.78906\times10^{-5}\cos(5\tau), \quad \tau=\sqrt{\frac{4151}{1280}}\,t, \end{aligned} \tag{2.75}$$

如图 2.10 所示. 在实际计算过程中, 我们经常通过同伦分析方法利用最优收敛控制参数在几项内获得足够精确的近似. 然而, 随着方程的非线性越来越强, 且由于强非线性问题的复杂性, 需要的项也越来越多.

如果没有计算机的协助, 找到平方残差 $E_m(c_0)$ 最小值对应的最优值 c_0 非常困难. 然而, 在计算机高速发展的时代, 通过 Mathematica、Maple、Matlab 等符号推导软件很容易进行运算. 例如, 使用笔记本电脑上的 Mathematica 软件, 我们也可以在数秒内获得高达 30 阶的近似, 尽管如上所述, 对于上述情况, 这种高阶近似是完全没有必要的. 然而, 在必要时, 我们可以通过符号推导软件获得相当高阶的同伦近似, 更重要的是, 找到一个最优收敛控制参数 c_0, 以保证相应同伦级数的收敛, 从而得到足够精确的结果. 还要注意的是, 笔记本电脑可以在数秒内将大量数据保存到磁盘上或从磁盘上读取大量数据. 此外, 计算机可以在数秒内计算出非常长的表达式. 使用带有符号推导软件的笔记本电脑, 我们通常感觉不到计算一个简短公式和计算一个相当复杂的表达式之间的明显区别, 如果打印出来, 这个表达式可能有一百页之长. 因此, 同伦分析方法确实是为计算机时代服务的: 它结合了理论上构造同伦的极大灵活性和实际计算过程中计算机不断增强的计算能力.

2.3.4 收敛控制参数 c_0 的本质

为了揭示收敛控制参数 c_0 的本质, 将进一步考虑更一般的情况 $\lambda=0, x^*=1$ 和 $\varepsilon>0$, 它有精确解

$$\omega=\frac{\Gamma(3/4)}{\Gamma(5/4)}\sqrt{\frac{\pi\,\varepsilon}{8}},$$

其中 Γ 表示伽马函数. 因此, 我们有精确解

$$\gamma = \omega^2 \approx 0.7177700110\,\varepsilon. \tag{2.76}$$

根据 (2.34) 和 (2.68), 我们有初始猜测解 $x_0(\tau) = \cos\tau$ 以及

$$\gamma_0 = \frac{3}{4}\,\varepsilon.$$

将 c_0 视为未知, 并使用与上述相同的方法, 我们得到 1 阶同伦近似

$$\gamma \approx \frac{3}{4}\,\varepsilon + \frac{3}{128}\,c_0\,\varepsilon^2,$$

2 阶同伦近似

$$\gamma \approx \frac{3}{4}\,\varepsilon + \frac{3}{64}\,c_0\,\varepsilon^2 + \frac{9}{512}\,c_0^2\,\varepsilon^3,$$

3 阶同伦近似

$$\gamma \approx \frac{3}{4}\,\varepsilon + \frac{9}{128}\,c_0\,\varepsilon^2 + \frac{27}{512}\,c_0^2\,\varepsilon^3 + \frac{1779}{131072}\,c_0^3\,\varepsilon^4,$$

等等. 我们发现, γ 是 ε 的一种幂级数, 其系数依赖于收敛控制参数 c_0. 所以, 从数学上来说, 对于不同的 c_0 值, 存在不同的 γ 近似值. 图 2.11 给出了精确公式 (2.76) 与选取不同 c_0 值时 γ 的 20 阶近似的比较, 这清楚地表明, 当 $c_0 < 0$ 接近于零时, γ 的同伦级数的收敛半径变大. 因此, 不同的 c_0 值对应于 $\gamma = \omega^2$ 的同伦级数的不同收敛半径. 换句话说, 可以通过选择不同的 c_0 值来调节和控制同伦级数的收敛区域, 这正是我们称 c_0 为收敛控制参数的原因.

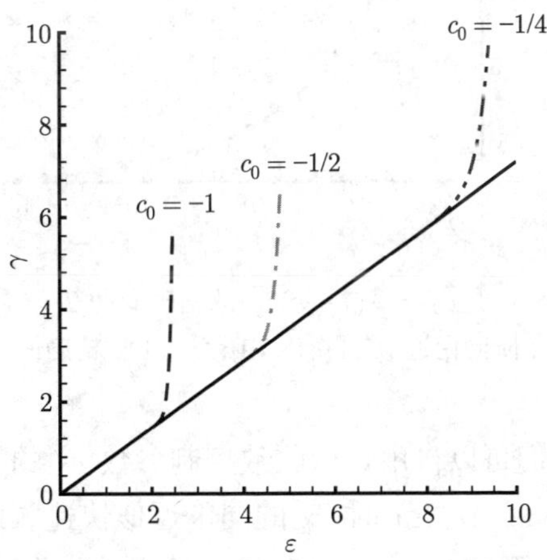

图 2.11 当 $\lambda = 0, x^* = 1, \varepsilon > 0$ 时, 精确值 (2.76) 与 γ 的 20 阶同伦近似值的比较. 实线: 精确值 (2.76); 虚线: $c_0 = -1$; 点划线: $c_0 = -1/2$; 双点划线: $c_0 = -1/4$

根据图 2.11 , $c_0 < 0$ 的绝对值越小, γ 关于 ε 的幂级数收敛半径越大. 因此, 建议选择 $c_0 = -1/(1+\varepsilon)$, 得到 1 阶近似

$$\gamma \approx \frac{3\varepsilon(32 + 31\,\varepsilon)}{128(1+\varepsilon)}, \tag{2.77}$$

2 阶近似

$$\gamma \approx \frac{3\varepsilon(128 + 248\,\varepsilon + 123\,\varepsilon^2)}{512(1+\varepsilon)^2}. \tag{2.78}$$

与精确公式 (2.76) 相比, 对于所有可能的 ε 值, 即 $0 \leqslant \varepsilon < +\infty$, 上述表达式的相对误差分别为 1.2% 和 0.4%. 使用 $\gamma = \omega^2$ 的 2 阶近似 (2.78), 我们得到了周期的简单近似公式

$$T \approx 32\pi\,(1+\varepsilon)\sqrt{\frac{2}{3\,\varepsilon(128 + 248\,\varepsilon + 123\,\varepsilon^2)}}, \tag{2.79}$$

它与整个区间 $0 < \varepsilon < +\infty$ 内的精确周期 $T = 7.4163/\sqrt{\varepsilon}$ 非常吻合, 如图 2.12 所示.

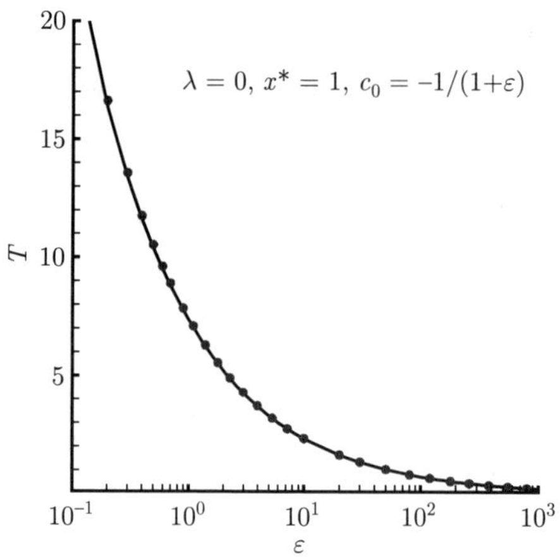

图 2.12 当 $\lambda = 0, x^* = 1$ 时, $c_0 = -(1+\varepsilon)^{-1}$ 的精确周期 $T = 7.4163/\sqrt{\varepsilon}$ 与 2 阶同伦近似 (2.79) 的比较. 实线: 2 阶同伦近似结果 (2.79); 实心圆: 精确值

这主要是因为我们可以自由选取收敛控制参数 c_0 的不同值. 特别地, 当我们选择 $c_0 = -1/\gamma_0 = -4/(3\varepsilon)$ 时, γ 的同伦近似快速收敛到精确公式 (2.76), 如表 2.9 所示. 需要注意的是, $c_0 = -4/(3\varepsilon)$ 给出的 γ 的 1 阶和 3 阶近似的最大相对误差分别只有 0.14% 和 0.008%! 非常有趣的是, γ 对应的 17 阶和 19 阶

近似与精确公式 (2.76) 相同! 因此, 在这种特殊情况下, $c_0 = -1/\gamma_0$ 似乎是最优收敛控制参数. 这说明了同伦分析方法在解决强非线性问题上的巨大潜力.

表 2.9 当 $\lambda = 0$, $x^* = 1$ 时, 选取 $c_0 = -4/(3\varepsilon)$, $\gamma = \omega^2$ 的近似值

近似阶数	γ
1	$0.71875\ \varepsilon$
3	$0.7178276910\ \varepsilon$
5	$0.7177741910\ \varepsilon$
7	$0.7177703474\ \varepsilon$
9	$0.7177700399\ \varepsilon$
11	$0.7177700136\ \varepsilon$
13	$0.7177700113\ \varepsilon$
15	$0.7177700111\ \varepsilon$
17	$0.7177700110\ \varepsilon$
19	$0.7177700110\ \varepsilon$

注意, ε 的值越大, (2.32) 的非线性越强. 但是, 当 $\lambda = 0$, $x^* = 1$ 时, 对于 $\varepsilon > 0$ 的所有可能值, 甚至包括 $\varepsilon \to +\infty$, 我们通过选择合适的收敛控制参数 c_0 得到简单但相当精确的近似 (2.77) 和 (2.78), 甚至是精确公式 (2.76). 所有这些表明, 收敛控制参数 c_0 确实为我们保证同伦级数的收敛提供了一个简便的途径, 从而使同伦分析方法对于强非线性问题是有效的.

最后, 我们用一个简单的例子来说明为什么辅助参数对级数的收敛性有很大的影响. 实函数 $(1+z)^{-1}$ 在除了奇点 $z = -1$ 外的无限区间 $-\infty < z < +\infty$ 上定义良好. 然而, 根据牛顿二项式定理, 级数

$$\sum_{n=0}^{+\infty} (-z)^n = 1 - z + z^2 - z^3 + \cdots \tag{2.80}$$

只在很小的区间 $|z| < 1$ 上收敛于 $(1+z)^{-1}$, 如图 2.13 所示. 这是因为 $z = -1$ 是函数 $(1+z)^{-1}$ 的奇点, 根据传统的定理, 这种奇点决定了幂级数 $\sum\limits_{n=0}^{+\infty}(-z)^n$ 的收敛半径, 如图 2.13 所示.

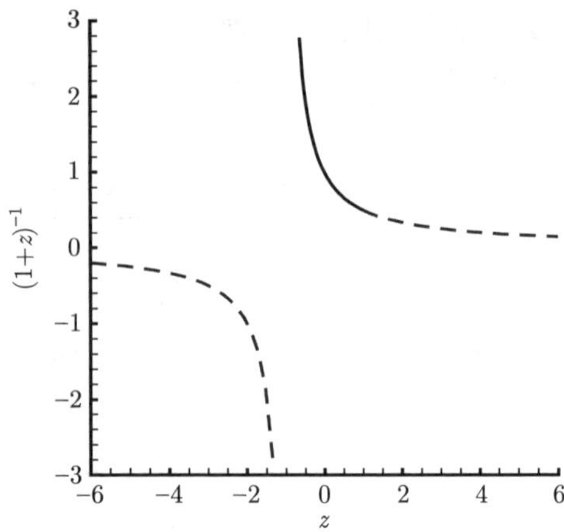

图 2.13 区间 $z \in (-\infty, +\infty)$ 上定义的实函数 $(1+z)^{-1}$ 的曲线. 实线: 可以用级数 $\sum\limits_{n=0}^{+\infty}(-z)^n$ 表示的部分; 虚线: 不能用同一级数表示的部分

有趣的是, 利用著名的牛顿二项式定理, 我们可以严格证明以下定理:

定理 2.3 对于实数 z 和辅助参数 $c_0 \neq 0$, 有

$$\frac{1}{1+z} = \lim_{m \to +\infty} \sum_{n=0}^{m} \mu_0^{m+1,n+1}(c_0)\,(-z)^n \tag{2.81}$$

在区间

$$-1 < z < \frac{2}{|c_0|} - 1, \qquad c_0 < 0$$

或

$$-\frac{2}{c_0} - 1 < z < -1, \qquad c_0 > 0$$

上成立, 其中

$$\mu_0^{m,n}(c_0) = (-c_0)^n \sum_{i=0}^{m-n} \begin{pmatrix} n-1+i \\ i \end{pmatrix} (1+c_0)^i. \tag{2.82}$$

详细证明过程见附录 2.3.

根据上述定理, 幂级数

$$\frac{1}{1+z} = \lim_{m \to +\infty} \sum_{n=0}^{m} \mu_0^{m+1,n+1}(c_0)(-z)^n$$

的收敛区域由辅助参数 c_0 确定. 如图 2.14 所示, 当 $c_0 = -1$ 时, 上述幂级数正是传统的牛顿二项式, 因此它在区间 $-1 < z < 1$ 内收敛于 $(1+z)^{-1}$; 当

$c_0 = -1/2$ 时, 它在区间 $-1 < z < 3$ 内收敛于 $(1+z)^{-1}$; 当 $c_0 = -1/3$ 时, 它在区间 $-1 < z < 5$ 内收敛于 $(1+z)^{-1}$. 特别地, 根据定理 2.3, 当 $c_0 < 0$ 且趋于零时, 上述级数在无限区间 $-1 < z < +\infty$ 内收敛于 $(1+z)^{-1}$! 类似地, 当 $c_0 = 1$ 时, 它在区间 $-3 < z < -1$ 内收敛于 $(1+z)^{-1}$; 当 $c_0 = 1/2$ 时, 它在区间 $-5 < z < -1$ 内收敛于 $(1+z)^{-1}$; 当 $c_0 = 1/3$ 时, 它在区间 $-7 < z < -1$ 内收敛于 $(1+z)^{-1}$, 如图 2.15 所示. 有趣的是, 根据定理 2.3, 当 $c_0 > 0$ 且趋于零时, 上述级数在无限区间 $-\infty < z < -1$ 内收敛于 $(1+z)^{-1}$! 因此, 通过

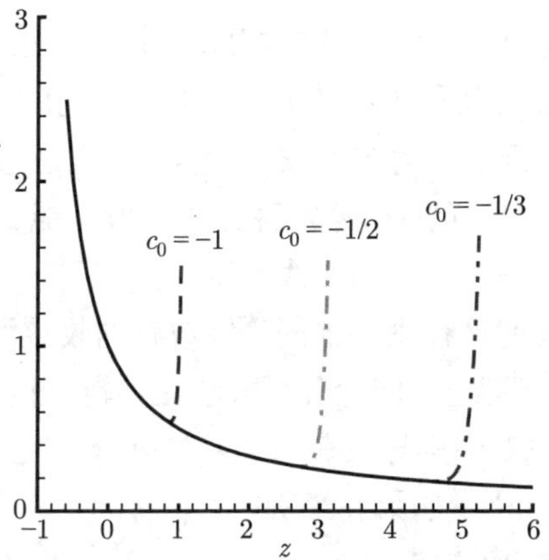

图 2.14 对于不同的 c_0 值, $(1+z)^{-1}$ 与级数 (2.81) 的比较. 虚线: $c_0 = -1$; 点划线: $c_0 = -1/2$; 双点划线: $c_0 = -1/3$; 实线: 当 $z > -1$ 时的精确方程 $(1+z)^{-1}$

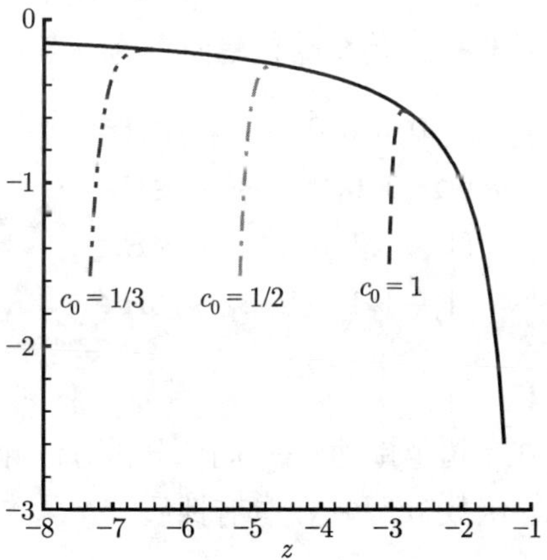

图 2.15 对于不同的 c_0 值, $(1+z)^{-1}$ 与级数 (2.81) 的比较. 虚线: $c_0 = 1$; 点划线: $c_0 = 1/2$; 双点划线: $c_0 = 1/3$; 实线: 当 $z < -1$ 时的精确方程 $(1+z)^{-1}$

引入这种辅助参数 c_0, $(1+z)^{-1}$ 的幂级数的收敛性得到了难以置信的改变: 与传统的牛顿二项式 $(1+z)^{-1}=\sum_{n=0}^{+\infty}(-z)^n$ 只在小区间 $|z|<1$ 内有效不同, 幂级数 (2.81) 可以在除了奇点 $z=-1$ 外的无限区间 $-\infty<z<+\infty$ 内收敛于 $(1+z)^{-1}$!

上面的简单例子说明, 这样的辅助参数 c_0 确实可以极大地改进级数的收敛性. 需要注意的是, 图 2.14 和图 2.15 在本质上与图 2.11 相似. 因此, 同伦分析方法框架中的辅助参数 c_0 为我们在调节和控制同伦级数的收敛性上提供了一个简便的途径. 这就是辅助参数 c_0 被称为收敛控制参数的原因. 在近似级数中引入这种非零辅助参数有几种不同的方法. 上面提到的关于 $(1+z)^{-1}$ 的方法就是其中之一. 另一个例子是著名的欧拉变换, 它也通过非零辅助参数来扩大给定级数的收敛区域. 遗憾的是, 这两种方法一般不能直接应用于非线性微分方程. 正是同伦分析方法为一般的非线性微分方程引入了非零辅助参数 c_0, 这为我们提供了一个简便的途径来保证同伦级数解的收敛性, 并通过选取 c_0 的最优值来得到最优近似. 事实上, 同伦分析方法在逻辑上包含了欧拉变换: 我们可以在同伦分析方法的框架中推导出著名的欧拉变换, 并给出一个类似但更一般的变换, 称为广义欧拉变换, 如第五章所述.

从数学的角度, 我们可以解释为什么 $(1+z)^{-1}$ 的幂级数 (2.81) 的收敛性可以被收敛控制参数 c_0 很好地修正. 将 $\mathbf{S}_0=(1,-1,1,-1,\cdots)$ 视为无限维空间 $\mathbf{R}^\infty$ (例如, 希尔伯特空间) 的一个点. 那么, 传统的二项式 $\sum_{n=0}^{+\infty}(-z)^n$ 对应于唯一极限, 该极限沿着这样一条传统路径趋向于这一点:

$$\begin{aligned}
&(1,0,0,0,0,\cdots) &&\in\mathbf{R}^\infty,\\
&(1,-1,0,0,0,\cdots) &&\in\mathbf{R}^\infty,\\
&(1,-1,1,0,0,\cdots) &&\in\mathbf{R}^\infty,\\
&(1,-1,1,-1,0,\cdots) &&\in\mathbf{R}^\infty,\\
&\qquad\vdots
\end{aligned}$$

然而, 2003 年, 廖世俊在《超越摄动——同伦分析方法导论》[124] 一书中证明了对于给定整数 $n\geqslant 0$, 函数 $\mu_0^{m,n}(c_0)$ 具有性质:

$$\lim_{m\to+\infty}\mu_0^{m,n}(c_0)=\begin{cases}1, & -2<c_0<0,\\ \infty, & \text{其他情况}.\end{cases}$$

因此, 当 $-2<c_0<0$ 时, 级数 (2.81) 对应于一个极限族, 该极限族沿着取

决于 c_0 值的不同近似路径趋于同一点 $\mathbf{S}_0=(1,-1,1,-1,\cdots)\in\mathbf{R}^\infty$:

$$
\begin{aligned}
&(\mu_0^{0,0}(c_0),0,0,0,0,\cdots) &&\in\mathbf{R}^\infty\ ,\\
&(\mu_0^{1,0}(c_0),-\mu_0^{1,1}(c_0),0,0,0,\cdots) &&\in\mathbf{R}^\infty\ ,\\
&(\mu_0^{2,0}(c_0),-\mu_0^{2,1}(c_0),\mu_0^{2,2}(c_0),0,0,\cdots) &&\in\mathbf{R}^\infty\ ,\\
&(\mu_0^{3,0}(c_0),-\mu_0^{3,1}(c_0),\mu_0^{3,2}(c_0),-\mu_0^{3,3}(c_0),0,\cdots) &&\in\mathbf{R}^\infty\ ,
\end{aligned}
$$

众所周知, 对于不同的近似路径, 具有多个变量的函数的极限可能是完全不同的. 例如, 如果沿着不同的近似路径 $y=\alpha x$ 获得极限, 则

$$
\lim_{(x,y)\to(0,0)}\frac{\sqrt{x^2+y^2}}{|x|}=\sqrt{1+\alpha^2}
$$

依赖于任意实数 α. 这就是当 $-2<c_0<0$ 时, $(1+z)^{-1}$ 的级数 (2.81) $(z>0)$ 的收敛区域可以被大大扩大的数学原因.

非常遗憾的是, 这并不能解释为什么级数 (2.81) 通过 $c_0>0$ 收敛于 $(1+z)^{-1}$ $(z<-1)$. 需要注意的是, 当 $c_0>0$ 时, $\lim\limits_{m\to+\infty}\mu_0^{m,n}(c_0)=\infty$, 廖世俊在其书 [124] 中证明了这一点. 例如, 当 $c_0=1$ 时, 多项式 $\sum\limits_{n=0}^{m}\mu_0^{m+1,n+1}(c_0)\,(-z)^n$ 为

$$
\begin{aligned}
&-3-z, && m=1,\\
&-15-17z-7z^2-z^3, && m=3,\\
&-63-129z-111z^2-49z^3-11z^4-z^5, && m=5,\\
&-255-769z-1023z^2-769z^3-351z^4-97z^5-15z^6-z^7, && m=7,\\
&\quad\vdots
\end{aligned}
$$

还要注意的是, 常数项趋于无穷, 所有项的系数也趋于无穷, 符合当 $c_0>0$ 时的性质 $\lim\limits_{m\to+\infty}\mu_0^{m,n}(c_0)=\infty$. 然而, 非常有趣的是, 根据定理 2.3, 当 $m\to+\infty$ 时, 对应的级数 (2.81) 在 $-3<z<-1$ 上收敛于 $(1+z)^{-1}$. 因此, 当 $c_0>0$ 时, 即使每个项看起来是发散的, (2.81) 的级数作为一个整体也是收敛的. 虽然这种现象不能用确定幂级数收敛半径的传统方法来清楚地解释, 但它显示了这种辅助参数 c_0 的强大作用.

最后, 从控制理论的角度解释了收敛控制参数 c_0 可以保证同伦级数收敛的原因. 如图 2.16 所示, 反馈回路是控制理论中控制系统动态行为的基本概念. 我们将控制方程和相关的边界 (初始) 条件视为一个系统. 然后, 将初始猜测解、辅助线性算子和收敛控制参数 c_0 视为 “系统输入”, 将 m 阶同伦近似视为 “系

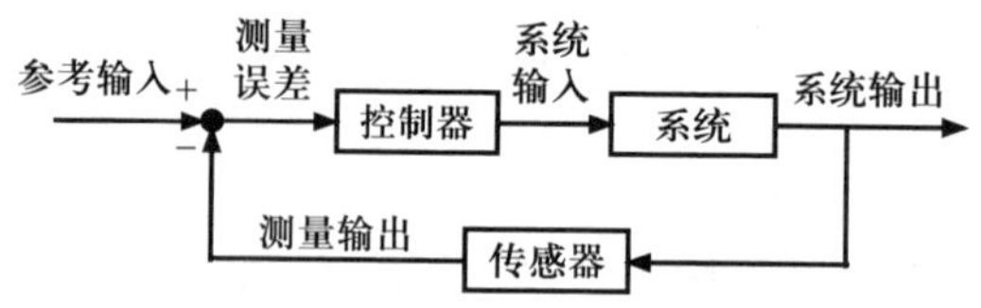

图 2.16　控制系统动态行为的反馈回路

统输出". m 阶同伦近似控制方程的平方残差可视为 "测量误差". 此外, 对于不同的输入, 特别是不同的收敛控制参数 c_0, 得到的 "测量误差" 是不同的. 我们的方法是: 将 c_0 作为 "系统输入" 中的未知参数, 然后选择其值, 使 "测量误差" (即控制方程的平方残差) 最小. 从本质上讲, 这构建了一个负反馈回路来限制控制方程的残差! 需要注意的是, 只有通过 Mathematica 和 Maple 等符号推导软件才能让收敛控制参数 c_0 作为未知变量出现在解表达中. 这是符号计算和数值方法之间的本质区别: 数值方法的所有输入都必须在计算开始时赋值, 以便输入完全决定迭代的收敛性. 例如, 欠松弛因子被广泛应用于求解大多数强非线性方程的数值方法中, 以使迭代方法收敛. 但是, 在迭代开始时就必须为欠松弛因子赋值, 只要选定了该值, 就不能再 "控制" 迭代方法的收敛性: 从控制理论的角度来看, 原则上所有的数值迭代都不能构建一个负反馈回路. 然而, 使用像 Mathematica 和 Maple 这样的符号推导软件, 我们不需要在计算开始时为收敛控制参数 c_0 赋值, 其值在计算结束后通过控制方程的平方残差的最小值来确定. 因此, 收敛控制参数 c_0 在原则上为我们提供了一个负反馈回路, 这样我们就可以保证同伦级数的收敛.

2.3.5　利用同伦 – 帕德方法加速收敛

令

$$x_0(\tau) + \sum_{n=1}^{+\infty} x_n(\tau)\, q^n$$

表示在一般情况下由同伦分析方法得到的同伦级数. 由于同伦级数解为

$$x(\tau) = x_0(\tau) + \sum_{n=1}^{+\infty} x_n(\tau),$$

所以保证同伦级数在 $q = 1$ 时的收敛性是非常重要的. 如上所述, 同伦分析方法中的最优收敛控制参数 c_0 为保证同伦级数的快速收敛提供了一种简便的方法. 此外, 还有一些其他的方法可以加速给定级数的收敛. 其中, 由法国数学家 Henri Eugène Padé (1863—1953) 提出的帕德近似方法被广泛应用, 它通过给定阶的有理函数给出给定函数的 "最佳" 近似.

对于幂级数

$$\sum_{n=0}^{+\infty} \alpha_n\, z^n,$$

对应的 $[m,n]$ 阶帕德近似可以表示为

$$\frac{\sum\limits_{k=0}^{m} a_{m,k}\, z^k}{\sum\limits_{k=0}^{n} b_{m,k}\, z^k},$$

其中 $a_{m,k}, b_{m,k}$ 由系数 α_j $(j = 0, 1, 2, 3, \cdots, m+n)$ 确定. 在许多情况下, 传统帕德方法可以大大增加给定级数的收敛区域和收敛速度. 需要注意的是, 这种传统的帕德近似是一个分数, 其分子和分母是 z 的多项式, 而 z 通常是一个物理参数.

同伦–帕德方法 [124] 结合了传统的帕德方法和同伦分析方法. 将同伦级数

$$\tilde{x}(\tau; q) \sim x_0(\tau) + \sum_{n=1}^{+\infty} x_n(\tau)\, q^n$$

视为 q 的幂级数, 我们先采用关于同伦参数 q 的传统 $[m,n]$ 阶帕德方法来获得 $[m,n]$ 阶帕德近似

$$\frac{\sum\limits_{k=0}^{m} A_{m,k}(\tau)\, q^k}{\sum\limits_{k=0}^{n} B_{m,k}(\tau)\, q^k}, \tag{2.83}$$

其中系数 $A_{m,k}(\tau)$ 和 $B_{m,k}(\tau)$ 由同伦级数的前 $m+n$ 项

$$x_0(\tau), x_1(\tau), x_2(\tau), \cdots, x_{m+n}(\tau)$$

确定. 然后, 令 (2.83) 中的 $q = 1$, 可以得到 $[m,n]$ 阶同伦–帕德近似

$$x(\tau) \approx \frac{\sum\limits_{k=0}^{m} A_{m,k}(\tau)}{\sum\limits_{k=0}^{n} B_{m,k}(\tau)}. \tag{2.84}$$

需要注意的是, 帕德近似 (2.83) 是一个分数, 其分子和分母为 q 的多项式, q 是没有物理意义的同伦参数. 因此, $[m,n]$ 阶同伦–帕德近似 (2.84) 的分子和

分母没有必要是多项式：它们可以是任何适当的基函数. 这为我们选择不同的基函数提供了极大的自由度. 因此, 上述所谓的同伦–帕德方法比传统的帕德方法更为普遍.

例如, 让我们重新考虑 $\lambda = 0, x^* = 1$, $\varepsilon > 0$ 情况下的非线性微分方程 (2.32). 通过前面提到的同伦分析方法, 我们得到

$$\begin{aligned}
x_0 &= \cos\tau, \\
x_1 &= \frac{1}{32}c_0\,\varepsilon\left(\cos\tau - \cos 3\tau\right), \\
x_2 &= \frac{c_0\varepsilon}{1024}\left[(32 + 23c_0\varepsilon)\cos\tau - (32 + 24c_0\varepsilon)\cos 3\tau + c_0\varepsilon\cos 5\tau\right], \\
&\ \vdots
\end{aligned}$$

其中 c_0 是收敛控制参数. 通过上述同伦–帕德方法, 可以得到 [1,1] 阶同伦–帕德近似

$$x(\tau) \approx \frac{21\ \cos\tau}{23 - 2\cos 2\tau}, \tag{2.85}$$

[2,2] 阶同伦–帕德近似

$$x(\tau) \approx \frac{7723\cos\tau - 513\cos 3\tau - \cos 5\tau}{9099 - 1940\cos 2\tau + 50\cos 4\tau}, \tag{2.86}$$

其中 $\tau = \omega t$. 需要注意的是, 这两个同伦–帕德近似的分子和分母不是多项式而是三角函数! 类似地, 基于同伦级数

$$\tilde{\gamma}(q) = \frac{3}{4}\varepsilon + \left(\frac{3}{128}c_0\varepsilon^2\right)\ q + \left[\frac{3}{512}c_0\varepsilon^2\,(4 + 3c_0\varepsilon)\right]\ q^2 + \cdots,$$

我们得到了相应的 $[m, m]$ 阶同伦–帕德近似, 如表 2.10 所示. 还要注意的是, γ 的同伦–帕德近似相当快地收敛到精确结果 $\gamma = 0.7177700110\varepsilon$, 甚至比在 §2.3.4中 $c_0 = -4/(3\varepsilon)$ 给出的 γ 的同伦级数收敛得更快. 此外, 应该强调的是, 所有这些 $x(\tau)$ 和 γ 的同伦–帕德近似都与未知收敛控制参数 c_0 无关. 因此, 即使收敛控制参数 c_0 的值选取不当, 使得相应的同伦级数收敛缓慢甚至发散, 我们也可以通过同伦–帕德方法得到快速收敛的同伦级数!

此外, $x(\tau)$ 的同伦–帕德近似表明了 $x(\tau)$ 独立于物理参数 ε. 事实的确如此, 如 §2.3.4所示, 通过收敛控制参数 $c_0 = -1/\gamma_0 = -4/(3\varepsilon)$ 可以得到相当精确的近似值. 将 $c_0\varepsilon = -4/3$ 代入到 x_1, x_2 等, 可以发现 $x(\tau)$ 对应的同伦级数

表 2.10 当 $\lambda = 0, x^* = 1$ 时, 对于任意的 $\varepsilon > 0$ 以及任意的收敛控制参数 c_0 得到的 $\gamma = \omega^2$ 的 $[m, m]$ 阶同伦–帕德近似

m	由 $[m, m]$ 阶同伦–帕德近似得到的 $\gamma = \omega^2$
1	$0.71875\ \varepsilon$
2	$0.7177996422\ \varepsilon$
3	$0.7177708977\ \varepsilon$
4	$0.7177700374\ \varepsilon$
5	$0.7177700118\ \varepsilon$
6	$0.7177700111\ \varepsilon$
7	$0.7177700110\ \varepsilon$
8	$0.7177700110\ \varepsilon$
9	$0.7177700110\ \varepsilon$
10	$0.7177700110\ \varepsilon$

确实独立于 ε. 需要注意的是, $[1,1]$ 阶同伦–帕德近似 (2.85) 非常简单, 但相当精确, 如图 2.17 所示. 因此, 对于 $\varepsilon \in (-\infty, +\infty)$ 的所有可能值,

$$x(\tau) \approx \frac{21\ \cos\tau}{23 - 2\cos 2\tau}, \quad \tau = 0.7177700110\ \varepsilon\ t \tag{2.87}$$

是 $x(t)$ 的简单但精确的近似. 所有这些都说明了同伦–帕德方法的巨大潜力.

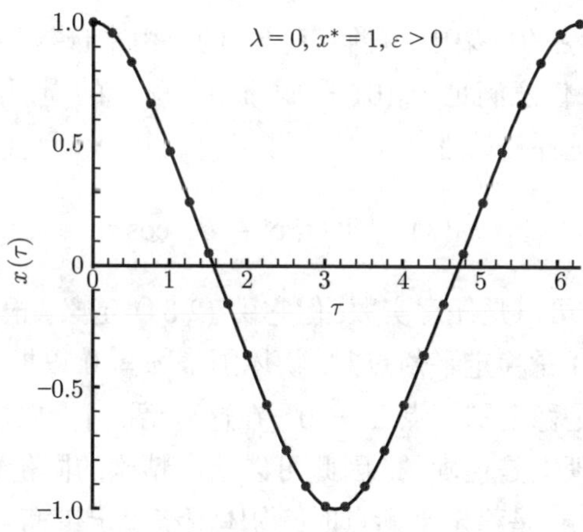

图 2.17 当 $\lambda = 0$, $x^* = 1$, $\varepsilon > 0$ 时, $x(\tau)$ 的 $[1,1]$ 阶同伦–帕德近似 (2.85) 与数值结果的比较. 实线: 近似公式 (2.85); 实心圆: 数值结果

此外, 对于任意的 λ, ε 和 x^*, 替换 $x(\tau) = x^*\, y(\tau)$, 可以将

$$\gamma\, x''(\tau) + \lambda\, x(\tau) + \varepsilon\, x^3(\tau) = 0, \quad x(0) = x^*, \;\; x'(0) = 0$$

改写为

$$\gamma\, y''(\tau) + \lambda\, y(\tau) + \bar{\varepsilon}\, y^3(\tau) = 0, \quad y(0) = 1, \;\; y'(0) = 0,$$

其中 $\bar{\varepsilon} = \varepsilon\, (x^*)^2$. 事实上, 这就是我们在 §2.3中主要考虑 $x^* = 1$ 的原因. 因此, 当 $\lambda = 0$ 时, 根据 (2.87), 我们得到一个简单但精确的同伦–帕德近似

$$y(\tau) \approx \frac{21\ \cos\tau}{23 - 2\cos 2\tau}, \quad \tau = 0.7177700110\, \bar{\varepsilon}\, t,$$

对于 $x^* \in (-\infty, +\infty)$ 和 $\varepsilon \in (0, +\infty)$ 的任意值, 它给出了周期振动

$$x(t) \approx \frac{21\, x^*\ \cos\tau}{23 - 2\cos 2\tau}, \quad \tau = 0.7177700110\, \varepsilon\, (x^*)^2\, t \tag{2.88}$$

和相应周期

$$T \approx \frac{7.4163}{\sqrt{\varepsilon}\, |x^*|} \tag{2.89}$$

的一个相当简单但精确的近似. 注意, 上述 T 的精确近似清楚地揭示了周期与物理参数和初始条件之间的关系. 这说明, 使用同伦分析方法的确可以得到一些强非线性问题的相当简单但精确的近似!

2.3.6 通过最优初始近似加速收敛

在同伦分析方法的框架中, 我们有很大的自由来选择零阶形变方程 (2.42) 的初始近似 $x_0(\tau)$: 任意满足 $x_0(0) = x^*, x'(0) = 0$ 的周期实函数都可以使用. 在 §2.3.2 中, 我们选择初始近似

$$x_0(\tau) = \beta + (x^* - \beta)\ \cos\tau,$$

其中尽管理论上 β 可以是任意实数, 但它由 (2.34) 定义. 根据 §2.3.1 中对解特征的分析, 当 $x = 0$ 是稳定平衡点时, 物体围绕 $x = 0$ 以振幅 x^* 振动, 所以运动中心 $x(\tau)$ 恰好是稳定平衡点 $x = 0$. 在这种情况下, 根据定义 (2.34), 我们有 $\beta = 0$, 这在物理上是正确的, 因此可以给出精确的同伦近似, 如前所述. 然而, 当 $x = \pm\sqrt{|\lambda/\varepsilon|}$ 是稳定平衡点时, 物体围绕稳定平衡点振动, 但由于稳定平衡点附近的力 f 的非对称性, 运动中心 $x(\tau)$ 与稳定平衡点 $x = \pm\sqrt{|\lambda/\varepsilon|}$ 不同. 在这种情况下, (2.34) 给出的 β 只是运动中心 $x(\tau)$ 的近似值: 稳定平衡点

$x = \pm\sqrt{|\lambda/\varepsilon|}$ 附近的力 f 越不对称, 近似值就越差. 因此, 在 $\beta \neq 0$ 的某些情况下, §2.3.2 中提到的同伦分析方法的 "常规" 方法得到的同伦级数收敛得较慢.

例如, 考虑以下情况:

$$\lambda = -32, \ \ \varepsilon = 2, \ \ x^* = 1.$$

通过 §2.3.1 中对解特征的分析, $x = 4$ 是稳定平衡点, 物体在 $x = 4$ 附近振动, 但不完全围绕它振动. 根据 (2.34), 我们得到 $\beta = 4$, 它给出了初始近似

$$x_0(\tau) = 4 - 3\cos\tau.$$

如 §2.3.2 和 §2.3.3 所述, 我们可以得到离散平方残差 $\bar{E}_m(c_0)$ 和 c_0 的关系曲线, 如图 2.18 所示, 这表明最优收敛控制参数为 $c_0^* = -0.008$. 然而, 即使是该最优收敛控制参数对应的同伦级数收敛速度也相当慢, 如表 2.11 所示. 需要注意的是, 离散平方残差 $\bar{E}_0(c_0^*)$ 非常大, 这表明了具有定义 (2.34) 的初始近似 $x_0(\tau) = \beta + (x^* - \beta)\cos\tau$, 即

$$x_0(\tau) = 4 - 3\cos\tau,$$

不是一个好的初始近似.

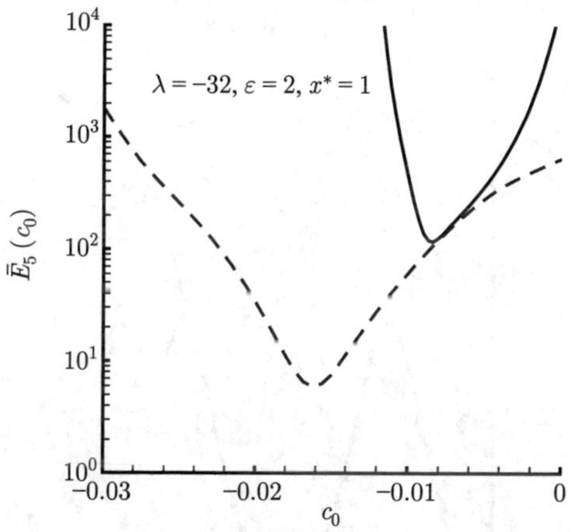

图 2.18 当 $\lambda = -32$, $\varepsilon = 2$, $x^* = 1$ 时, 利用不同的初始近似 $x_0(\tau)$ 得到的离散平方残差 $\bar{E}_5(c_0)$ 与 c_0 的关系. 实线: $x_0 = 4 - 3\cos\tau$; 虚线: $x_0 = 2.9116 - 1.9116\cos\tau$

改进同伦近似的一个简单方法是使用更好的初始近似 $x_0(\tau)$. 需要注意的是, 我们在构造方程的同伦 $\tilde{E}(q) : \mathcal{E}_0 \sim \mathcal{E}_1$ 上有很大的自由度, 它控制着函数的同伦 $\tilde{x}(\tau; q) : x_0(\tau) \sim x(\tau)$. 还要注意的是, 初始近似中的 β 理论上可以是任

意实数! 因此, 我们可以利用相同的初始近似 $x_0(\tau) = \beta + (x^* - \beta)\cos\tau$, 但将 β 视为未知常数, 通过 (2.68) 得到 γ_0, 这取决于未知常数 β. 然后, 上述初始近似 $x_0(\tau)$ 给出的离散平方残差 $\bar{E}_0$ 是 β 的函数. 显然, "最佳" 或 "最优" 初始近似 $x_0(\tau)$ 由 $\bar{E}_0$ 在 $\beta = \beta^*$ 时的最小值给出, 其中 β^* 被称为 β 的 "最佳" 或 "最优" 值.

当 $\lambda = -32$, $\varepsilon = 2$, $x^* = 1$ 时, 通过上述方法, 在 $\beta > 1$ 条件下使用 Mathematica 命令 `Minimize`, 我们得到了当 $\beta^* = 2.9116$ 时, 初始近似的控制方程的平方残差的最小值, 这给出了最优初始近似

$$x_0(\tau) = 2.9116 - 1.9116\cos\tau.$$

类似地, 使用这个最优初始近似, 我们可以得到相应的离散平方残差 $\bar{E}_5(c_0)$ 与 c_0 的关系, 如图 2.18 所示, 这表明我们有最优收敛控制参数 $c_0^* = -2/125$. 利用上述最优初始近似和最优收敛控制参数 $c_0^* = -2/125$, 对应的 $\gamma = \omega^2$ 的同伦级数比常规初始近似 $x_0(\tau) = 4 - 3\cos\tau$ 的收敛速度快得多, 如表 2.12 所示. 需要注意的是, 对应的 $[m, m]$ 阶同伦–帕德近似也收敛得更快, 如表 2.13 所示. 除此之外, $x(\tau)$ 对应的同伦近似与数值结果非常一致, 如图 2.19 所示. 还要注意的是, 最优初始近似

$$x_0(\tau) = 2.9116 - 1.9116\cos\tau$$

比常规初始近似

$$x_0(\tau) = 4 - 3\cos\tau$$

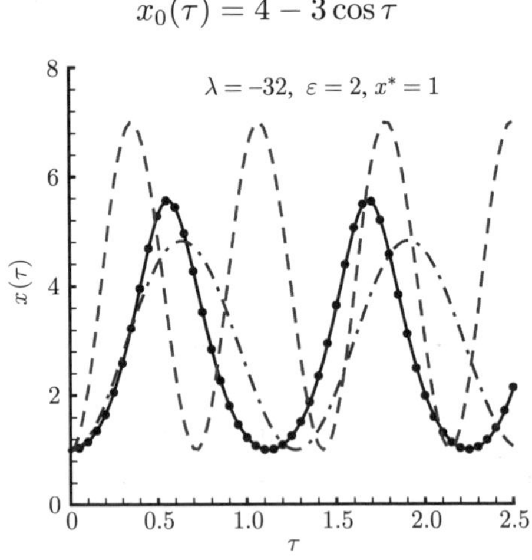

图 2.19 当 $\lambda = -32, \varepsilon = 2, x^* = 1$ 时, 利用 $c_0 = -2/125$ 和最优值 $\beta^* = 2.9116$ 得到的数值结果与同伦近似的比较. 实心圆: 数值结果; 实线: 15 阶同伦近似; 点划线: 由 $\beta^* = 2.9116$ 给出的初始猜测解 x_0; 虚线: 由 $\beta = 4$ 给出的初始猜测解 x_0

更接近精确结果. 根据表 2.11 和表 2.12 , 常规初始近似 $x_0(\tau)=4-3\cos\tau$ 得到的离散平方残差比最优初始近似 $x_0(\tau)=2.9116-1.9116\cos\tau$ 得到的离散平方残差大 27.5 倍. 这就是最优初始近似给出的同伦级数收敛得更快的根本原因.

表 2.11 当 $\lambda=-32$, $\varepsilon=2$, $x^*=1$ 时, 利用 $\beta=4$ 和最优收敛控制参数 $c_0^*=-1/125$ 得到的离散平方残差 $\bar{E}_m(c_0^*)$ 和 $\gamma=\omega^2$ 的同伦近似

m, 近似阶数	$\bar{E}_m(c_0^*)$	$\gamma=\omega^2$
0	18046	77.5
5	127.2	32.849
10	30.1	33.227
15	10.1	31.489
20	2.5	31.945
25	1.4	31.348
30	0.3	31.643
40	5.8×10^{-2}	31.537
50	2.2×10^{-2}	31.491
60	1.2×10^{-2}	31.468

表 2.12 当 $\lambda=-32$, $\varepsilon=2$, $x^*=1$ 时, 利用 $\beta=2.9116$ 和最优收敛控制参数 $c_0^*=-2/125$ 得到的离散平方残差 $\bar{E}_m(c_0^*)$ 和 $\gamma=\omega^2$ 的同伦近似

m, 近似阶数	$\bar{E}_m(c_0^*)$	$\gamma=\omega^2$
0	649.3	24.346
5	6.0	30.889
10	0.29	31.354
15	3.3×10^{-2}	31.359
20	5.8×10^{-3}	31.396
25	1.2×10^{-3}	31.410
30	2.7×10^{-4}	31.415
35	6.5×10^{-5}	31.418
40	1.6×10^{-5}	31.419
45	4.3×10^{-6}	31.420
50	1.2×10^{-6}	31.420
60	8.8×10^{-8}	31.420

表 2.13 当 $\lambda=-32$, $\varepsilon=2$, $x^*=1$ 时, 利用不同初始近似 x_0 和不同最优收敛控制参数得到的 $\gamma=\omega^2$ 的 $[m,m]$ 阶同伦–帕德近似

m	$x_0=4-3\cos\tau$, $c_0^*=-1/125$	$x_0=2.9116-1.9116\cos\tau$, $c_0^*=-2/125$
2	35.576	31.632
4	32.222	31.564
6	31.585	31.449
8	31.451	31.423
10	31.426	31.420
12	31.421	31.420
14	31.420	31.420
16	31.420	31.420
18	31.420	31.420
20	31.420	31.420

初始近似的优化在同伦分析方法框架中具有一般意义. 一般来说, 如果其他条件一样, 则可以通过更好的初始近似来获得更好的同伦近似. 此外, 如第八章所述, 利用初始近似选取的极大自由度, 可以通过同伦分析方法得到某些非线性微分方程的多解.

2.3.7 通过迭代加速收敛

如前所述, 同伦分析方法在选择初始近似上为我们提供了极大的自由度. 正是由于这种自由度, 我们可以选择一个最优初始近似来大大加快同伦级数的收敛速度, 如 §2.3.6 所示. 在此, 我们进一步说明, 利用选择初始近似的自由度, 可以在同伦分析方法框架中引入迭代方法, 这也可以大大加快同伦级数的收敛速度.

需要注意的是, 任何满足初始条件 $x(0)=x^*$ 和 $x'(0)=0$ 的实函数, 都可以作为零阶形变方程 (2.40) 中的初始近似 $x_0(\tau)$. 在 §2.3.6 中, 我们证明了同伦级数的收敛速度可以通过最优初始近似大大加快. 很明显, 初始近似越好, 对应的同伦级数收敛速度就越快. 显然, 如果适当选择收敛控制参数 c_0, 则 M 阶同伦近似

$$\check{x}(\tau)\approx x_0(\tau)+\sum_{k=0}^{M}x_k(\tau) \tag{2.90}$$

满足初始条件 $x(0)=x^*$ 和 $x'(0)=0$, 且通常优于初始近似 $x_0(\tau)$. 因此, 很自然地使用上述 M 阶同伦近似作为新的初始近似, 即 $x_0(\tau)=\check{x}(\tau)$. 通过这种方法, 一般可以得到更好的同伦近似. 这为我们提供了一种在同伦分析方法框架中的迭代方法. 为了简单起见, 我们将上述迭代方法称为 M 阶同伦迭代法.

从理论上讲, 由 (2.32) 控制的周期振动应该用以下无穷级数表示

$$x(\tau)=\sum_{k=0}^{+\infty} a_k\ \cos(k\tau).$$

然而, 前几项比高频项重要得多, 这是因为高频项对 $x(\tau)$ 的精度贡献很小. 因此, 在实际计算过程中, 截断表达式

$$x(\tau)\approx\sum_{k=0}^{N} a_k\ \cos(k\tau) \tag{2.91}$$

对于足够大的 N 值是足够精确的. 换句话说, 我们的同伦近似包含前 $N+1$ 项, 而忽略了其他所有高频项, 如 $\cos(N+1)\tau, \cos(N+2)\tau$ 等. 为此, 我们只需在求解高阶形变方程 (2.55) 之前删除 δ_{n-1} 的所有高频项. 在数学上, 我们用

$$\delta_{n-1}\approx\sum_{k=0}^{N} A_{n,k}\ \cos(k\ \tau)$$

来近似 δ_{n-1}, 其中

$$A_{n,0}=\frac{1}{2\pi}\int_0^{2\pi}\delta_{n-1}(\tau)d\tau,\quad A_{n,k}=\frac{1}{\pi}\int_0^{2\pi}\delta_{n-1}(\tau)\cos(k\tau)d\tau,\quad 1\leqslant k\leqslant N.$$

通过这种方法, 每次迭代的同伦近似可以用具有有限个项的 (2.91) 表示. 这种截断策略对于同伦分析方法是必要的. 否则, 同伦近似的长度在几次迭代中呈指数增长, 从而很快使计算效率变得不可接受.

例如, 让我们再次考虑 $\lambda=-32, \varepsilon=2, x^*=1$ 的情况. 为了比较用迭代方法求得的同伦近似与 §2.3.6 得出的同伦近似, 我们在此使用相同的最优收敛控制参数 $c_0=-1/125$ 与相同的初始近似 $x_0=4-3\cos\tau$. 不失一般性, 先考虑 $M=3$, 即 3 阶同伦迭代方法. 此外, 我们使用 $N=21$, 即 $x(\tau)$ 仅由前 21 个低频项 (从 $\cos\tau$ 到 $\cos 21\tau$) 近似. 每次迭代的同伦近似和相应的离散平方残差在表 2.14 列出. 将这些结果与表 2.11 的结果进行比较, 可以发现同伦迭代方法给出的近似收敛速度比常规同伦分析方法快得多: 第 11 次迭代通过笔记本电脑 (MacBook Pro, 2.8 GHz 内核 2 CPU, 4 GB EMS 内存) 只用了 4.8 秒就

得到了精确值 $\gamma = 31.420$. 需要注意的是, 常规方法大约需要 46.3 秒, 即超过 9 倍的时间, 才能得到 60 阶近似值 $\gamma = 31.468$, 这与精确结果 $\gamma = 31.420$ 仍存在差异.

表 2.14 当 $\lambda = -32$, $\varepsilon = 2$, $x^* = 1$ 时, 采用 3 阶同伦迭代方法, 利用常规初始近似 $x_0 = 4 - 3\cos\tau$ 以及对应的最优收敛控制参数 $c_0^* = -1/125$ 得到的 $\gamma = \omega^2$ 的离散平方残差和同伦近似

m, 迭代次数	$\bar{E}_m(c_0^*)$	$\gamma = \omega^2$
1	286.5	43.850
2	34.3	32.818
3	9.8	31.789
4	2.9	31.527
6	0.2	31.427
8	1.7×10^{-2}	31.419
10	1.2×10^{-3}	31.419
11	3.1×10^{-4}	31.420
12	8.3×10^{-5}	31.420
14	5.8×10^{-6}	31.420
16	4.0×10^{-7}	31.420
18	2.7×10^{-8}	31.420
20	1.9×10^{-9}	31.420

让我们详细比较一下迭代方法和无迭代的常规同伦分析方法的精度和使用的 CPU 时间. 结果发现, 对于迭代方法, CPU 时间随迭代次数的增加呈线性增加; 而对于无迭代的方法, CPU 时间随近似阶数的增加呈指数增加, 如图 2.20 所示. 因此, 迭代方法的计算效率更高. 更重要的是, 对于迭代方法, 同伦近似的平方残差随着迭代次数 m 的增加呈指数减小, 如图 2.21 所示, 直到达到平方残差的最小值 $E_{min}(N) = 5.2 \times 10^{-21}$. 但是, 对于无迭代的常规方法, 平方残差随着近似阶数 m 的增加呈代数减小, 如图 2.21 所示. 因此, 迭代方法给出的近似收敛得更快.

图 2.22 给出了两种方法的离散平方残差与 CPU 时间的关系, 这表明迭代方法给出的平方残差随 CPU 时间呈指数减小直至其达到最小值 $E_{min}(N)$, 而无迭代方法得到的平方残差减少得更慢. 这意味着, 使用相同的 CPU 时间, 可以通过迭代方法得到更精确的同伦近似. 以上所有结论都具有一般意义: 它们

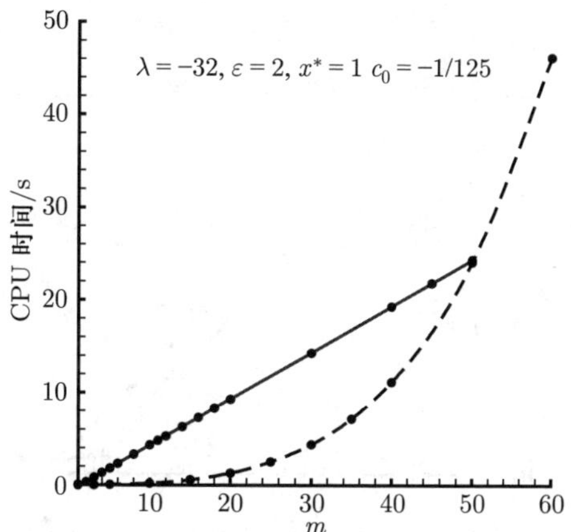

图 2.20 当 $\lambda = -32$, $\varepsilon = 2$, $x^* = 1$ 时, 利用 $x_0 = 4 - 3\cos\tau$ 和 $c_0 = -1/125$ 得到的 CPU 时间 (s) 与 m 的关系. 实线: 3 阶同伦迭代方法 (m 表示迭代次数); 虚线: 没有迭代的常规方法 (m 表示同伦近似的阶数)

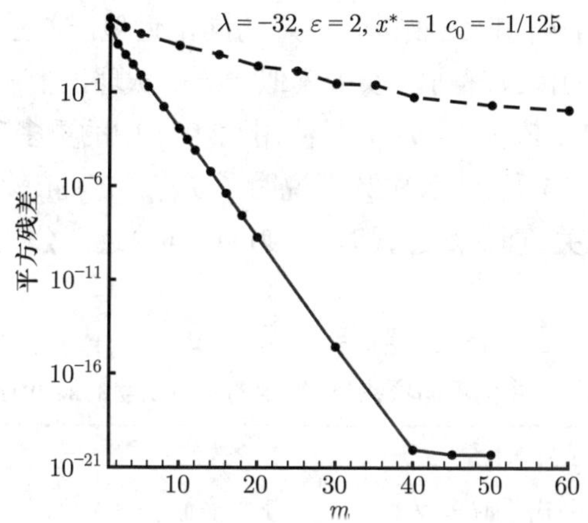

图 2.21 当 $\lambda = -32$, $\varepsilon = 2$, $x^* = 1$ 时, 利用 $x_0 = 4 - 3\cos\tau$ 和 $c_0 = -1/125$ 得到的平方残差与 m 的关系. 实线: 3 阶同伦迭代方法 (m 表示迭代次数); 虚线: 无迭代的常规方法 (m 表示同伦近似的阶数)

对不同阶的同伦迭代方法都是正确的, 如图 2.22 所示. 注意, 3 阶同伦迭代方法给出的近似比 2 阶和 4 阶同伦迭代方法给出的近似收敛得快一些, 而 4 阶同伦迭代方法给出的近似比 2 阶同伦迭代方法给出的近似收敛得快一些. 在实际计算过程中, 2 阶、3 阶和 4 阶同伦迭代方法已经足够好了, 而高阶迭代公式通常是不必要的.

如图 2.21 和图 2.22 所示, 当上述平方残差达到其最小值 $E_{min}(N) = 5.2 \times$

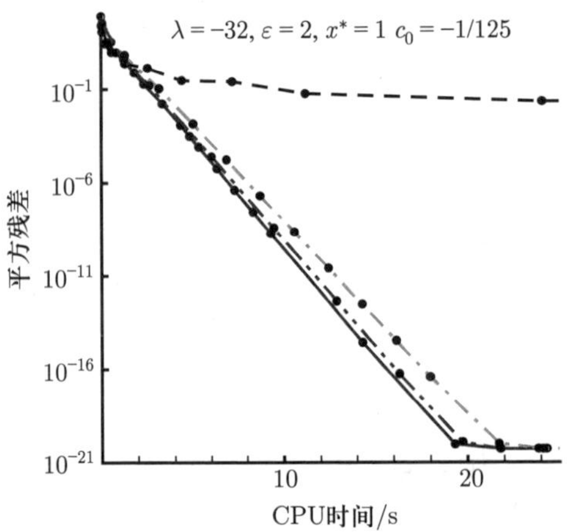

图 2.22　当 $\lambda=-32, \varepsilon=2, x^*=1$ 时, 利用 $x_0=4-3\cos\tau$ 和 $c_0=-1/125$ 得到的平方残差与 CPU 时间 (s) 的关系. 虚线: 无迭代的常规方法. 实线: 3 阶同伦迭代方法; 点划线: 2 阶同伦迭代方法; 双点划线: 4 阶同伦迭代方法

10^{-21} 时, 再高阶的迭代也无法得到更好的同伦近似. 这主要是因为我们使用 (2.91) 中的有限个 (用 N 表示) 项来近似 $x(\tau)$. 从理论上来说, 迭代方法的最小平方残差 $E_{min}(N)$ 依赖于 N, 如果使用 (2.91) 中的更多项, 则其应减小. 事实的确如此, 如表 2.15 所示, 表中数据说明了 $E_{min}(N)$ 依赖于 N, 即 (2.91) 中的项数, 但与 M 无关, 即每次迭代时 (2.90) 中同伦近似公式的阶数.

表 2.15　当 $\lambda=-32, \varepsilon=2, x^*=1$ 时, 利用 $c_0=-1/125$ 和 $x_0=4-3\cos\tau$, 通过不同阶同伦迭代方法和 (2.91) 中的不同项数 N 得到的平方残差的最小值 $E_{min}(N)$

N	2 阶迭代公式 ($M=2$)	3 阶迭代公式 ($M=3$)	4 阶迭代公式 ($M=4$)
5	0.389	0.389	0.389
10	5.51×10^{-7}	5.51×10^{-7}	5.51×10^{-7}
15	2.96×10^{-13}	2.96×10^{-13}	2.96×10^{-13}
21	5.20×10^{-21}	5.20×10^{-21}	5.20×10^{-21}
23	1.40×10^{-23}	1.40×10^{-23}	1.40×10^{-23}

令 a_n 表示 (2.91) 中的项 $\cos(n\tau)$ 的系数. 很明显, 每个系数 a_n $(0\leqslant n\leqslant 21)$ 在每次同伦迭代时都会被修正, 如表 2.16 所示. 需要注意的是, 随着迭代次数的增加, 每个系数 a_n $(0\leqslant n\leqslant 21)$ 快速收敛到固定值. 例如, 系数

a_0, a_1, a_5, a_{10} 和 a_{21} 分别收敛到 2.8027, -2.1860, -3.87×10^{-3}, 1.33×10^{-6} 和 -3.22×10^{-14}. 很明显, 其他高频项的系数相当小, 因此可以忽略而不损失同伦近似 $x(\tau)$ 的精度.

表 2.16 当 $\lambda=-32$, $\varepsilon=2$, $x^*=1$ 时, 采用 3 阶同伦迭代方法, 利用常规初始近似 $x_0=4-3\cos\tau$ 以及相应的最优收敛控制参数 $c_0^*=-1/125$ 得到的 m 次迭代时 (2.91) 的系数 a_n 的修正

m	a_0	a_1	a_5	a_{10}	a_{21}
1	2.9863	-2.2963	-3.60×10^{-4}	0	0
3	2.8236	-2.1977	-2.02×10^{-3}	1.52×10^{-7}	-4.65×10^{-17}
5	2.8063	-2.1863	-3.17×10^{-3}	6.10×10^{-7}	-2.57×10^{-15}
10	2.8027	-2.1861	-3.83×10^{-3}	1.26×10^{-7}	-2.44×10^{-14}
15	2.8027	-2.1860	-3.87×10^{-3}	1.33×10^{-6}	-3.15×10^{-14}
20	2.8027	-2.1860	-3.87×10^{-3}	1.33×10^{-6}	-3.22×10^{-14}
25	2.8027	-2.1860	-3.87×10^{-3}	1.33×10^{-6}	-3.22×10^{-14}
30	2.8027	-2.1860	-3.87×10^{-3}	1.33×10^{-6}	-3.22×10^{-14}

为了证明同伦迭代方法的普适性, 我们进一步将其应用于上述 §2.3 中提到的所有情况. 采用 3 阶同伦迭代公式与常规初始近似 $x_0=\beta+(x^*-\beta)\cos\tau$. 在迭代开始时, 收敛控制参数 c_0 是未知的. c_0 的最优值在第 1 次迭代时由 3 阶同伦近似的平方残差的最小值确定, 该最优值用于其他所有迭代. 我们发现, 对于所有这些情况, 同伦方法给出的近似收敛速度很快, 如表 2.17 到表 2.19 所

表 2.17 当 $\lambda=-9/4$, $\varepsilon=1$, $x^*=1$ 时, 采用 3 阶同伦迭代方法, 利用常规初始近似 $x_0=(3-\cos\tau)/2$ 以及相应的最优收敛控制参数 $c_0^*=-0.1632$ 得到的 $\gamma=\omega^2$ 的离散平方残差和同伦近似

m, 迭代次数	$\bar{E}_m(c_0^*)$	$\gamma=\omega^2$
1	5.0×10^{-4}	3.9932
2	1.1×10^{-6}	3.9278
3	5.9×10^{-9}	3.9278
4	3.3×10^{-11}	3.9278
5	1.9×10^{-13}	3.9278

表 2.18 在三种不同情况下, 采用 3 阶同伦迭代方法, 利用常规初始近似和相应的最优收敛控制参数 c_0^* 得到的 $\gamma=\omega^2$ 的同伦近似

迭代次数	$\lambda=9/4,\varepsilon=1,$ $x^*=1,$ $c_0^*=-0.3333$	$\lambda=0,\varepsilon=1,$ $x^*=1,$ $c_0^*=-1.3314$	$\lambda=4,\varepsilon=-1,$ $x^*=-1,$ $c_0^*=-0.3075$
1	2.9921875001	0.7187500657	3.2427884644
2	2.9921730367	0.7177745854	3.2427770917
3	2.9921730364	0.7177700220	3.2427770917
4	2.9921730364	0.7177700111	3.2427770917
5	2.9921730364	0.7177700110	3.2427770917

表 2.19 在三种不同情况下, 采用 3 阶同伦迭代方法, 利用常规初始近似和相应的最优收敛控制参数 c_0^* 得到的离散平方残差 $\bar{E}_m(c_0^*)$

迭代次数	$\lambda=9/4,\varepsilon=1,$ $x^*=1,$ $c_0^*=-0.3333$	$\lambda=0,\ \varepsilon=1,$ $x^*=1,$ $c_0^*=-1.3314$	$\lambda=4,\varepsilon=-1,$ $x^*=-1,$ $c_0^*=-0.3075$
1	6.0×10^{-10}	2.2×10^{-6}	4.0×10^{-10}
2	5.7×10^{-20}	1.7×10^{-11}	5.8×10^{-22}
3	4.0×10^{-31}	9.5×10^{-17}	6.9×10^{-33}
4	3.3×10^{-38}	4.9×10^{-22}	6.6×10^{-39}
5	3.3×10^{-38}	7.4×10^{-26}	6.6×10^{-39}

示. 需要注意的是, 我们主要通过两次或三次迭代得到 $\gamma=\omega^2$ 的精确值. 同时平方残差减小得很快. 还要注意的是, 当 $\lambda=9/4,\varepsilon=1,x^*=1$ 和 $\lambda=4,\varepsilon=-1,x^*=-1$ 时, 离散平方残差在第 5 次迭代时停止减小, 这主要是因为我们通过前 21 个低频项来近似 $x(\tau)$. 所有这些都表明, 与使用最优初始近似的同伦方法一样, 同伦迭代方法在一般情况下可以得到快速收敛的结果, 而且计算效率也相当高.

同伦迭代方法给出的结果仍然是解析近似, 因为不同于数值解, 我们的同伦近似是由连续基函数 $\cos(n\tau)$ 表示的. 因此, 我们很容易得到 $x(\tau)$ 在任意时刻 $0\leqslant\tau<+\infty$ 的任意阶导数. 这对于任何数值方法都是不可能的. 因此, 本质上, 由迭代方法给出的同伦近似仍然是解析结果.

同伦迭代方法具有普遍意义, 可以大大加快同伦近似的收敛速度, 如本书后面章节所述 (参见第八章、第九章等).

2.3.8 辅助线性算子选取的灵活性

此外, 在所谓的零阶形变方程 (2.42) 中, 我们有很大的自由选择辅助线性算子. 正如 §2.3.2 所指出的那样, 线性算子 $\mathcal{L}_0(x) = x'' + \lambda\, x$ 正是原始控制方程的线性部分, 当 $\lambda < 0$ 或 $\lambda = 0$ 时不能得到周期近似解. 然而, 由于选择辅助线性算子 $\mathcal{L}$ 的自由度, 对于与周期解相关的所有可能的物理参数, 甚至包括 $\lambda \leqslant 0$, 在零阶形变方程 (2.42) 中我们可以简单地选择辅助线性算子 $\mathcal{L}(x) = x'' + x$. 因此, 与摄动方法不同的是, 摄动方法的辅助线性算子与物理小 (大) 参数和所考虑的方程类型密切相关, 而我们有很大的自由度来选择适当的辅助线性算子, 以通过同伦分析方法获得精确的近似解, 如 §2.3 所示.

另外, 由于构造方程和函数的同伦具有很大的自由度, 我们在零阶形变方程 (2.42) 中引入了收敛控制参数 c_0. 如 §2.3.3 和 §2.3.4 所示, 收敛控制参数 c_0 为保证同伦级数解的收敛提供了一种简便的方法. 因此, 收敛控制参数 c_0 在同伦分析方法框架中起着重要的作用. 有趣的是, 如果我们定义这样一个辅助线性算子 $\bar{\mathcal{L}} = \mathcal{L}/c_0$, 则零阶形变方程 (2.42) 可以改写为

$$(1-q)\bar{\mathcal{L}}\left[\tilde{x}(\tau;q) - x_0(\tau)\right] = q\ \left[\tilde{\gamma}(q)\ \tilde{x}''(\tau;q) + \lambda\ \tilde{x}(\tau;q) + \varepsilon\ \tilde{x}^3(\tau;q)\right].$$

因此, 从数学上来讲, 收敛控制参数 c_0 可以看作辅助线性算子 $\mathcal{L}$ 的一部分. 本质上, 收敛控制参数 c_0 的不同值对应不同的辅助线性算子 $\bar{\mathcal{L}} = \mathcal{L}/c_0$. 特别地, 最优收敛控制参数 c_0^* 给出了最优辅助线性算子 $\mathcal{L}$. 因此, 正是由于辅助线性算子选择的自由度, 我们在零阶形变方程 (2.42) 中引入了所谓的收敛控制参数 c_0. 需要注意的是, 收敛控制的概念是同伦分析方法的关键.

廖世俊和谭越 [131] 指出, 在同伦分析方法的框架中, 我们在选择辅助线性算子 $\mathcal{L}$ 上的自由度比我们传统认为的要大得多. 例如, 考虑零阶形变方程 (2.42). 利用 (2.42) 中选择辅助线性算子 $\mathcal{L}$ 的自由度, 我们可以选择辅助线性算子

$$\check{\mathcal{L}}(x) = \frac{\partial^{2\kappa} x}{\partial \tau^{2\kappa}} + (-1)^{\kappa+1} x, \qquad \kappa = 1, 2, 3, \cdots, \tag{2.92}$$

其中 $\kappa \geqslant 1$ 是任意正整数. 当 $\kappa = 1$ 时, 我们有 $\check{\mathcal{L}}(x) = x'' + x$, 使得 $\check{\mathcal{L}}$ 与由 (2.63) 定义的 2 阶辅助线性算子 $\mathcal{L}$ 完全相同. 因此, 上述辅助线性算子比 (2.63) 更具一般性. 注意, §2.3.2 和 §2.3.3 中的所有数学公式, 如高阶形变方程

(2.55) 等, 在形式上保持不变, 只是 (2.63) 定义的 $\mathcal{L}$ 被替换成 (2.92) 定义的更普遍的辅助线性算子 $\check{\mathcal{L}}$. 需要注意的是, 我们寻找的是 (2.28) 表示的周期解. 因此, 如 §2.3.7 所述, (2.55) 中的 δ_{n-1} 可以表示为一些余弦函数的和. 故利用 (2.92) 定义的一般辅助线性算子, 高阶形变方程 (2.55) 具有特解

$$x_n^s(\tau) = \chi_n\, x_{n-1}(\tau) + c_0\, \check{\mathcal{L}}^{-1}\left[\delta_{n-1}(X_{n-1}, \Gamma_{n-1})\right], \tag{2.93}$$

其中对于任意常数 C, 逆算子 $\check{\mathcal{L}}^{-1}$ 由

$$\mathcal{L}^{-1}[\cos(m\tau)] = \frac{(-1)^{\kappa+1}\ \cos(m\tau)}{(1-m^{2\kappa})}, \qquad m \neq 1 \tag{2.94}$$

和

$$\mathcal{L}^{-1}(C) = (-1)^{\kappa+1}C \tag{2.95}$$

定义.

当 $\kappa = 2$ 时, 辅助线性算子 (2.92) 变成 $\check{\mathcal{L}}(x) = x^{(4)} - x$, 其中 $u^{(4)}$ 表示对 τ 的 4 阶导数. 对于任意常数 C_1, C_2, C_3 和 C_4, 4 阶线性算子具有性质

$$\check{\mathcal{L}}\left(C_1 \cos\tau + C_2 \sin\tau + C_3\, e^{\tau} + C_4\, e^{-\tau}\right) = 0. \tag{2.96}$$

因此, 当 $\kappa = 2$ 时, 高阶形变方程 (2.55) 的通解为

$$x_n(\tau) = \chi_n\, x_{n-1}(\tau) + x_n^s(\tau) + C_1 \cos\tau + C_2 \sin\tau + C_3\, e^{\tau} + C_4\, e^{-\tau}, \tag{2.97}$$

其中特解 $x_n^s(\tau)$ 由 (2.93) 给出. 需要注意的是, 这里有四个积分常数 C_1, C_2, C_3 和 C_4, 但我们只有两个由 (2.56) 定义的初始条件. 还要注意, 我们寻找的是 (2.32) 的周期解, 它用 (2.28) 表示. 然而, 项 e^{τ} 和 $e^{-\tau}$ 不是周期函数, 因此不符合解表达 (2.28). 故它们不能出现在 $x_n(\tau)$ 的表达式中. 所以, 为了得到 $x_n(\tau)$ 的周期解, 我们必须强迫 $C_3 = C_4 = 0$. 换句话说, 解表达 (2.28) 表明了一个额外的周期条件

$$x_n(\tau) = x_n(\tau + 2\pi),$$

它强迫 $C_3 = C_4 = 0$. 这个条件来自 $x(\tau)$ 的周期性质, 即

$$x(\tau) = x(\tau + 2\pi).$$

此后, C_1 和 C_2 由 (2.56) 定义的两个初始条件唯一确定.

类似地, 当 $\kappa=3$ 时, 辅助线性算子 (2.92) 变成

$$\check{\mathcal{L}}(x)=\frac{d^6x}{d\tau^6}+x,$$

相应的高阶形变方程 (2.55) 的通解为

$$\begin{aligned}x_n(\tau)=&\chi_n\, x_{n-1}(\tau)+x_n^s(\tau)+C_1\cos\tau+C_2\sin\tau\\&+e^{\sqrt{3}\tau/2}(C_3\cos\tau+C_4\sin\tau)+e^{-\sqrt{3}\tau/2}(C_5\cos\tau+C_6\sin\tau),\end{aligned}\tag{2.98}$$

其中特解 $x_n^s(\tau)$ 由 (2.93) 给出, C_i 是常数. 类似地, 为了得到 $x_n(\tau)$ 的周期解, 我们必须强迫

$$C_3=C_4=C_5=C_6=0,$$

剩下的两个常数 C_1 和 C_2 由 (2.56) 定义的两个初始条件唯一确定.

类似地, 对于任意正整数 $\kappa\geqslant 1$, 我们总是可以通过 (2.92) 定义的 2κ 阶辅助线性算子 $\check{\mathcal{L}}$ 得到高阶形变方程 (2.55) 和 (2.56) 的周期解 $x_n(\tau)$. 这里, 需要强调的是, 虽然当 $\tau\to+\infty$ 时, e^{τ}, $e^{\tau}\cos\tau$ 和 $e^{\tau}\sin\tau$ 趋于无穷, 是所谓的长期项, 但当 $\tau\to+\infty$ 时, $e^{-\tau}$, $e^{-\tau}\cos\tau$, $e^{-\tau}\sin\tau$ 趋于零, 不属于长期项的传统定义. 因此, 使用 "避免长期项" 的传统思想, 我们无法避免 $x_n(\tau)$ 中出现非周期项 $e^{-\tau}$, $e^{-\tau}\cos\tau$, $e^{-\tau}\sin\tau$. 因此, 解表达的概念比 "避免长期项" 的传统思想更为普遍. 事实上, 解表达的概念在同伦分析方法框架中具有非常重要的作用.

不失一般性, 我们在这里考虑 $\lambda=0,\varepsilon=1$, $x^*=1$ 的情况. 在这种情况下, 对应的初始近似为 $x_0=\cos\tau$. 我们先考虑 $\kappa=2$ 的情况, 即 4 阶微分算子 $\check{\mathcal{L}}(x)=x''''-x$ 用作辅助线性算子. 按照 §2.3.3 中提到的类似方法, 我们可以得到离散平方残差 $\bar{E}_m(c_0)$ 相对于收敛控制参数 c_0 的曲线, 如图 2.23 所示. 在 7 阶近似下离散平方残差当 $c_0=15.97$ 时达到最小值. 因此, 我们选择最优收敛控制参数 $c_0^*=16$. 结果发现, 随着近似阶数 m 的增加, 离散平方残差单调减小, 同时 $\gamma=\omega^2$ 收敛到精确值 0.7177700110, 如表 2.20 所示. 此外, $\gamma=\omega^2$ 对应的 $[m,m]$ 阶同伦–帕德近似也收敛到精确值 0.7177700110, 如表 2.21 所示. 此外, 即使是 5 阶近似也相当准确: γ 的 5 阶近似仅仅只有 0.006% 的相对误差, $x(\tau)$ 的 5 阶近似与数值结果一致, 如图 2.24 所示. 所有这些都表明, 通过 (2.92) 中 $\kappa=2$ 对应的 4 阶辅助线性算子

$$\check{\mathcal{L}}(x)=x''''-x$$

给出的同伦近似确实是收敛的. 因此, 即使是使用 4 阶微分算子作为辅助线性算子 $\mathcal{L}$, 我们也可以应用同伦分析方法得到原始 2 阶非线性微分方程 (2.32) 的

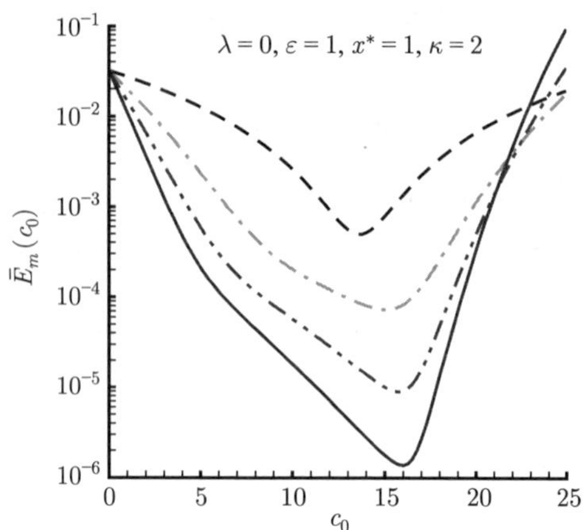

图 2.23 当 $\lambda=0$, $\varepsilon=1$, $x^*=1$ 时, 利用 4 阶辅助线性算子 $\check{\mathcal{L}}(x)=x''''-x$ (对应于 $\kappa=2$) 得到的离散平方残差与 c_0 的关系. 虚线: 1 阶近似; 点划线: 3 阶近似; 双点划线: 5 阶近似; 实线: 7 阶近似

表 2.20 当 $\lambda=0$, $\varepsilon=1$, $x^*=1$ 时, 利用 4 阶 ($\kappa=2$) 辅助线性算子 $\check{\mathcal{L}}(x)=x''''-x$ 和常规初始近似 $x_0=\cos\tau$ 以及对应的最优收敛控制参数 $c_0^*=16$ 得到的 $\gamma=\omega^2$ 的离散平方残差和同伦近似

m, 近似阶数	$\bar{E}_m(c_0^*)$	$\gamma=\omega^2$
3	8.3×10^{-5}	0.7172586169
5	9.1×10^{-6}	0.7177245364
10	1.5×10^{-7}	0.7178419180
20	1.1×10^{-9}	0.7177729536
30	2.4×10^{-11}	0.7177703504
40	1.2×10^{-12}	0.7177700725
50	9.0×10^{-14}	0.7177700257
60	8.7×10^{-15}	0.7177700152
70	1.1×10^{-15}	0.7177700124
80	1.6×10^{-16}	0.7177700115
90	2.8×10^{-17}	0.7177700112
100	5.4×10^{-18}	0.7177700111

收敛同伦级数解. 这表明同伦分析方法确实为我们选择辅助线性算子提供了极大的自由度.

表 2.21 当 $\lambda=0$, $\varepsilon=1$, $x^*=1$ 时, 利用 4 阶辅助线性算子 $\check{\mathcal{L}}(x)=x''''-x$ (对应于 $\kappa=2$) 得到的 $\gamma=\omega^2$ 的 $[m,m]$ 阶同伦–帕德近似

m	$\gamma=\omega^2$ 的 $[m,m]$ 阶同伦–帕德近似
5	0.7177585790
10	0.7177700704
15	0.7177700117
20	0.7177700111
25	0.7177700110
30	0.7177700110
35	0.7177700110
40	0.7177700110
45	0.7177700110
50	0.7177700110

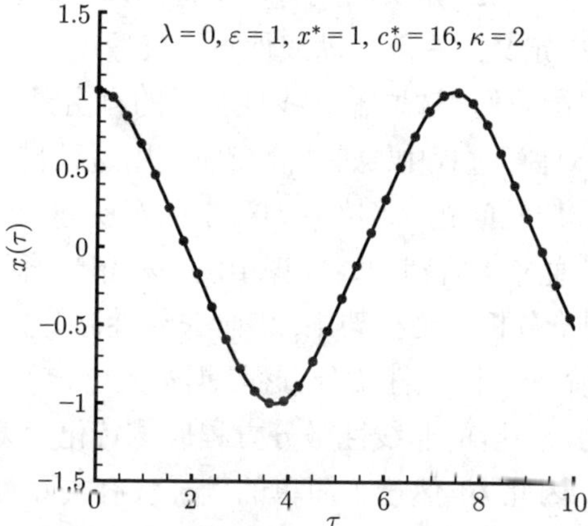

图 2.24 当 $\lambda=0$, $\varepsilon=1$, $x^*=1$ 时, 利用 $c_0^*=16$ 和 4 阶辅助线性算子 $\check{\mathcal{L}}(x)=x''''-x$ (对应于 $\kappa=2$) 得到的同伦近似与数值结果的比较. 实线: 5 阶近似; 实心圆: 数值结果

类似地, 我们可以进一步研究 6 阶辅助线性算子, 对应于 (2.92) 中的 $\kappa=3$. 我们发现, 利用这个 6 阶辅助线性算子也可以得到一个收敛的同伦级数解. 因此, 对于任意正整数 $\kappa\geqslant 1$, 可以通过 κ 阶辅助线性算子 (2.92) 得到收敛级数解. 然而, 我们发现, 6 阶辅助线性算子得到的同伦级数比 4 阶辅助线性算子得到的同伦级数收敛得慢, 如图 2.25 所示. 此外, 2 阶辅助线性算子得到的同伦级数比 4 阶和 6 阶辅助线性算子得到的同伦级数收敛得更快, 如图 2.25 所示.

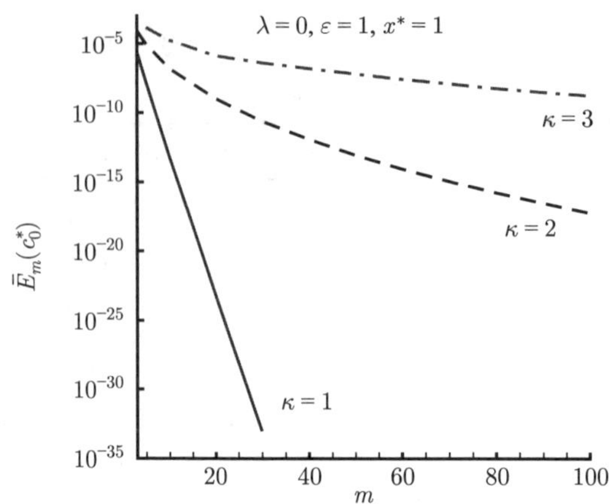

图 2.25　当 $\lambda = 0$, $\varepsilon = 1$, $x^* = 1$ 时, 利用 (2.92) 定义的不同辅助线性算子得到的离散平方残差 $\bar{E}_m(c_0^*)$ 与同伦近似阶数 m 的关系. 实线: $\kappa = 1$, $c_0^* = -4/3$; 虚线: $\kappa = 2$, $c_0^* = 16$; 点划线: $\kappa = 3$, $c_0^* = -160$

一般来说, κ 的值越大, 对应的同伦级数收敛得越慢. 因此, 2 阶辅助线性算子 $\mathcal{L}(x) = x'' + x$ 可能是 (2.92) 定义的无穷多个辅助线性算子中最好的一个.

我们发现, (2.92) 定义的一般辅助线性算子仅适用于 $x = 0$ 为稳定平衡点的情况. 这一事实提醒我们, 选取辅助线性算子的自由只有在它得到适当利用时才有价值. 在实际计算过程中, 如果恰当地使用这种自由, 就可以用非常简单的方法解决一些非线性问题. 例如, 如第十四章所述, 2 阶非线性微分方程 (Gelfand 方程) 可以通过 4 阶辅助线性算子以一种相当简单的方式成功求解.

综上所述, 在同伦分析方法框架中, 2 阶非线性微分方程 (2.32) 甚至可以转化为无穷多个 4 阶或 6 阶线性微分方程. 据本人所知, 这与传统思想的主流相悖: 人们通常认为, m 阶的非线性微分方程应该转化为无穷多个同阶或更低阶的线性微分方程. 因此, 虽然这个简单的例子没有实际意义 (因为 2 阶辅助线性算子 $\mathcal{L}(x) = x'' + x$ 似乎是这个非线性振动问题的最佳选择), 但它在理论上表明, 我们确实有比以前认为和相信的更大的自由度来求解非线性问题. 本人认为, 如果恰当地使用这种极大的自由度, 一些困难的非线性问题应该能找到更精确和更好的解. 的确, 正如 Georg Cantor (1845—1918) 所指出的那样, “数学的本质完全在于它的自由”.

2.4　本章小结及讨论

本章通过两个简单的例子来描述同伦分析方法的基本思想: 一个是非线性代数方程 $f(x) = 0$, 另一个是物体周期振动的 2 阶非线性微分方程 (2.32). 虽然这两个例子相当简单, 但本章中提到的所有方法和概念都具有普遍意义.

同伦分析方法有一个坚实的基础, 即拓扑中的同伦, 它通过连续映射将两个不同的事物与几个相同的数学方面联系起来. 给定一个至少有一个解的方程, 记为 $\mathcal{E}_1$, 首先找到一个适当的, 更简单的, 有已知解的方程, 记为 $\mathcal{E}_0$, 然后构造当同伦参数 $q \in [0,1]$ 从 0 增加到 1 时, 初始方程 $\mathcal{E}_0$ 连续形变 (或变化) 到原始方程 $\mathcal{E}_1$ 的同伦 $\mathcal{E}(q) : \mathcal{E}_0 \sim \mathcal{E}_1$. 由这种方程的连续形变 (或变化) 定义的零阶形变方程是同伦分析方法的基础. 理论上, 给定一个至少有一个解的非线性方程 $\mathcal{E}_1$, 人们有极大的自由度以多种不同的方式构造这种零阶形变方程. 此外, 它与任何物理小 (大) 参数的存在无关: 即使给定的方程 $\mathcal{E}_1$ 不包含任何物理小 (大) 参数, 也可以构造这样的零阶形变方程. 本质上, 正是由于构造同伦方程的极大自由度, 使得同伦分析方法在求解强非线性问题时相当强大, 并且与其他传统的解析方法完全不同.

第一, 构造同伦方程, 即零阶形变方程, 与任何物理小 (大) 参数的存在无关. 因此, 与摄动方法不同, 即使给定的非线性问题不包含任何物理小 (大) 参数 (传统上称为摄动量), 同伦分析方法也可以发挥作用. 因此, 从理论上讲, 同伦分析方法的应用要比摄动方法广泛得多, 特别是对于那些具有强非线性的问题.

第二, 由于构造零阶形变方程的自由度, 可以引入所谓的收敛控制参数 c_0, 这为保证同伦级数的收敛提供了一种简便的方法. 也就是说, 通过适当选择非零辅助参数 c_0 的值, 可以控制同伦级数的收敛性, 并给出高精度的最优近似. 因此, 收敛控制是同伦分析方法的一个基本概念. 事实上, 正是所谓的收敛控制参数 c_0 使同伦分析方法不同于其他所有解析方法.

第三, 由于构造零阶形变方程的自由度, 我们有很大的自由来选择所谓的辅助线性算子 $\mathcal{L}$. 一般来说, 利用这种自由度, 我们可以通过选择更好的辅助线性算子来获得更好的近似. 例如, 基于这种自由度, 我们选择辅助线性算子 $\mathcal{L}(x) = x'' + x$ 来得到非线性振动方程 (2.32) 的所有可能物理参数的周期解, 甚至包括 $\lambda = 0$ 和 $\lambda < 0$. 需要注意的是, 当 $\lambda \leqslant 0$ 时, 辅助线性算子 $\mathcal{L}(x) = x'' + x$ 与原始非线性方程 (2.32) 的线性部分 $x'' + \lambda x$ 在性质上有很大的不同. 这种自由度如此之大, 以至于 §2.3.8 中, 即使是使用 4 阶辅助线性算子

$$\check{\mathcal{L}}(x) = x'''' - x$$

和 6 阶辅助线性算子

$$\check{\mathcal{L}}(x) = \frac{d^6 x}{d\tau^6} + x$$

也可以得到 2 阶非线性微分方程 (2.32) 的收敛同伦级数解. 这说明我们在选择

辅助线性算子 $\mathcal{L}$ 上确实有极大的自由.

第四, 由于构造零阶形变方程的自由度, 我们可以将一些未知常数 (如 (2.32) 中的 $\gamma = \omega^2$) 视为同伦参数 $q \in [0, 1]$ 的函数, 如 §2.3.2 所述. 这样, 就很容易避免所谓的长期项, 并得到周期解的精确近似.

第五, 由于构造零阶形变方程的自由度, 我们可以自由选择不同的初始近似. 基于这种自由度, 提出了 §2.3.6 中的最优初始近似方法和 §2.3.7 中的迭代方法, 这两种方法可以大大加快同伦级数的收敛速度. 在实际计算过程中, 对于强非线性问题, 强烈建议采用最优初始近似方法, 特别是迭代方法.

需要注意的是, 收敛控制是同伦分析方法的一个基本概念. 正如定理 2.3 所说明的那样, 非零辅助参数可以极大地改进无穷级数的收敛性. 在同伦分析方法的框架中, 这种辅助参数被自然地引入到非线性问题的近似中. 如果没有这种同伦级数收敛性的保证, 那么选择辅助线性算子和初始近似的自由就没有任何意义: 发散级数是无用的. 从本质上讲, 构造零阶形变方程的极大自由度是基于收敛控制参数 c_0 的收敛控制概念. 如本书后文所述, 可以引入更多此类未知的收敛控制参数以增强收敛控制的能力. 自从引入收敛控制参数 (以前称为 $\hbar$-参数) 以来, 它已经被广泛应用于求解非线性问题 [109, 114, 117, 136, 138, 139, 141].

解表达是同伦分析方法的另一个基本概念, 特别是对于具有周期解的非线性问题. 例如, 由于周期解表达 (2.28) 给出了 γ_n 的附加代数方程, 并且避免了长期项. 此外, 也正是由于周期解表达 (2.28), 使得 4 阶和 6 阶辅助线性算子的附加积分常数被强制为零, 所以 2 阶微分方程 (2.32) 可以由相当一般的辅助线性算子 (2.92) 求解. 如 §2.3.7 所述, 解表达的概念比避免长期项的概念具有更一般的含义, 这是因为它提供了更多的限制. 需要注意的是, 周期解表达 (2.28) 基于对非线性振动系统 (2.32) 的物理分析. 换句话说, 在解这个方程之前, 我们从物理的角度知道, 解在某些稳定平衡点附近是周期的, 但在其他点处是非周期的. 因此, 就像 "避免长期项" ① 的想法一样, 解表达 (2.28) 包含一些经验知识. 这对有扎实物理背景的应用数学家来说很容易, 但对纯数学家来说却很难. 然而, 对于任何给定的方程, 通过对其进行详细分析, 可以找到一些数学性质, 特别是一些渐近性质. 这些性质有助于确定未知解的一组适当的基函数. 因此, 这种性质越多越好. 幸运的是, 解通常可以用不同的基函数表示.

在本章中, 我们试图给出同伦分析方法框架中一些重要概念的一般而准确的定义. 这对于同伦分析方法的发展是必要的, 因为这些概念是同伦分析方法

① 当一个人谈到避免长期项时, 这意味着他或她必须知道未知解是周期的, 然后才能成功地解决它.

的基础. 值得注意的是, 当廖世俊 [119] 在 1997 年首次将符号 $\hbar$ 引入同伦分析方法时, 符号 $\hbar$ 用于表示零阶形变方程中相同的非零辅助参数. 此外, $\hbar$-曲线通常用于确定与收敛同伦级数解对应的辅助参数 $\hbar$ 的区间. 由于 $\hbar$ 在量子力学中具有非常特殊的含义, 我们建议将 $\hbar$ 替换为 c_0, 以避免可能出现的混淆. 此外, 由于该辅助参数 c_0 的本质是控制同伦级数的收敛性, 因此我们将其重命名为收敛控制参数. 由于构造同伦方程的极大自由度, 可以在零阶形变方程中引入更多的收敛控制参数, 如本书后文所示. 然而, c_0 是最重要的, 因此可以看作是一个基本的收敛控制参数. 2007 年, Yabushita, Yamashita 和 Tsuboi [141] 首次在同伦分析方法的框架中使用辅助参数的最优值, 该值由两个控制方程的平方残差的最小值确定. 这一思想具有一般意义, 因为无论是否存在封闭解析解, 我们都可以计算出控制方程的平方残差. 更重要的是, 平方残差与收敛控制参数 c_0 的关系曲线不仅给出了收敛控制参数 c_0 的有效区域, 而且给出了其最优值. 因此, 强烈建议在实际计算过程中使用由控制方程的平方残差的最小值确定的最优收敛控制参数 c_0^*. 对于许多非线性问题, 通过最优收敛控制参数 c_0 来获得足够精确的同伦近似就足够了. 然而, 对于一些具有强非线性的问题, 应该通过同伦–帕德方法或最优初始近似, 特别是利用同伦迭代方法加速同伦级数的收敛.

需要注意的是, 与摄动方法 [112, 115, 116, 133, 134, 135] 一样, 同伦分析方法可以给出一些非线性问题的精确度高但形式上却非常简单的近似解. 例如, $x(\tau)$ 的 1 阶同伦近似 (2.73), $x(\tau)$ 的 2 阶同伦近似 (2.74) 和 (2.75) 很简单但非常精确, 如图 2.10 所示. 此外, 周期为 T 的 2 阶同伦近似 (2.79) 非常简单, 但在整个区间 $0 < \varepsilon < +\infty$ 内与精确周期 $T = 7.4163/\sqrt{\varepsilon}$ 非常吻合, 如图 2.12 所示. 此外, $x(\tau)$ 的 [1,1] 阶同伦–帕德近似 (2.85) 非常简单但精确, 如图 2.17 所示. 特别是, 当 $\lambda = 0$ 时, $x(t)$ 的同伦近似 (2.88) 和其周期 T 的同伦近似 (2.89) 对于所有物理参数 $0 < \varepsilon < +\infty$ 和所有初始位置 $-\infty < x^* < +\infty$ 都非常简单但精确. 一般情况下, 通过最优收敛控制参数 c_0, 通常可以通过同伦分析方法在几项内获得足够精确的近似. 然而, 随着方程非线性的增强和问题复杂性的增加, 需要的项也越来越多. 实际上, 利用同伦分析方法和符号推导软件, 人们通常在数秒内就能得到高阶同伦近似. 然而, 这并不意味着同伦分析方法总是必须使用许多项: 这是对同伦分析方法很大的误解. 另一方面, 对于具有强非线性的复杂问题, 通常不可能通过几项得到足够精确的近似. 对于这些难题, 同伦分析方法更强大, 因为其本质上是计算机和互联网时代的一种方法.

总之, 同伦分析方法本质上基于构造同伦方程的极大自由度. 正是这种极大的自由, 结合越来越强大的符号推导软件, 使得同伦分析方法对于强非线性问题相当普遍和有效. 从本质上讲, 正是由于这种极大的自由, 同伦分析方法与其他传统解析方法有很大的不同.

致谢

在一次私下交流中, Pradeep Siddheshwar 博士 (印度班加罗尔大学) 建议我将 c_0 重命名为收敛控制参数, 该参数在我之前的文章 [119, 120, 121, 122, 123, 125, 126, 127, 128] 和我的书《超越摄动——同伦分析方法导论》[124] 中被称为辅助参数. 感谢林志良博士 (上海交通大学) 在绘制图 2.3 上的帮助.

问题

2.1　非线性动力系统的非周期解

利用同伦分析方法获得非线性微分方程

$$\ddot{x}(t)+\lambda\, x(t)+\varepsilon\, x^3(t)=0,\qquad x(0)=x^*,\ \ \dot{x}(0)=0$$

的非周期解, 其中 λ 和 ε 为物理常数, x^* 为起始位置.

2.2　非线性动力系统的周期解

利用同伦分析方法获得非线性微分方程

$$\ddot{x}(t)+\lambda\, x(t)+\varepsilon\, x^3(t)=0,\qquad x(0)=0,\ \ \dot{x}(0)=v_0$$

的周期解, 其中 $\lambda\in(-\infty,+\infty)$ 和 $\varepsilon\in(-\infty,+\infty)$ 为物理常数, v_0 为起始速度.

2.3　非线性动力系统的周期解与非周期解

利用同伦分析方法获得非线性微分方程

$$\ddot{x}(t)+\lambda\, x(t)+\varepsilon\, x^2(t)=0,\qquad x(0)=x^*,\ \ \dot{x}(0)=0$$

的周期解和非周期解, 其中 $\lambda\in(-\infty,+\infty)$ 和 $\varepsilon\in(-\infty,+\infty)$ 为物理常数, x^* 为起始位置.

参考文献

[109] Abbasbandy, S.: The application of the homotopy analysis method to nonlinear equations arising in heat transfer. Phys. Lett. A. **360**, 109–113 (2006).

[110] Abbasbandy, S.: The application of homotopy analysis method to solve a generalized Hirota - Satsuma coupled KdV equation. Phys. Lett. A. **361**, 478–483 (2007).

[111] Armstrong, M.A.: Basic Topology (Undergraduate Texts in Mathematics). Springer, New York (1983).

[112] Cole, J.D.: Perturbation Methods in Applied Mathematics. Blaisdell Publishing Company,Waltham (1992).

[113] Fitzpatrick, P.M.: Advanced Calculus. PWS Publishing Company, New York (1996).

[114] Hayat, T., Sajid, M.: On analytic solution for thin film flow of a fourth grade fluid down a vertical cylinder. Phys. Lett. A. **361**, 316–322 (2007).

[115] Hilton, P.J.: An Introduction to Homotopy Theory. Cambridge University Press, Cambridge (1953).

[116] Hinch, E.J.: Perturbation Methods. In series of Cambridge Texts in Applied Mathematics, Cambridge University Press, Cambridge (1991).

[117] Liang, S.X., Jeffrey, D.J.: Comparison of homotopy analysis method and homotopy perturbation method through an evalution equation. Commun. Nonlinear Sci. Numer. Simulat. **14**, 4057–4064 (2009).

[118] Liao, S.J.: The Proposed Homotopy Analysis Technique for the Solution of Nonlinear Problems. PhD dissertation, Shanghai Jiao Tong University (1992).

[119] Liao, S.J.: A kind of approximate solution technique which does not depend upon small parameters (II) -An application in fluid mechanics. Int. J. Nonlin. Mech. **32**, 815–822 (1997).

[120] Liao, S.J.: An explicit, totally analytic approximation of Blasius viscous flow problems. Int. J. Nonlin. Mech. **34**, 759–778 (1999a).

[121] Liao, S.J.: A uniformly valid analytic solution of 2D viscous flow past a semi-infinite flat plate. J. Fluid Mech. **385**, 101–128 (1999b).

[122] Liao, S.J., Campo, A.: Analytic solutions of the temperature distribution in Blasius viscous flow problems. J. Fluid Mech. **453**, 411–425 (2002).

[123] Liao, S.J.: On the analytic solution of magnetohydrodynamic flows of non-Newtonian fluids over a stretching sheet. J. Fluid Mech. **488**, 189–212 (2003a).

[124] Liao, S.J.: Beyond Perturbation -Introduction to the Homotopy Analysis Method. Chapman & Hall/ CRC Press, Boca Raton (2003b).

[125] Liao, S.J.: On the homotopy analysis method for nonlinear problems. Appl. Math. Comput. **147**, 499–513 (2004).

[126] Liao, S.J.: A new branch of solutions of boundary-layer flows over an impermeable stretched plate. Int. J. Heat Mass Tran. **48**, 2529–2539 (2005).

[127] Liao, S.J.: Series solutions of unsteady boundary-layer flows over a stretching flat plate. Stud. Appl. Math. **117**, 2529–2539 (2006).

[128] Liao, S.J.: Notes on the homotopy analysis method -Some definitions and theorems. Commun. Nonlinear Sci. Numer. Simulat. **14**, 983–997 (2009).

[129] Liao, S.J.: On the relationship between the homotopy analysis method and Euler transform. Commun. Nonlinear Sci. Numer. Simulat. **15**, 1421–1431 (2010a).

[130] Liao, S.J.: An optimal homotopy-analysis approach for strongly nonlinear differential equations. Commun. Nonlinear Sci. Numer. Simulat. **15**, 2003–2016 (2010b).

[131] Liao, S.J., Tan, Y.: A general approach to obtain series solutions of nonlinear differential equations. Stud. Appl. Math. **119**, 297–355 (2007).

[132] Marinca, V., Herişanu, N.: Application of optimal homotopy asymptotic method for solving nonlinear equations arising in heat transfer. Int. Commun. Heat Mass. **35**, 710–715 (2008).

[133] Murdock, J.A.: Perturbations: - Theory and Methods. John Wiley & Sons, New York (1991).

[134] Nayfeh, A.H.: Perturbation Methods. John Wiley & Sons, New York (1973).

[135] Nayfeh, A.H.: Perturbation Methods. John Wiley & Sons, New York (2000).

[136] Niu, Z., Wang, C.: A one-step optimal homotopy analysis method for nonlinear differential equations. Commun. Nonlinear Sci. Numer. Simulat. **15**, 2026–2036 (2010).

[137] Sen, S.: Topology and Geometry for Physicists. Academic Press, Florida (1983).

[138] Van Gorder, R.A., Vajravelu, K.: Analytic and numerical solutions to the Lane-Emden equation. Phys. Lett. A. **372**, 6060–6065 (2008).

[139] Wu, Y.Y., Cheung, K.F.: Homotopy solution for nonlinear differential equations in wave propagation problems.Wave Motion. **46**, 1–14 (2009).

[140] Xu, H., Lin, Z.L., Liao, S.J., Wu, J.Z., Majdalani, J.: Homotopy-based solutions of the Navier-Stokes equations for a porous channel with orthogonally moving walls. Physics of Fluids. **22**, 053601 (2010). doi:10.1063/1.3392770.

[141] Yabushita, K., Yamashita, M., Tsuboi, K.: An analytic solution of projectile motion with the quadratic resistance law using the homotopy analysis method. J. Phys. A - Math. Theor. **40**, 8403–8416 (2007).

附录 2.1 公式 (2.57) 中 δ_n 的推导

公式 (2.57) 中的 δ_n 定义为

$$\delta_n = \mathcal{D}_n \left[\tilde{\gamma}(q)\, \tilde{x}''(\tau;q) + \lambda\, \tilde{x}(\tau;q) + \varepsilon\, \tilde{x}^3(\tau;q)\right].$$

根据定义 (2.50), 有

$$\mathcal{D}_n \left[\tilde{\gamma}(q)\, \tilde{x}''(\tau;q)\right]$$

$$
\begin{aligned}
&= \frac{1}{n!}\left\{\frac{\partial^n}{\partial q^n}\left[\tilde{\gamma}(q)\,\tilde{x}''(\tau;q)\right]\right\}\bigg|_{q=0}\\
&= \frac{1}{n!}\left[\sum_{k=0}^{n}\binom{n}{k}\frac{d^k\,\tilde{\gamma}(q)}{dq^k}\frac{\partial^{n-k}\,\tilde{x}''(\tau;q)}{\partial q^{n-k}}\right]\bigg|_{q=0}\\
&= \left\{\sum_{k=0}^{n}\left[\frac{1}{k!}\frac{d^k\tilde{\gamma}(q)}{dq^k}\right]\left[\frac{1}{(n-k)!}\frac{\partial^{n-k}\,\tilde{x}''(\tau;q)}{\partial q^{n-k}}\right]\right\}\bigg|_{q=0}\\
&= \sum_{k=0}^{n}\left[\frac{1}{k!}\frac{d^k\tilde{\gamma}(q)}{dq^k}\right]\bigg|_{q=0}\frac{\partial^2}{\partial\tau^2}\left\{\left[\frac{1}{(n-k)!}\frac{\partial^{n-k}\,\tilde{x}(\tau;q)}{\partial q^{n-k}}\right]\bigg|_{q=0}\right\}\\
&= \sum_{k=0}^{n}\gamma_k\,x''_{n-k}(\tau).
\end{aligned}
$$

类似地, 根据定义 (2.50), 有

$$
\mathcal{D}_n\left[\lambda\,\tilde{x}(\tau;q)\right] = \frac{1}{n!}\left\{\frac{\partial^n}{\partial q^n}\left[\lambda\,\tilde{x}(\tau;q)\right]\right\}\bigg|_{q=0} = \lambda\,x_n(\tau)
$$

和

$$
\begin{aligned}
&\mathcal{D}_n\left[\varepsilon\,\tilde{x}^3(\tau;q)\right]\\
&= \frac{1}{n!}\left\{\frac{\partial^n}{\partial q^n}\left[\varepsilon\,\tilde{x}^3(\tau;q)\right]\right\}\bigg|_{q=0}\\
&= \frac{\varepsilon}{n!}\left\{\sum_{k=0}^{n}\binom{n}{k}\frac{\partial^{n-k}\,\tilde{x}(\tau;q)}{\partial q^{n-k}}\frac{\partial^k\left[\tilde{x}^2(\tau;q)\right]}{\partial q^k}\right\}\bigg|_{q=0}\\
&= \varepsilon\left[\sum_{k=0}^{n}\frac{1}{k!(n-k)!}\frac{\partial^{n-k}\,\tilde{x}(\tau;q)}{\partial q^{n-k}}\sum_{j=0}^{k}\binom{k}{j}\frac{\partial^{k-j}\,\tilde{x}(\tau;q)}{\partial q^{k-j}}\frac{\partial^{j}\,\tilde{x}(\tau;q)}{\partial q^{j}}\right]\bigg|_{q=0}\\
&= \varepsilon\sum_{k=0}^{n}\left[\frac{1}{(n-k)!}\frac{\partial^{n-k}\,\tilde{x}(\tau;q)}{\partial q^{n-k}}\bigg|_{q=0}\right]\\
&\qquad\cdot\sum_{j=0}^{k}\left[\frac{1}{(k-j)!}\frac{\partial^{k-j}\,\tilde{x}(\tau;q)}{\partial q^{k-j}}\bigg|_{q=0}\right]\left[\frac{1}{j!}\frac{\partial^{j}\,\tilde{x}(\tau;q)}{\partial q^{j}}\bigg|_{q=0}\right]\\
&= \varepsilon\sum_{k=0}^{n}x_{n-k}(\tau)\sum_{j=0}^{k}x_{k-j}(\tau)\,x_j(\tau).
\end{aligned}
$$

将上述表达式代入 δ_n 的定义, 得到

$$
\delta_n = \sum_{k=0}^{n}\gamma_k\,x''_{n-k}(\tau) + \lambda\,x_n(\tau) + \varepsilon\sum_{k=0}^{n}x_{n-k}(\tau)\sum_{j=0}^{k}x_{k-j}(\tau)\,x_j(\tau). \tag{2.99}
$$

需要注意的是, 直接使用第四章中证明的相关定理, 可以得到相同的结果.

附录 2.2 通过第二种方法推导 (2.55)

正如 Hayat 和 Sajid [114] 所指出的那样, 将同伦 – Maclaurin 级数 (2.48) 和 (2.49) 直接代入零阶形变方程 (2.42) 和 (2.43), 并将 q 的相同次幂系数取等式, 可以得到与 (2.55) 和 (2.56) 完全相同的方程.

利用同伦 – Maclaurin 级数 (2.48), 我们有

$$
\begin{aligned}
&(1-q)\mathcal{L}\left[\tilde{x}(\tau;q)-x_0(\tau)\right]\\
&=(1-q)\mathcal{L}\left[\sum_{k=0}^{+\infty} x_k(\tau)\, q^k - x_0(\tau)\right]\\
&=(1-q)\mathcal{L}\left[\sum_{k=1}^{+\infty} x_k(\tau)\, q^k\right]\\
&=\sum_{k=1}^{+\infty}\mathcal{L}\left[x_k(\tau)\right] q^k-\sum_{k=1}^{+\infty}\mathcal{L}\left[x_k(\tau)\right] q^{k+1}\\
&=\sum_{k=1}^{+\infty}\mathcal{L}\left[x_k(\tau)\right] q^k-\sum_{k=2}^{+\infty}\mathcal{L}\left[x_{k-1}(\tau)\right] q^{k}\\
&=\mathcal{L}[x_1(\tau)]\, q+\sum_{k=2}^{+\infty}\mathcal{L}\left[x_k(\tau)-x_{k-1}(\tau)\right] q^k\\
&=\sum_{n=1}^{+\infty}\mathcal{L}\left[x_n(\tau)-\chi_n\, x_{n-1}(\tau)\right] q^n,
\end{aligned}
\tag{2.100}
$$

其中 χ_n 由 (2.58) 定义.

将同伦 – Maclaurin 级数 (2.48) 和 (2.49) 代入定义 (2.35), 我们有

$$
\begin{aligned}
&\tilde{\gamma}(q)\,\tilde{x}''(\tau;q)+\lambda\,\tilde{x}(\tau;q)+\varepsilon\,\tilde{x}^3(\tau;q)\\
&=\left(\sum_{i=0}^{+\infty}\gamma_i\, q^i\right)\left[\sum_{j=0}^{+\infty} x_j''(\tau)\, q^j\right]+\lambda\sum_{n=0}^{+\infty} x_n(\tau)\, q^n\\
&\quad+\varepsilon\left[\sum_{i=0}^{+\infty} x_i(\tau)\, q^i\right]\left[\sum_{j=0}^{+\infty} x_j(\tau)\, q^j\right]\left[\sum_{l=0}^{+\infty} x_l(\tau)\, q^l\right]\\
&=\sum_{n=0}^{+\infty}\left[\sum_{k=0}^{n}\gamma_k\, x_{n-k}''(\tau)\right] q^n+\lambda\sum_{n=0}^{+\infty} x_n(\tau)\, q^n
\end{aligned}
$$

$$
\begin{aligned}
&+\varepsilon \sum_{n=0}^{+\infty}\left[\sum_{k=0}^{n} x_{n-k}(\tau) \sum_{j=0}^{k} x_j(\tau)\, x_{k-j}(\tau)\right] q^n \\
=&\sum_{n=0}^{+\infty}\left[\sum_{k=0}^{n} \gamma_k\, x''_{n-k}(\tau)+\lambda\, x_n(\tau)+\varepsilon \sum_{k=0}^{n} x_{n-k}(\tau) \sum_{j=0}^{k} x_{k-j}(\tau)\, x_j(\tau)\right] q^n .
\end{aligned}
$$

根据 (2.57), 上述表达式为

$$
\tilde{\gamma}(q)\, \tilde{x}''(\tau;q)+\lambda\, \tilde{x}(\tau;q)+\varepsilon\, \tilde{x}^3(\tau;q)=\sum_{n=0}^{+\infty} \delta_n(X_n,\Gamma_n)\, q^n . \tag{2.101}
$$

将 (2.100) 和 (2.101) 代入零阶形变方程 (2.42), 得到

$$
\sum_{n=1}^{+\infty} \mathcal{L}\left[x_n(\tau)-\chi_n\, x_{n-1}(\tau)\right] q^n=c_0 \sum_{n=0}^{+\infty} \delta_n(X_n,\Gamma_n)\, q^{n+1} .
$$

将上述方程中 q 的相同次幂系数取等式, 得到

$$
x_n(\tau)-\chi_n\, x_{n-1}(\tau)=c_0\, \delta_{n-1}(X_{n-1},\Gamma_{n-1}),
$$

这与高阶形变方程 (2.55) 完全相同.

此外, 将同伦 – Maclaurin 级数 (2.48) 代入初始条件 $\tilde{x}(0;q)=1$ 和 $\tilde{x}'(0;q)=0$, 将 q 的相同次幂系数取等式, 得到

$$
x_k(0)=0,\quad x_k'(0)=0, \qquad k=1,2,3,\cdots,
$$

这与初始条件 (2.56) 完全相同.

因此, 无论是否将同伦参数 q 视为小参数, 都应该从相同的零阶形变方程得到相同的高阶形变方程, 正如 Hayat 和 Sajid [114] 所证明的那样. 因为根据微积分基本定理 [113], 实函数的泰勒级数是唯一的, 这很容易理解.

附录 2.3　定理 2.3 的证明

证明　定义

$$
\xi=1+c_0+c_0\, z,
$$

由于 $c_0 \neq 0$, 所以有

$$
\frac{1}{1+z}=-\frac{c_0}{1-\xi}.
$$

令 $|\xi| = |1 + c_0 + c_0\, z| < 1$, 由牛顿二项式定理有

$$\frac{1}{1+z} = -\frac{c_0}{1-\xi} = -c_0\,\left(1 + \xi + \xi^2 + \xi^3 + \cdots\right) = -c_0 \sum_{n=0}^{+\infty} (1 + c_0 + c_0\, z)^n.$$

换句话说, 有

$$\frac{1}{1+z} = \lim_{m\to+\infty}\left[-c_0\,\sum_{n=0}^{m}(1 + c_0 + c_0\, z)^n\right], \qquad |1 + c_0 + c_0\, z| < 1.$$

对于实数 $z \in (-\infty, +\infty)$ 和 $c_0 \neq 0$, 有

$$\begin{aligned}
& -c_0 \sum_{n=0}^{m} (1 + c_0 + c_0\, z)^n \\
= & -c_0 \sum_{n=0}^{m}\sum_{k=0}^{n} \binom{n}{k} (1 + c_0)^{n-k}\, (c_0\, z)^k \\
= & -c_0 \sum_{k=0}^{m}\sum_{n=k}^{m} \binom{n}{k} (1 + c_0)^{n-k}\, c_0^k\, z^k \\
= & \sum_{k=0}^{m}(-1)^k\, z^k(-c_0)^{k+1} \sum_{i=0}^{m-k} \binom{k+i}{k} (1 + c_0)^i \\
= & \sum_{k=0}^{m}(-z)^k \left[(-c_0)^{k+1} \sum_{i=0}^{m-k} \binom{k+i}{i} (1 + c_0)^i\right] \\
= & \sum_{n=0}^{m}(-z)^n \left[(-c_0)^{n+1} \sum_{i=0}^{m-n} \binom{n+i}{i} (1 + c_0)^i\right] \\
= & \sum_{n=0}^{m} \left[\mu_0^{m+1,n+1}(c_0)\right]\, (-z)^n,
\end{aligned}$$

其中

$$\mu_0^{m,n}(c_0) = (-c_0)^n \sum_{i=0}^{m-n} \binom{n-1+i}{i}\, (1 + c_0)^i.$$

此外, 由 $|1 + c_0 + c_0\, z| < 1$ 有

$$-1 < 1 + c_0 + c_0\, z < 1,$$

即

$$-2 - c_0 < c_0\, z < -c_0,$$

这会导致

$$-1 < z < \frac{2}{|c_0|} - 1, \quad c_0 < 0$$

或

$$-\frac{2}{c_0} - 1 < z < -1, \quad c_0 > 0.$$

因此,

$$\frac{1}{1+z} = \lim_{m\to+\infty} \sum_{n=0}^{m} \mu_0^{m+1,n+1}(c_0)(-z)^n$$

在区间

$$-1 < z < \frac{2}{|c_0|} - 1, \quad c_0 < 0$$

或

$$-\frac{2}{c_0} - 1 < z < -1, \quad c_0 > 0$$

内成立.

附录 2.4 例 2.2 的 Mathematica 程序 (无迭代)

非线性振动方程

$$x'' + \lambda x + \varepsilon x^3 = 0, \quad x(0) = x^*, x'(0) = 0$$

的周期解通过无迭代的同伦分析方法求解, 其中 λ 和 ε 为物理参数, x^* 为振动的起始位置.

使 用 指 南

输入数据:

`lambda`:	物理参数 λ;
`epsilon`:	物理参数 ε;
`xstart`:	起始位置 $x^* = x(0)$;
`c0`:	收敛控制参数 c_0;
`KAPPA`:	辅助线性算子 (2.92) 的 κ 值.

控制参数:

`xOptimal`:	当 `xOptimal = 1` 时, 采用最优初始近似.

计算结果:

X[k]:	$x(\tau)$ 的 k 阶同伦近似;
u[k]:	$x(t)$ 的 k 阶同伦近似;
GAMMA[k]:	γ 的 k 阶同伦近似;
Err[k]:	由 (2.72) 定义的平方残差 E_k.

主要代码:

ham[1,11]:	首先, 获得 1 阶至 11 阶同伦近似;
ham[12,35]:	其次, 获得 12 阶至 35 阶同伦近似;
GetErr[k]:	获得由 (2.72) 定义的平方残差 E_k.

例 2.2 的 Mathematica 程序 (无迭代)

廖世俊编写
上海交通大学
2010 年 6 月

```
<<Calculus"Pade";
<<Graphics"Graphics";

(*************************************************************)
(* Define physical and control parameters                   *)
(*************************************************************)
KAPPA    =      1;
lambda   =      -9/4;
epsilon  =      1;
c0       =      -17/100;
xstart   =      1;

(*************************************************************)
(* Using optimal initial approximation when xOptimal  =  1   *)
(*************************************************************)
xOptimal =      0;
If[epsilon > 0 && lambda >= 0, beta = 0];
If[epsilon > 0 && lambda <  0 && xstart > 0,
                  beta = N[Sqrt[Abs[lambda/epsilon]],100]];
```

```
If[epsilon > 0 && lambda <  0 && xstart < 0,
                  beta =-N[Sqrt[Abs[lambda/epsilon]],100]];
If[epsilon < 0 && lambda >= 0 &&
     Abs[xstart] < Sqrt[Abs[lambda/epsilon]], beta = 0];
If[!NumberQ[beta//N],Print[" There is no periodic solution
                                   for these input data !"]];
If[xOptimal == 1, beta  =  . ];

(***************************************************************)
(* Define initial guess                                        *)
(***************************************************************)
x[0] = beta + (xstart - beta)*Cos[t];
X[0] = x[0];
u[0] = X[0]  /. t->Sqrt[GAMMA[0]]*t ;

(***************************************************************)
(* Define the function chi[k]                                  *)
(***************************************************************)
chi[k_] := If[ k <= 1, 0, 1 ];

(***************************************************************)
(* Define inverse operator of auxiliary linear operator L      *)
(***************************************************************)
Linv[Cos[m_*t]] := (-1)^(KAPPA+1)*Cos[m*t]/(1-m^(2*KAPPA));


(***************************************************************)
(* The linear property of the inverse operator Linv            *)
(*      Linv[f_+g_]  := Linv[f]+Linv[g];                       *)
(***************************************************************)
Linv[p_Plus]  := Map[Linv,p];
Linv[c_*f_]   := c*Linv[f] /; FreeQ[c,t];
Linv[c_]      := (-1)^(KAPPA+1)*c /; FreeQ[c,t];

(***************************************************************)
(* Define GetDelta[k]                                          *)
(*  Calculate the right-hand side term delta[k]                *)
(***************************************************************)
GetDelta[k_]:=Module[{temp},
```

```
temp[1] = xttgamma[k]//TrigReduce;
temp[2] = xxx[k]//TrigReduce;
temp[3] = temp[1] + lambda*x[k] + epsilon * temp[2];
Delta[k]= Expand[temp[3]];
];

(***************************************************************)
(* Define GetxAll                                              *)
(***************************************************************)
GetxAll[k_]:=Module[{temp},
xtt[k] = Expand[D[x[k],{t,2}]];
temp   = Sum[x[j]*x[k-j],{j,0,k}]//Expand;
xx[k]  = TrigReduce[temp];
temp   = Sum[x[j]*xx[k-j],{j,0,k}]//Expand;
xxx[k] = TrigReduce[temp];
xttgamma[k] = Sum[gamma[j]*xtt[k-j],{j,0,k}]//Expand;
];

(***************************************************************)
(* Define Getgamma                                             *)
(***************************************************************)
Getgamma[k_]:=Module[{temp,eq},
temp[1] = Delta[k]//TrigReduce;
temp[2] = Expand[temp[1]];
eq      = Coefficient[temp[2],Cos[t]];
temp[3] = Solve[eq == 0, gamma[k]];
gamma[k]  = temp[3][[1,1,2]];
];

(***************************************************************)
(* Define Getx                                                 *)
(*     Get solution of high-order deformation equation         *)
(***************************************************************)
Getx[k_] := Module[{temp},
temp[1]  =  xSpecial + chi[k]*x[k-1];
temp[2]  =  temp[1] /. t->0;
x[k]     =  temp[1] - temp[2]*Cos[t];
];
```

```
(**************************************************************)
(* Define GetErr                                             *)
(*    Gain squared residual of governing equation            *)
(**************************************************************)
GetErr[k_]:=Module[{temp,Xtt,error,delt,tt,Npoint,sum,i},
Xtt = D[X[k],{t,2}];
error  = GAMMA[k]*Xtt + lambda * X[k] + epsilon * X[k]^3;
Npoint = 50;
sum    = 0;
delt   = N[2*Pi/Npoint,24];
For[ i = 0, i <= Npoint, i=i+1,
     tt = i*delt;
     temp = error/.t -> tt //Expand;
     sum  = sum + temp^2   //Expand;
   ];
Err[k]   = sum/(Npoint+1)
];

(**************************************************************)
(*                         Main Code                          *)
(**************************************************************)
ham[m0_,m1_]:=Module[{temp,k,j,zz},
For[k=Max[1,m0], k<=m1, k=k+1,
     Print[" k  =  ",k];
     GetxAll[k-1];
     GetDelta[k-1];
     RHS[k] = c0*Delta[k-1]//Expand;
     Getgamma[k-1];
     GAMMA[k-1] = Expand[Sum[gamma[j],{j,0,k-1}]];
     T[k-1]      = 2*Pi/Sqrt[GAMMA[k-1]];
     If[NumberQ[GAMMA[k-1]],
          Print[k-1,"th approx. of gamma = ",N[GAMMA[k-1],10],
                 "  variation =  ",gamma[k-1]//N ];
          Print[k-1,"th approx. of    T    = ",N[T[k-1],10] ];
        ];
     If[k == 1 && xOptimal == 1,
        GetErr[0];
```

```
        If[ xstart > 0,
            temp = Minimize[{Err[0], beta > xstart},beta] ];
        If[ xstart < 0,
            temp = Minimize[{Err[0], beta < xstart},beta] ];
           zz = beta/.temp[[2]];
        beta = N[IntegerPart[zz*10000]/10000,100];
        Print[" Optimal initial approx. is used with beta = ",
                beta//N];
        ];
     temp = RHS[k]/.Cos[t]->0//Expand;
     xSpecial = Linv[temp];
     Getx[k];
     X[k] = X[k-1] + x[k]//Expand;
     u[k] = X[k] /. t-> Sqrt[GAMMA[k-1]]*t;
   ];
Print["Successful !"];
];

(*****************************************************************)
(* Print physical and contyrol parameters                        *)
(*****************************************************************)
Print["    lambda       = ",lambda];
Print["    epsilon      = ",epsilon];
Print["      x*         = ",xstart];
Print["    beta         = ",beta];
Print["      c0         = ",c0];
Print["    KAPPA        = ",KAPPA];
Print["    xOptimal     = ",xOptimal];

(* Gain 10th-order homotopy-approximation *)
ham[1,10];
```

附录 2.5 例 2.2 的 Mathematica 程序 (迭代)

非线性振动方程

$$x'' + \lambda x + \varepsilon x^3 = 0, \quad x(0) = x^*, x'(0) = 0$$

的周期解通过迭代的同伦分析方法求解, 其中 λ 和 ε 为物理参数, x^* 为振动的起始位置.

使 用 指 南

输入数据:

`lambda`:	物理参数 λ;
`epsilon`:	物理参数 ε;
`xstart`:	起始位置 $x^* = x(0)$.

控制参数:

`IterOrder`:	M 的值, 迭代公式 (2.90) 的阶数;
`Nterms`:	截断表达式 (2.91) 中 N 的取值.

计算结果:

`X[k]`:	第 k 次迭代得到的 $x(\tau)$;
`u[k]`	第 k 次迭代得到的 $x(t)$;
`GAMMA[k]`:	第 k 次迭代得到的 γ;
`Err[k]`:	第 k 次迭代的平方残差.

主要代码:

`ham[1,11]`:	首先, 获得第 1 至 11 次迭代近似;
`ham[12,21]`:	其次, 获得第 12 至 21 次迭代近似;
`GetErr[k]`:	获得第 k 次迭代近似的平方残差.

例 2.2 的 Mathematica 程序 (迭代)

廖世俊编写

上海交通大学

2010 年 6 月

```
<<Calculus"Pade";
<<Graphics"Graphics";
```

```
(**************************************************************)
(* Physical and control parameters                            *)
(**************************************************************)
lambda   =        0;
epsilon  =        1;
xstart   =        1;
If[NumberQ[c0],c0 = N[c0,100]];

(**************************************************************)
(* Control parameters for iteration approach                  *)
(**************************************************************)
IterOrder =     3;
Nterms    =     21;

(**************************************************************)
(* Define initial approximation                               *)
(**************************************************************)
If[epsilon > 0 && lambda >= 0, beta = 0];
If[epsilon > 0 && lambda <  0 && xstart > 0,
   beta = N[Sqrt[Abs[lambda/epsilon]],100]];
If[epsilon > 0 && lambda <  0 && xstart < 0,
   beta =-N[Sqrt[Abs[lambda/epsilon]],100]];
If[epsilon < 0 && lambda >= 0 &&
   Abs[xstart] < Sqrt[Abs[lambda/epsilon]], beta = 0];
If[!NumberQ[beta//N],
   Print[" No periodic solution for the input data !"]];
x[0] = beta + (xstart - beta)*Cos[t];
X[0] = x[0];
u[0] = X[0]  /. t->Sqrt[GAMMA[0]]*t ;

(**************************************************************)
(* Define the function chi[k]                                 *)
(**************************************************************)
chi[k_] := If[ k <= 1, 0, 1 ];

(**************************************************************)
(* Define inverse operator of auxiliary linear operator       *)
(**************************************************************)
Linv[Cos[m_*t]] := Cos[m*t]/(1-m^2);
```

```
(*************************************************************)
(* The linear property of the inverse operator Linv          *)
(*           Linv[f_+g_]  := Linv[f]+Linv[g];                *)
(*************************************************************)
Linv[p_Plus]  := Map[Linv,p];
Linv[c_*f_]   := c*Linv[f]   /;   FreeQ[c,t];
Linv[c_]      := c   /;   FreeQ[c,t];

(*************************************************************)
(* Define GetDelta[k]                                        *)
(*************************************************************)
GetDelta[k_]:=Module[{temp,n},
temp[1]  = xttgamma[k]//TrigReduce;
temp[2]  = xxx[k]//TrigReduce;
temp[3]  = temp[1] + lambda*x[k] + epsilon * temp[2];
Delta[k] = temp[3]//Expand;
];

(*************************************************************)
(* Define GetxAll                                            *)
(*************************************************************)
GetxAll[k_]:=Module[{temp},
xtt[k] = Expand[D[x[k],{t,2}]];
temp   = Sum[x[j]*x[k-j],{j,0,k}]//Expand;
xx[k]  = TrigReduce[temp];
temp   = Sum[x[j]*xx[k-j],{j,0,k}]//Expand;
xxx[k] = TrigReduce[temp];
xttgamma[k] = Sum[gamma[j]*xtt[k-j],{j,0,k}]//Expand;
];

(*************************************************************)
(* Define Getgamma                                           *)
(*************************************************************)
Getgamma[k_]:=Module[{temp,eq},
temp[1]  = Delta[k]//TrigReduce;
temp[2]  = Expand[temp[1]];
eq       = Coefficient[temp[2],Cos[t]];
```

```
temp[3]  = Solve[eq == 0, gamma[k]];
gamma[k] = temp[3][[1,1,2]];
];

(***************************************************************)
(* Define Getx                                                 *)
(*    Get solution of high-order deformation equation          *)
(***************************************************************)
Getx[k_]:=Module[{temp},
temp[1]  =  xSpecial + chi[k]*x[k-1];
temp[2]  =  temp[1] /. t->0;
x[k]     =  temp[1] - temp[2]*Cos[t];
];




(***************************************************************)
(* Define GetErr                                               *)
(*      Get squared residual  of governing equation            *)
(***************************************************************)
GetErr[iter_] := Module[{temp,Xtt,error,delt, t,Npoint,sum,i},
Xtt = D[X[iter],{t,2}];
error  = GAMMA[iter]*Xtt+lambda*X[iter]+epsilon*X[iter]^3;
Npoint = 50;
sum    = 0;
delt   = N[2*Pi/Npoint,100];
For[ i = 0, i <= Npoint, i=i+1,
     tt = i*delt;
     temp = error/.t -> tt //Expand;
     sum  = sum + temp^2   //Expand;
   ];
Err[iter]  = sum/(Npoint+1);
];

(***************************************************************)
(* Define Truncation                                           *)
(*      This module neglects high-order terms                  *)
(***************************************************************)
```

```
Truncation[k_,Nterms_] := Module[{temp,coef,i,j},
temp[1] = RHS[k]  //TrigReduce;
temp[2] = temp[1] //Expand;
coef[0] = temp[2] /. Cos[_] -> 0;
For[i = 2, i <= Nterms, i = i + 1,
    coef[i] = Coefficient[temp[2],Cos[i*t]];
    ];
temp[3] = coef[0] + Sum[coef[j]*Cos[j*t],{j,2,Nterms}];
RHS[k]  = temp[3]//Expand;
];

(**************************************************************)
(*                          Main Code                          *)
(**************************************************************)
ham[m0_,m1_]:=Module[{temp,k,j,zz},
For[iter = Max[1,m0], iter <= m1, iter = iter + 1,
    For[k = 1, k <= IterOrder, k = k+1,
        If[k == 1, Clear[gamma]];
        GetxAll[k-1];
        GetDelta[k-1];
        RHS[k] = c0*Delta[k-1]//Expand;
        Getgamma[k-1];
        Truncation[k, Nterms];
        xSpecial = Linv[RHS[k]];
        Getx[k];
        ];
    X[iter]      = Sum[x[i],{i,0,IterOrder}];
    GAMMA[iter] = Expand[Sum[gamma[j],{j,0,IterOrder-1}]];
    variation    = GAMMA[iter]-chi[iter]*GAMMA[iter-1]//N;
    T[iter]      = 2*Pi/Sqrt[GAMMA[iter]];
    u[iter]      = X[IterOrder] /. t-> Sqrt[GAMMA[iter]]*t;
    GetErr[iter];
    If[ iter == 1 ,
        c0 = .;
        temp = Minimize[{Err[1],c0 < 0}, c0];
        zz   = c0/.temp[[2]];
        c0   = N[IntegerPart[zz*10000]/10000,100];
        Print["The optimal value of c0 =  ",c0//N];
       ];
```

```
    Print[ iter, "th iteration:  error = ", Err[iter]//N];
    Print[ "      gamma = ",N[GAMMA[iter],24],
          "    variation = ",variation];
    If[ Err[iter] < 10^(-30)  || Abs[variation] < 10^(-30),
       Print[" Desired accuracy is arrived: iteration stops!"];
       Goto[end];
       ];
    x[0] = X[iter];
    Clear[gamma];
    ];
Label[end];
Print["  Successful ! "];
];

(**************************************************************)
(* Print physical and control parameters                      *)
(**************************************************************)
Print["    lambda      = ",lambda];
Print["    epsilon     = ",epsilon];
Print["      x*        = ",xstart];
Print["-----------------------------------------------------"];
Print[" Oder of iteration formula    = ",IterOrder];
Print[" N, the number of terms in delta = ",Nterms];

(* Gain 10th homotopy-iteration approximation *)
ham[1,10];
```

第三章　最优同伦分析方法

摘要

本章描述并比较了同伦分析方法 (HAM) 的不同最优方法. 我们提出了一个广义的最优同伦分析方法, 它在逻辑上包含只有一个收敛控制参数的基本最优同伦分析方法和具有无穷多个参数的最优同伦分析方法. 结果表明, 由最优同伦分析方法给出的近似一般会快速收敛. 特别地, 基本最优同伦分析方法大多给出了足够好的近似. 因此, 强烈建议在实际应用中采用具有几个收敛控制参数的最优同伦分析方法.

3.1　绪论

非线性方程比线性方程更难求解, 特别是用解析方法求解. 一般来说, 一个令人满意的非线性方程解析方法有如下两个标准:

(a) 它总能有效地提供解析近似解.

(b) 它可以确保解析近似解对于所有物理参数都足够精确.

以上述两个标准为准则, 我们将比较非线性问题的不同解析方法.

摄动方法 [168, 150, 179, 173, 154, 174] 在科学和工程领域得到了广泛的应用, 其基于控制方程或初始 (边界) 条件中的物理小 (大) 参数 (称为摄动量). 一般来说, 摄动近似由一系列摄动量表示, 非线性方程由无穷多个线性 (有时甚至是非线性) 子问题替代, 这些子问题完全由原始控制方程的类型决定, 特别是由摄动量出现的位置决定. 摄动方法简单且易于理解. 特别是, 基于物理小参数, 摄动近似通常具有明确的物理意义. 不幸的是, 并非每个非线性问题都存在这样的摄动量. 此外, 即使存在这样的物理小参数, 相关的子问题也可能没有解, 或者可能非常复杂, 只有几个子问题可以解决. 因此, 对于给定的非线性问题, 无法保证总能获得摄动近似解. 更重要的是, 众所周知, 大多数摄动近似仅对物理小参数有效, 所以无法保证摄动结果在所有物理参数的整个区域内都有效. 因此, 摄动方法不仅不满足上述标准 (a), 而且也不满足标准 (b).

为了克服摄动方法的局限性, 学者们提出了一些传统的非摄动方法, 如 Lyapunov 人工小参数法 [169]、δ 展开法 [153, 147] 和 Adomian 分解法 [142, 145, 149, 143, 144, 177] 等. 原则上, 这些方法均基于所谓的人工参数, 并且近似解被展开成此类人工参数的级数. 人工小参数通常以这样的方式使用, 即人们总是可以获得给定非线性方程的近似解. 与摄动方法相比, 这确实是一个很大的进步. 然而, 在理论上, 人们可以采用很多不同的方式来放置人工小参数, 但不幸的是, 没有理论指导我们如何将其放置在更好的位置, 以获得更好的近似解. 例如, Adomian 分解法在大多数情况下仅使用线性算子 d^k/dx^k, 其中 k 是控制方程导数的最高阶数, 因此通过对 x 积分 k 次就很容易得到相应子问题的解. 然而, 这种简单的线性算子用幂级数给出近似, 但是幂级数的收敛半径通常是有限的. 因此, Adomian 分解法无法保证其近似级数的收敛性. 一般来说, 所有传统的非摄动方法, 均无法保证近似级数的收敛性. 因此, 这些传统的非摄动方法只满足上述标准 (a), 而不满足标准 (b).

1992 年, 廖世俊 [156] 率先应用拓扑学 [178] 中的基本概念同伦 [152] 来得到非线性微分方程的解析近似. 早期的同伦分析方法 (HAM) 最早由廖世俊 [156] 在其博士论文中描述. 对于给定的非线性微分方程

$$\mathcal{N}[u(x)] = 0, \quad x \in \Omega,$$

其中 $\mathcal{N}$ 为非线性算子, $u(x)$ 为未知函数, 廖世俊 [156] 构造了嵌入变量 $q \in [0,1]$ 的单参数方程族, 即零阶形变方程

$$(1-q)\mathcal{L}\left[\phi(x;q) - u_0(x)\right] + q\,\mathcal{N}[\phi(x;q)] = 0, \quad x \in \Omega,\ q \in [0,1], \tag{3.1}$$

其中 $\mathcal{L}$ 为辅助线性算子, $u_0(x)$ 为初始猜测解. 理论上, 拓扑中的同伦概念为我们提供了比上述传统的非摄动方法更大的自由来选择辅助线性算子 $\mathcal{L}$ 和初始猜测解, 正如廖世俊 [158, 159, 167] 所指出的那样, 并在本书后文说明. 当 $q=0$ 和 $q=1$ 时, 我们分别得到 $\phi(x;0) = u_0(x)$ 和 $\phi(x;1) = u(x)$. 因此, 随着嵌入

变量 $q \in [0,1]$ 从 0 增加到 1, 零阶形变方程的解 $\phi(x;q)$ 从初始猜测解 $u_0(x)$ 变化 (或形变) 到原始非线性微分方程 $\mathcal{N}[u(x)] = 0$ 的精确解 $u(x)$. 这种连续变化在拓扑中被称为形变, 这就是我们称 (3.1) 为零阶形变方程的原因. 由于 $\phi(x;q)$ 也依赖于嵌入变量 $q \in [0,1]$, 可将其展开成关于 q 的 Maclaurin 级数

$$\phi(x;q) = u_0(x) + \sum_{n=1}^{+\infty} u_n(x)\, q^n, \tag{3.2}$$

称为同伦–Maclaurin 级数. 需要注意的是, 我们有很大的自由来选取辅助线性算子 $\mathcal{L}$ 和初始猜测解 $u_0(x)$. 假设辅助线性算子 $\mathcal{L}$ 和初始猜测解 $u_0(x)$ 选取适当, 使得上述同伦–Maclaurin 级数在 $q=1$ 时收敛, 我们得到同伦级数解

$$u(x) = u_0(x) + \sum_{n=1}^{+\infty} u_n(x), \tag{3.3}$$

其满足原始方程 $\mathcal{N}[u(x)] = 0$, 正如廖世俊 [158, 159] 所证明的那样. 这里, $u_n(x)$ 由高阶形变方程

$$\mathcal{L}\left[u_n(x) - \chi_n\, u_{n-1}(x)\right] = -\mathcal{D}_{n-1}\left\{\mathcal{N}[\phi(x;q)]\right\} \tag{3.4}$$

控制, 其中当 $k \geqslant 2$ 时, χ_k 等于 1, 否则其值取零, $\mathcal{D}_k$ 是 k 阶同伦导数算子, 其定义为

$$\mathcal{D}_k = \frac{1}{k!}\frac{\partial^k}{\partial q^k}\bigg|_{q=0}.$$

高阶形变方程 (3.4) 总与右端的已知项呈线性关系, 因此只要我们适当选择辅助线性算子 $\mathcal{L}$, 该方程就很容易求解.

遗憾的是, 廖世俊 [157, 159] 发现, 上述早期的同伦分析方法通常不能保证非线性方程近似级数解的收敛性. 为了克服这一限制, 廖世俊 [157] 在 1997 年引入了这样一个非零辅助参数 c_0 来构造一个双参数方程族①, 即零阶形变方程

$$(1-q)\mathcal{L}\left[\phi(x;q) - u_0(x)\right] = c_0\, q\, \mathcal{N}[\phi(x;q)], \quad x \in \Omega,\ q \in [0,1]. \tag{3.5}$$

这样, 同伦级数解 (3.3) 不仅依赖于物理变量 x, 还依赖于辅助参数 c_0. 数学上, 尽管 c_0 根本没有物理意义, 但是我们发现 [157, 158, 159] 辅助参数 c_0 可以调节和控制同伦级数的收敛区域和收敛速度. 有关详细的数学证明, 请参考第五章. 本质上, 辅助参数 c_0 的使用为我们引入了一个 “人工” 自由度, 这极大

① 廖世俊 [157] 最初使用符号 $\hbar$ 表示非零辅助参数. 但是在量子力学中, $\hbar$ 被称为普朗克常数. 为避免混淆, 我们在此书中用符号 c_0 替代 $\hbar$, 表示 “基本” 收敛控制参数.

地改进了早期的同伦分析方法: 正是辅助参数 c_0 为我们提供了一个简便的途径来保证同伦级数解的收敛性. 例如, Liang 和 Jeffrey [155] 说明, 当另一种解析方法给出的解析近似在整个区域内发散时, 只需选择适当的辅助参数 c_0, 即可获得收敛级数解. 这就是我们称 c_0 为收敛控制参数的原因.

收敛控制参数 c_0 的使用确实是同伦分析方法框架中的一个巨大进步. 似乎更多的 "人工" 自由度意味着通过同伦分析方法获得更好近似的可能性更大. 因此, 廖世俊 [158] 通过更一般形式的零阶形变方程, 进一步引入了更多的 "人工" 自由度:

$$[1-\alpha(q)]\mathcal{L}\left[\phi(x;q)-u_0(x)\right]=c_0\,\beta(q)\,\mathcal{N}[\phi(x;q)],\ \ x\in\Omega,\ q\in[0,1], \tag{3.6}$$

其中 $\alpha(q)$ 和 $\beta(q)$ 为所谓的形变函数①, 满足

$$\alpha(0)=\beta(0)=0,\alpha(1)=\beta(1)=1, \tag{3.7}$$

其泰勒级数

$$\alpha(q)=\sum_{m=1}^{+\infty}\alpha_m\,q^m,\quad \beta(q)=\sum_{m=1}^{+\infty}\beta_m\,q^m \tag{3.8}$$

当 $|q|\leqslant 1$ 时收敛. 事实上, 如廖世俊 [159, 160, 162] 所指出的那样, 零阶形变方程 (3.6) 可以进一步推广. 显然, 上述定义的形变函数有无穷多个. 因此, 同伦分析方法给出的近似级数可以包含如此多的 "人工" 自由度, 从而为我们提供了保证同伦级数解收敛的极大可能性. 需要注意的是, $u_n(x)$ 总是由相同的辅助线性算子 $\mathcal{L}$ 控制, 并且我们有很大的自由来选择 $\mathcal{L}$, 使得 $u_n(x)$ 很容易得到. 更重要的是, 对于适当的辅助线性算子 $\mathcal{L}$ 和初始猜测解, 可以通过选择适当的收敛控制参数 c_0 和适当的形变函数 $\alpha(q)$ 和 $\beta(q)$ 来获得收敛的同伦级数解. 反过来, 同伦级数解收敛的保证也为我们提供了选择辅助线性算子 $\mathcal{L}$ 和初始猜测解的自由. 正是由于同伦分析方法框架下的这种保证, 具有变系数的非线性常微分方程可以转化为一系列具有常系数的线性常微分方程 [164], 非线性偏微分方程可以转化为无穷多个线性常微分方程 [161, 163], 几个耦合的非线性常微分方程可以转化为无穷多个非耦合的线性常微分方程 [181], 2 阶非线性偏微分方程甚至可以转化为无穷多个 4 阶线性偏微分方程 [167]. 事实上, 正是这种级数解收敛性的保证, 加上辅助线性算子选择的极大自由度, 大大简化了在同伦分

① $\alpha(q)$ 和 $\beta(q)$ 在早期一些关于同伦分析方法的文章中被称为近似函数. 在此书中, 我们将其称为 "形变函数", 以更好地揭示其与零阶形变方程的关系.

析方法框架下寻找非线性方程的收敛级数解的过程, 正如上述文章所说明的那样 [161, 163, 164, 167, 181]. 另外, 如果没有这种收敛性的保证, 我们实际上就没有选择辅助线性算子 $\mathcal{L}$ 的真正自由, 因为得到发散级数解的自由是毫无意义的! 例如, Liang 和 Jeffrey [155] 指出, 通过所谓的 "同伦摄动方法" [151] 给出的级数解在除了初始猜测解之外的所有点上都是发散的, 因此完全没有科学意义. 因此, 与上述摄动方法和传统的非摄动方法不同, 同伦分析方法同时满足 (a) 和 (b) 两个标准.

如何找到合适的收敛控制参数 c_0, 从而得到收敛的级数解? 检验同伦级数解收敛性的一种直接方法是将其代入原始控制方程和边界 (初始) 条件, 然后检验在整个区域内积分的相应平方残差. 然而, 当近似解包含未知的收敛控制参数和 (或) 其他未知的物理参数时, 计算高阶近似下的平方残差非常耗时. 为了避免耗时的计算, 廖世俊 [157, 158, 159] 建议研究一些特殊量的收敛性, 这些特殊量往往具有重要的物理意义. 例如, 考虑非线性微分方程 $\mathcal{N}[u(x)] = 0$ 的 $u'(0)$ 和 $u''(0)$ 的收敛性. 廖世俊 [157, 158, 159] 发现, 通常存在有效区域 $\mathbf{R}_c$, 使得任意 $c_0 \in \mathbf{R}_c$ 都能给出这类量的收敛级数解. 此外, 这种有效区域可以通过绘制这些未知量与 c_0 的关系曲线来近似找到. 例如, 对于非线性微分方程 $\mathcal{N}[u(x)] = 0$, 可通过绘制曲线 $u'(0) \sim c_0$ 和 $u''(0) \sim c_0$ 等来近似地确定 $\mathbf{R}_c$. 这些曲线被称为 "c_0 曲线" 或 "收敛控制参数曲线"①, 它们已成功应用于解决许多非线性问题 [159].

然而, 这种 c_0 曲线并不能帮我们发现最优收敛控制参数 c_0, 其对应于收敛速度最快的级数解. 2007 年, Yabushita, Yamashita 和 Tsuboi [180] 应用同伦分析方法求解了两个耦合非线性常微分方程. 他们提出了所谓的 "优化方法", 通过控制方程的平方残差的最小值来找出两个最优收敛控制参数. 令

$$E_m = \int_{\Omega} \left\{ \mathcal{N} \left[\sum_{n=1}^{m} u_n(x) \right] \right\}^2 d\Omega$$

为控制方程 $\mathcal{N}(u) = 0$ 的 m 阶近似的平方残差, 其在整个区域 Ω 内积分. 理论上, 如果平方残差 E_m 趋于零, 则 $\sum\limits_{n=0}^{+\infty} u_n(x)$ 是原始方程 $\mathcal{N}(u) = 0$ 的级数解. 因此, 如果只存在一个收敛控制参数 c_0, 则收敛控制参数 c_0 的所谓有效区域 $\mathbf{R}_c$ 可定义为

$$\mathbf{R}_c = \left\{ c_0 \;\middle|\; \lim_{m \to +\infty} E_m(c_0) = 0 \right\}.$$

① c_0 曲线最初被称为 $\hbar$ 曲线, $\mathbf{R}_c$ 最初被表示为 $\mathbf{R}_\hbar$.

此外, 在给定的近似阶下, 平方残差 E_m 的最小值对应于最优近似. 因此, 平方残差 E_m 与 c_0 的关系曲线不仅表明了收敛控制参数 c_0 的有效区域 $\mathbf{R}_c$, 而且还表明了与 E_m 最小值相对应的 c_0 的最优值. 需要注意的是, 即使精确解未知, 我们也可以在任何近似阶下获得方程的平方残差. 因此, Yabushita, Yamashita 和 Tsuboi [180] 利用平方残差来找出有效区域 $\mathbf{R}_c$ 和最优收敛控制参数是一个很好的想法.

2008 年, Akyildiz 和 Vajravelu [146] 通过控制方程的平方残差最小值得到了最优收敛控制参数, 并发现相应的同伦级数解收敛得非常快.

2008 年, Marinca 和 Herişanu [170] 将零阶形变方程 (3.6) 中的 c_0 和 $\beta(q)$ 组合为一个函数 $\breve{\beta}(q) = c_0\beta(q)$, 其中 $\breve{\beta}(0) = 0$ 且 $\breve{\beta}(1) \neq 1$, 并考虑方程族

$$(1-q)\mathcal{L}\left[\phi(x;q) - u_0(x)\right] = \breve{\beta}(q)\,\mathcal{N}[\phi(x;q)], \quad q \in [0,1], \tag{3.9}$$

其中泰勒级数

$$\breve{\beta}(q) = \sum_{n=1}^{+\infty} c_n\, q^n$$

当 $q=1$ 时收敛. 当选取

$$\alpha(q) = q, \quad \beta(q) = \frac{1}{c_0}\sum_{n=1}^{+\infty} c_n\, q^n = \frac{\breve{\beta}(q)}{c_0}, \quad c_0 = \sum_{n=1}^{+\infty} c_n \neq 0 \tag{3.10}$$

时, 上述方程是 (3.6) 的一个特例. 因此, 所谓的 "最优同伦渐近方法" [170, 171] 仍然在同伦分析方法的框架中. 尽管如此, Marinca 和 Herişanu 的方法 [170] 还是很有趣的, 其优点在于 $\breve{\beta}(1) = 1$ 是不必要的, 这样我们就有更大的自由选择辅助参数 c_n: 所有这些参数都成为所谓的收敛控制参数. Marinca 和 Herişanu [170] 通过最小化平方残差 E_m, 提出了所谓的 "最优同伦渐近方法": 在 m 阶近似下, 求解一组关于 $c_1, c_2, \cdots, c_m$ 的非线性代数方程, 以找到它们的最优值. 从理论上讲, 使用的收敛控制参数越多, 该最优同伦分析方法的近似效果越好. 然而, 由于未知参数太多, 找出最优收敛控制参数非常耗时, 特别是在复杂非线性问题的高阶近似下会更耗时. 例如, Niu 和 Wang [175] 指出, 尽管 Marinca 等人 [170, 171] 的最优同伦分析方法 [170] 在理论上比 Niu 和 Wang 更严谨, 但他们给出的最优方法是耗时的 [172, 176]. 人们似乎必须在理论的严谨性和实际的计算效率之间取得平衡.

为了提高计算效率, 廖世俊 [166] 在 2010 年开发了一个只有三个收敛控制参数的最优同伦分析方法. 与 Marinca 和 Herişanu [170, 171] 的方法一样, 该最优同伦分析方法也基于零阶形变方程 (3.6). 然而, 这里使用了两类特殊的形

变函数, 它们分别完全由特征参数 $|c_1| < 1$ 和 $|c_2| < 1$ 决定. 这样, 在任何近似阶下, 最多只存在三个未知的收敛控制参数 c_0, c_1 和 c_2. 此外, 廖世俊 [166] 首次引入了离散平方残差, 以有效地找到最优收敛控制参数.

在 §3.2.1 中, 以 Balsius 边界层流动为例, 说明了不同的最优同伦分析方法的基本思想. 在 §3.2.2 中, 比较了不同的最优同伦分析方法. §3.3 给出了最优同伦分析方法的系统描述, §3.4 给出了一些结论.

3.2 说明性描述

3.2.1 基本思想

为了简单起见, 我们先通过流体力学中的 Blasius 边界层流动来描述最优同伦分析方法的基本思想, 该流动由非线性微分方程

$$f'''(\eta) + \frac{1}{2} f(\eta)\, f''(\eta) = 0, \quad f(0) = f'(0) = 0, f'(+\infty) = 1 \tag{3.11}$$

控制, 其中 η 是相似变量, $f(\eta)$ 与流函数有关, $'$ 表示对 η 的导数. 令 $\lambda > 0$ 表示一种空间尺度参数. 通过变换

$$f(\eta) = \lambda^{-1}\, u(\xi), \quad \xi = \lambda\, \eta, \tag{3.12}$$

原始方程 (3.11) 变为

$$u'''(\xi) + \left(\frac{1}{2\lambda^2}\right) u(\xi)\, u''(\xi) = 0, \quad u(0) = u'(0) = 0, u'(+\infty) = 1, \tag{3.13}$$

其中 $'$ 表示对 ξ 的导数. 为了与常规同伦分析方法给出的结果进行对比, 我们选择了廖世俊 [158] 使用的 $\lambda = 4$.

在数学上, 由于边界条件 $u'(+\infty) = 1$, 随着 $\xi \to +\infty$, 我们有渐近性质 $u \sim \xi$. 在物理上, 众所周知, 边界层流动的速度大多呈指数趋于主流流动. 根据这些数学和物理知识, $u(\xi)$ 可表示为

$$u(\xi) = A_{0,0} + \xi + \sum_{m=1}^{+\infty} \sum_{n=0}^{+\infty} A_{m,n}\, \xi^n\, \exp(-m\xi), \tag{3.14}$$

其中 $A_{m,n}$ 是待定常数. 上式为我们提供了所谓的 $u(\xi)$ 的解表达, 其在同伦分析方法框架中起着关键作用.

需要注意的是, 上述方程存在三个边界条件. 根据解表达 (3.14), $u(\xi)$ 最简单的三个项是 $A_{0,0}$, ξ 和 $A_{1,0} \exp(-\xi)$. 因此, 我们选择如下形式的初始近似

$$u_0(\xi) = \bar{A}_{0,0} + \xi + \bar{A}_{1,0}\, \exp(-\xi),$$

其中 $\bar{A}_{0,0}$ 和 $\bar{A}_{1,0}$ 为未知常数. 令 $u_0(\xi)$ 满足三个边界条件, 我们有 $\bar{A}_{0,0}=-1$ 和 $\bar{A}_{1,0}=1$, 即

$$u_0(\xi)=\xi-1+e^{-\xi}. \tag{3.15}$$

此外, 根据解表达 (3.14), 我们应该选择辅助线性算子 $\mathcal{L}$, 使得 $u(\xi)$ 最简单的三个项, 即 $A_{0,0}$, ξ 和 $A_{1,0}\exp(-\xi)$, 应该是 $\mathcal{L}(u)=0$ 的通解, 例如

$$\mathcal{L}\left(C_0+C_1\xi+C_2\,e^{-\xi}\right)=0, \tag{3.16}$$

它唯一确定了辅助线性算子

$$\mathcal{L}(u)=u'''+u'', \tag{3.17}$$

其中 $'$ 表示对 ξ 的导数, C_0,C_1 和 C_2 为积分常数.

基于控制方程 (3.13), 定义非线性算子

$$\mathcal{N}(u)=u'''(\xi)+\frac{1}{2\lambda^2}u(\xi)\,u''(\xi). \tag{3.18}$$

令 $\alpha(q)$ 和 $\beta(q)$ 表示两个形变函数, 即

$$\alpha(0)=\beta(0)=0,\quad \alpha(1)=\beta(1)=1,$$

其 Maclaurin 级数

$$\alpha(q)\sim\sum_{k=1}^{+\infty}\alpha_k\,q^k,\quad \beta(q)\sim\sum_{k=1}^{+\infty}\beta_k\,q^k$$

在 $q=1$ 时收敛, 即

$$\sum_{k=1}^{+\infty}\alpha_k=1,\quad \sum_{k=1}^{+\infty}\beta_k=1.$$

令 $q\in[0,1]$ 为嵌入变量, $c_0\neq 0$ 为收敛控制参数, $\phi(\xi;q)$ 为 $u(\xi)$ 的一种连续映射. 我们构造了零阶形变方程

$$[1-\alpha(q)]\mathcal{L}[\phi(\xi;q)-u_0(\xi)]=c_0\,\beta(q)\,\mathcal{N}[\phi(\xi;q)], \tag{3.19}$$

满足边界条件

$$\phi=0,\quad \frac{\partial\phi}{\partial\xi}=0,\quad \xi=0 \tag{3.20}$$

和

$$\frac{\partial \phi}{\partial \xi}=1, \quad \xi \to +\infty. \tag{3.21}$$

显然, 当 q 从 0 增加到 1 时, $\phi(\xi;q)$ 从初始猜测解 $u_0(\xi)$ 变化 (形变) 到精确解 $u(\xi)$.

同伦级数解为

$$u(\xi)=u_0(\xi)+\sum_{k=1}^{+\infty} u_k(\xi), \tag{3.22}$$

其中根据定理 4.18, $u_m(\xi)$ 由 m 阶形变方程

$$\mathcal{L}\left[u_m(\xi)-\sum_{k=1}^{m-1} \alpha_{m-k}\, u_k(\xi)\right]=c_0 \sum_{k=1}^{m} \beta_k\, \delta_{m-k}(\xi) \tag{3.23}$$

控制, 其满足边界条件

$$u_m(0)=u'_m(0)=0, u'_m(+\infty)=0, \tag{3.24}$$

此处具有定义

$$\delta_k(\xi)=\mathcal{D}_k\left\{\mathcal{N}[\phi(\xi;q)]\right\}.$$

根据定理 4.2, 我们有

$$\mathcal{D}_k\left\{\mathcal{N}[\phi(\xi;q)]\right\}=\mathcal{D}_k\left[\phi'''(\xi;q)\right]+\frac{1}{2\lambda^2}\,\mathcal{D}_k\left[\phi''(\xi;q)\,\phi(\xi;q)\right],$$

进一步根据定理 4.3 和定理 4.6, 得到

$$\delta_k(\xi)=\mathcal{D}_k\left\{\mathcal{N}[\phi(\xi;q)]\right\}=u'''_k(\xi)+\left(\frac{1}{2\lambda^2}\right)\sum_{j=0}^{k} u''_j(\xi)\, u_{k-j}(\xi). \tag{3.25}$$

令 $u^*_m(\xi)$ 为 (3.23) 的特解, $\mathcal{L}^{-1}$ 为 $\mathcal{L}$ 的逆算子. 我们得到

$$u^*_m(\xi)=\sum_{k=1}^{m-1} \alpha_{m-k}\, u_k(\xi)+c_0 \sum_{k=1}^{m} \beta_k\, S_{m-k}(\xi), \tag{3.26}$$

其中

$$S_k(\xi)=\mathcal{L}^{-1}\left[\delta_k(\xi)\right], \tag{3.27}$$

通解为

$$u_m(\xi) = u_m^*(\xi) + B_0 + B_1\,\xi + B_2\,e^{-\xi},$$

其中积分常数

$$B_1 = 0, \quad B_2 = \left.\frac{du_m^*}{d\xi}\right|_{\xi=0}, \quad B_0 = -u_m^*(0) - B_2,$$

由边界条件 (3.24) 确定.

3.2.2 不同类型的优化方法

在 m 阶近似下, 我们定义了控制方程 (3.13) 的平方残差, 即

$$E_m = \int_0^{+\infty} \left\{ \mathcal{N}\left[\sum_{i=0}^{m} u_i(\xi)\right] \right\}^2 d\xi. \tag{3.28}$$

最优同伦近似是由平方残差的最小值给出的. 根据收敛控制参数的数量, 存在不同类型的优化方法.

我们发现, 计算精确的平方残差 E_m 需要消耗大量的 CPU 时间, 特别是当同伦近似阶数 m 较大时消耗的 CPU 时间更多. 例如, 即使在只有基本收敛控制参数 c_0 未知的情况下, 通过笔记本电脑 (MacBook Pro, 2.8 GHz Inter Core 2 Due, 4 GB 1067 MHz DDR3) 计算 $m = 6, 8$ 和 10 相应的精确平方残差 (3.28) 也分别需要 68.13 s, 272.7 s 和 1089.5 s. 当存在多个未知参数时, 所需的 CPU 时间呈指数增长, 所以精确平方残差 (3.28) 在实际计算过程中通常是无用的. 因此, 为了大大减少 CPU 时间, 对于由 (3.13) 控制的 Blasius 边界层流动, 廖世俊 [166] 建议使用由下式定义的 "离散平方残差"

$$E_m \approx \frac{1}{(N+1)} \sum_{j=0}^{N} \left[\mathcal{N}\left(\sum_{i=0}^{m} u_i(\xi_j) \right) \right]^2, \tag{3.29}$$

其中 $\xi_j = j\Delta\xi$, $\Delta\xi = 0.5$ 和 $N = 20$. 我们发现, 通过上述定义的离散平方残差, 计算所需的 CPU 时间要少得多. 例如, 当只有基本收敛控制参数 c_0 未知时, 得到 (3.29) 定义的离散平方残差 E_6, E_8 和 E_{10} 分别只需要 0.40 s、0.87 s 和 1.61 s, 仅为计算 (3.28) 定义的精确平方残差所用 CPU 时间的 0.59%, 0.32% 和 0.15%. 因此, 在本章的后续部分, 我们将使用离散平方残差 (3.29) 来寻找未知收敛控制参数的最优值. 此外, 为了公平比较, 本章使用 10 阶同伦近似下的离散平方残差 E_{10} 来寻找最优未知收敛控制参数.

3.2.2.1 基本最优同伦分析方法

如果只有基本收敛控制参数 c_0 未知, 我们就得到了基本最优同伦分析方法. 此时, 形变函数 $\alpha(q)$ 和 $\beta(q)$, 初始近似 $u_0(\xi)$ 和辅助线性算子 $\mathcal{L}$ 均不包含任何未知参数. 由于平方残差 E_m 依赖于 c_0, 因此最优同伦近似通过下式获得

$$\frac{dE_m(c_0)}{dc_0} = 0. \tag{3.30}$$

不失一般性, 我们选择最简单的形变函数, 即 $\alpha(q) = q$ 和 $\beta(q) = q$. (3.28) 定义的精确平方残差 E_m 与 c_0 在不同近似阶 $m = 6, 8$ 和 10 下的曲线如图 3.1 所示. 需要注意的是, 精确平方残差在区间 $-1.8 \leqslant c_0 \leqslant -0.3$ 内随着近似阶数的增加而减小, 这表明同伦级数对任意值 $c_0 \in [-1.8, -0.3]$ 收敛. 更重要的是, 它表明精确平方残差在 $c_0 \approx -3/2$ 时达到最小值, 即 c_0 的最优值约为 $-3/2$. 因此, 精确平方残差与 c_0 的关系曲线不仅为我们提供了收敛控制参数 c_0 的有效区域 $\mathbf{R}_c$, 而且还给出了 c_0 的最优值, 该值给出了收敛最快的最优同伦级数.

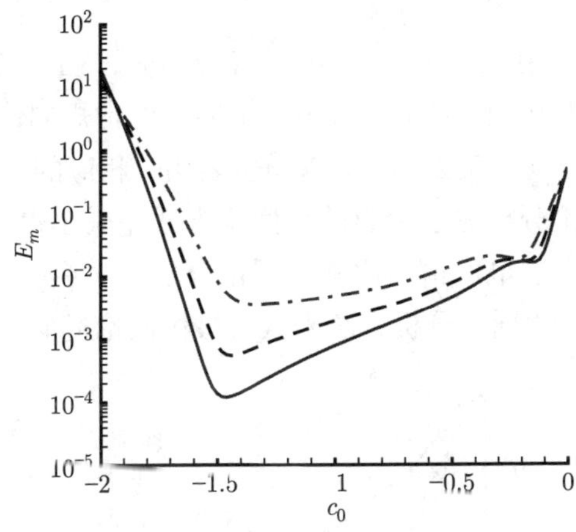

图 3.1 基本最优同伦分析方法得到的精确平方残差 (3.28). 实线: 10 阶近似; 虚线: 8 阶近似; 点划线: 6 阶近似

如图 3.2 所示, 离散平方残差 (3.29) 也在区间 $-1.8 \leqslant c_0 \leqslant -0.3$ 内随着近似阶数的增加而减小, 因此同伦级数对任意值 $c_0 \in [-1.8, -0.3]$ 也收敛. 更重要的是, c_0 的最优值也约为 $-3/2$. 通过符号推导软件 Mathematica, 我们直接使用命令 `NMinimize` 且设置

```
WorkingPrecision->50
```

来得到收敛控制参数的最优值 c_0. 如表 3.1 所示, 可以发现离散平方残差 (3.29)

的最小值给出的 c_0 最优值越来越接近 $-3/2$. 因此, (3.29) 定义的离散平方残差 E_m 可以给出最优收敛控制参数 c_0 及其收敛区域足够好的近似.

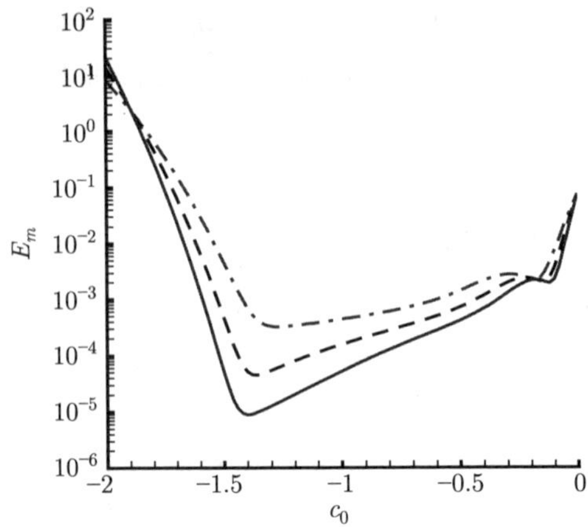

图 3.2　基本最优同伦分析方法得到的离散平方残差 (3.29). 实线: 10 阶近似; 虚线: 8 阶近似; 点划线: 6 阶近似

根据表 3.1, E_{10} 在 $c_0 = -1.400$ 时有最小值 8.91×10^{-6}. 图 3.3 表明, $c_0 = -7/5$ 得到的 $f''(0)$ 的值比与 $c_0 = -1$ 对应的常规同伦分析方法给出的同伦级数解更快地收敛到 0.332057. 图 3.5 也表明了相应的离散平方残差 E_m 比 $c_0 = -1$ 的常规同伦分析方法给出的离散平方残差减小得更快. 因此, 即使是基本最优同伦分析方法也可给出比常规同伦分析方法更好的近似. 因此, 强烈建议至少使用基本最优同伦分析方法来获得最优同伦近似.

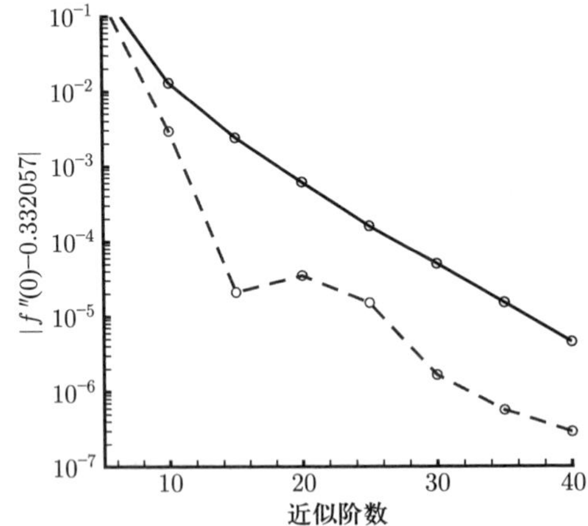

图 3.3　常规和最优同伦分析方法得到的不同近似阶下的绝对误差 $|f''(0) - 0.332057|$. 实线: 常规同伦分析方法, $c_0 = -1$; 虚线: 基本最优同伦分析方法, $c_0 = -7/5$

表 3.1 通过基本最优同伦分析方法得到的离散平方残差 E_m 和对应的 c_0 的最优值及所用 CPU 时间

m, 近似阶数	c_0 的最优值	E_m 最小值	$\|f''(0)-0.33205\|$	CPU 时间 (s)
2	-0.3897	3.46×10^{-3}	1.21	0.3
4	-1.0800	1.21×10^{-3}	9.76×10^{-2}	1.6
6	-1.2733	3.23×10^{-4}	1.16×10^{-2}	5.4
8	-1.3662	4.53×10^{-5}	1.85×10^{-3}	14.1
10	-1.4002	8.91×10^{-6}	9.71×10^{-4}	31.6
12	-1.4314	3.16×10^{-6}	2.94×10^{-4}	63.7
14	-1.4760	4.76×10^{-7}	1.89×10^{-4}	119.9
16	-1.4823	6.13×10^{-8}	8.84×10^{-5}	218.8
18	-1.4913	8.37×10^{-9}	1.02×10^{-5}	411.3
20	-1.4979	1.87×10^{-9}	8.08×10^{-6}	719.9
22	-1.5180	4.90×10^{-10}	1.06×10^{-5}	1190.0

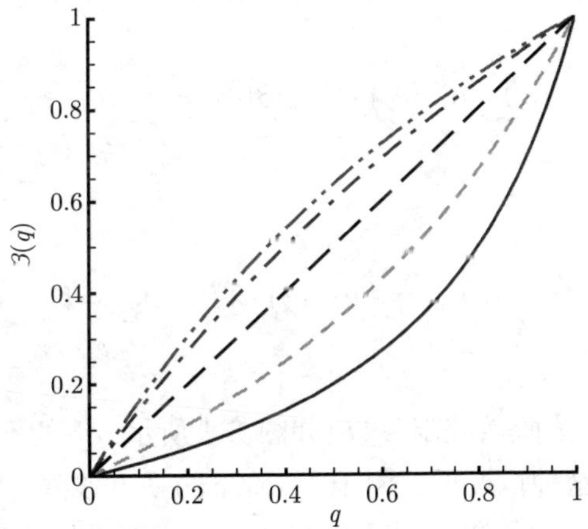

图 3.4 (3.31) 和 (3.32) 定义的形变函数 $\beta(q)$. 实线: $c_1=3/4$; 虚线: $c_1=1/2$; 长虚线: $c_1=0$; 点划线: $c_1=-1/2$; 双点划线: $c_1=-3/4$

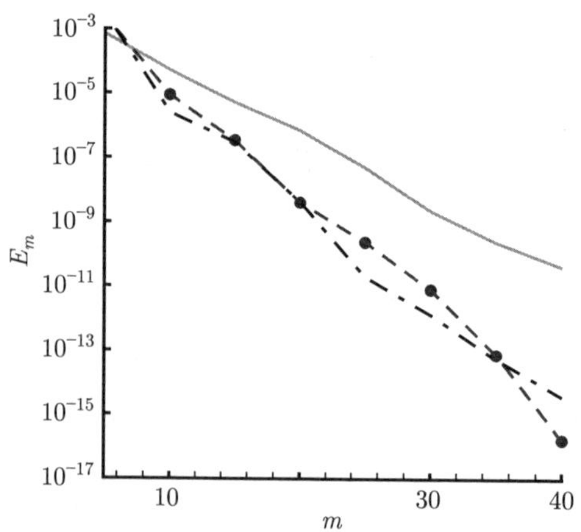

图 3.5 常规同伦分析方法、基本最优同伦分析方法、双参数最优同伦分析方法和三参数最优同伦分析方法得到的不同近似阶下的离散平方残差 (3.29). 实线: 常规同伦分析方法, $c_0=-1$; 实心圆: 基本最优同伦分析方法, $c_0=-7/5$; 虚线: 双参数最优同伦分析方法, $c_0=-1.0801$, $c_1=c_2=-0.2964$; 点划线: 三参数最优同伦分析方法, $c_0=-1.7913$, $c_1=0.1647$, $c_2=0.1075$

3.2.2.2　三参数最优同伦分析方法

在同伦分析方法的框架中, 有许多不同的方法引入更多的收敛控制参数. 例如, 2010 年, 廖世俊 [166] 提出了如下单参数形变函数

$$\alpha(q)=\sum_{m=1}^{+\infty}\alpha_m(c_2)\,q^m,\quad \beta(q)=\sum_{m=1}^{+\infty}\beta_m(c_1)\,q^m, \tag{3.31}$$

其中

$$\alpha_1=1-c_2,\ \beta_m=1-c_1,\ \alpha_m=(1-c_2)\,c_2^{m-1},\ \beta_m=(1-c_1)\,c_1^{m-1},\quad m\geqslant 1, \tag{3.32}$$

$|c_1|<1$ 和 $|c_2|<1$ 为收敛控制参数. 如图 3.4 所示, c_1 的不同值定义了不同的形变函数 $\beta(q)$. 在这种情况下, 不同近似阶下的平方残差 E_m 最多包含三个未知的收敛控制参数 c_0, c_1 和 c_2. 理论上, E_m 变小至零的速度越快, 对应同伦级数解也就收敛得越快. 因此, 在给定的近似阶 m 下, 相应的最优收敛控制参数由 E_m 的最小值确定, 其对应于三个非线性代数方程

$$\frac{\partial E_m}{\partial c_0}=0,\ \frac{\partial E_m}{\partial c_1}=0,\ \frac{\partial E_m}{\partial c_2}=0, \tag{3.33}$$

这为我们提供了三参数最优同伦分析方法. 在 $c_1 = c_2$ 的特殊情况下, 我们只有两个未知的收敛控制参数 c_0 和 c_1, 其最优值由

$$\frac{\partial E_m}{\partial c_0} = 0, \ \frac{\partial E_m}{\partial c_1} = 0$$

确定, 这正是双参数最优同伦分析方法. 当 $c_1 = c_2 = 0$ 时, 得到 $\alpha(q) = q$ 和 $\beta(q) = q$, 因此只剩基本的收敛控制参数 c_0 未知, 这正是基本最优同伦分析方法.

当 $c_1 = c_2$ 时, 可以发现离散平方残差 E_{10} 在 $c_0 = -1.0801$ 和 $c_1 = c_2 = -0.2964$ 时取得最小值 8.91×10^{-6}. 如图 3.5 所示, 当采用上述两个最优收敛控制参数时, 相应的平方残差 E_m 变小的速度比常规同伦分析方法要快得多, 但与基本最优同伦分析方法几乎相同.

当 $c_0 \neq c_1 \neq c_2$ 时, 离散平方残差 E_{10} 在

$$c_0 = -1.7913, \ \ c_1 = 0.1647, \ \ c_2 = 0.1075$$

时取得最小值 2.53×10^{-6}. 如图 3.5 所示, 当采用上述三个最优收敛控制参数时, 相应的平方残差变小速度比常规同伦分析方法更快, 但并不明显优于 $c_0 = -7/5$ 的基本最优同伦分析方法和 $c_0 = -1.0801$ 以及 $c_1 = c_2 = -0.2964$ 的双参数最优同伦分析方法.

因此, 所有的最优同伦分析方法都可以大大加快级数解的收敛速度. 然而, 对于 Blasius 流动, 具有两个或三个未知收敛控制参数的最优同伦分析方法并没有明显优于只有一个未知收敛控制参数 c_0 的基本最优同伦分析方法. 因此, 在实际计算过程中, 我们建议先考虑使用基本最优同伦分析方法.

3.2.2.3 无穷参数最优同伦分析方法

如果选取形变函数 $\alpha(q) = q$ 和

$$\beta(q) = \frac{1}{c_0} \sum_{n=1}^{+\infty} c_n \, q^n,$$

其中

$$c_0 = \sum_{n=1}^{+\infty} c_n \neq 0,$$

则零阶形变方程为

$$(1-q)\mathcal{L}[\phi(\xi;q) - u_0(\xi)] = \left(\sum_{n=1}^{+\infty} c_n \, q^n \right) \mathcal{N}\left[\phi(\xi;q)\right],$$

相应的 m 阶形变方程变为

$$\mathcal{L}[u_m(\xi) - \chi_m\, u_{m-1}(\xi)] = \sum_{n=1}^{m} c_n\, \delta_{m-n}(\xi),$$

满足边界条件

$$u_m(0) = 0, \ \ u_m'(0) = 0, \ \ u_m'(+\infty) = 0,$$

其中 $\chi_0 = 1$ 且对 $m \geqslant 2$ 有 $\chi_m = 1$. 需要注意的是, m 阶同伦近似

$$u(\xi) \sim u_0(\xi) + \sum_{n=1}^{m} u_n(\xi)$$

包含 m 个未知的收敛控制参数

$$c_1, c_2, c_3, \cdots, c_m.$$

因此, 理论上, 随着 $m \to +\infty$, 存在无穷多个未知的收敛控制参数

$$c_1, c_2, c_3, \cdots.$$

在这种情况下, 最优的 m 阶同伦近似由 m 个非线性代数方程

$$\frac{\partial E_m}{\partial c_n} = 0, \qquad 1 \leqslant n \leqslant m \tag{3.34}$$

确定. 2008 年 Marinca 和 Herişanu [170] 在 “最优同伦渐近方法” 中提出了上述最优同伦分析方法.

显然, 在 m 阶近似下, Marinca 和 Herişanu [170] 提出的最优同伦分析方法包含 m 个未知的收敛控制参数. 我们发现, 随着近似阶数的增加, 最优同伦分析方法的平方残差比仅包含一个未知收敛控制参数 c_0 的基本最优同伦分析方法变小得更快, 如表 3.2 和图 3.6 所示. 注意, 当 $c_1 = c_0 \neq 0$ 且对于 $k > 1$ 有 $c_k = 0$ 时, 基本最优同伦分析方法是无穷级数最优同伦分析方法的一个特例. 因此, 很容易理解, 在相同的近似阶下, 无穷参数最优同伦分析方法比基本最优同伦分析方法给出了更好的最优同伦近似. 然而, 如表 3.2 所示, Marinca 和 Herişanu [170] 提出的最优同伦分析方法中未知收敛控制参数的数量随近似阶数呈线性增加, 所耗的 CPU 时间呈指数增长. 因此, 如果考虑 E_m 相对于所耗 CPU 时间的最小值, 就会发现, 基本最优同伦分析方法给出的离散平方残差 E_m 比无穷参数最优同伦分析方法变小得更快, 如图 3.7 所示. 例如, 采用基本最优同伦分析方法, 需消耗 719.9 s CPU 时间来获得 20 阶最优同伦近似, 其平

方残差为 1.87×10^{-9}, 如表 3.1 所示. 然而, 采用无穷参数最优同伦分析方法, 需消耗 1387.3 s CPU 时间来获得 10 阶最优同伦近似, 其平方残差为 1.19×10^{-8}, 如表 3.2 所示. 此外, 基本最优同伦分析方法也给出了比无穷参数最优同伦分析方法更精确的 $f''(0)$ 近似, 如图 3.8 所示. 因此, 基本最优同伦分析方法在计算上比 Marinca 和 Herişanu[170] 提出的无穷参数最优同伦分析方法更有效. 因此, 尽管无穷参数最优同伦分析方法在理论上更为严谨, 但基本最优同伦分析方法在实际中的计算效率更高.

表 3.2　Marinca 和 Herişanu[170] 提出的无穷参数最优同伦分析方法给出的相应最优同伦近似的离散平方残差 E_m 的最小值、所耗 CPU 时间和 $|f''(0)-0.332057|$ 的绝对误差

m, 近似阶数	E_m	$\|f''(0)-0.332057\|$	CPU 时间 (s)
2	1.34×10^{-3}	0.7050	0.4
3	4.94×10^{-4}	0.5040	2.2
4	2.16×10^{-4}	0.3050	4.3
5	9.92×10^{-5}	0.2350	8.0
6	4.22×10^{-5}	0.1280	28.4
7	1.31×10^{-5}	0.1030	52.3
8	2.32×10^{-6}	0.0348	93.2
9	2.12×10^{-7}	0.0430	235.0
10	1.19×10^{-8}	0.0192	1387.3

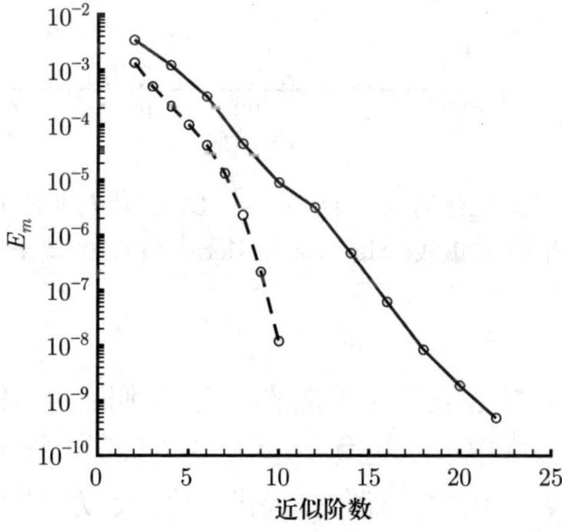

图 3.6　m 阶最优同伦近似的离散平方残差 E_m 的比较. 实线: 基本最优同伦分析方法; 虚线: Marinca 和 Herişanu [170] 提出的无穷参数最优同伦分析方法

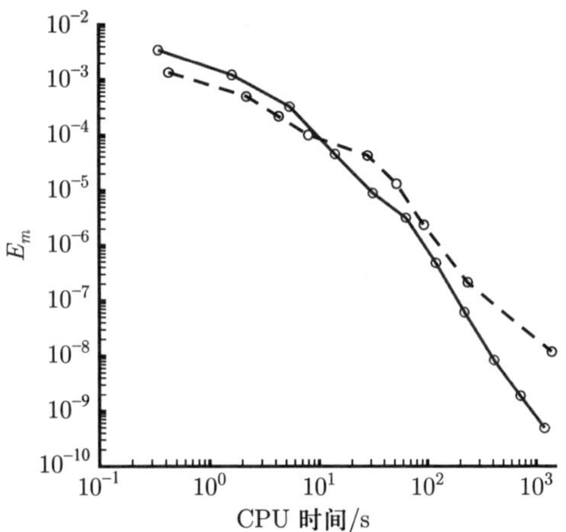

图 3.7　m 阶最优同伦近似的离散平方残差与所耗 CPU 时间关系的比较. 实线: 基本最优同伦分析方法; 虚线: Marinca 和 Herişanu [170] 提出的无穷参数最优同伦分析方法

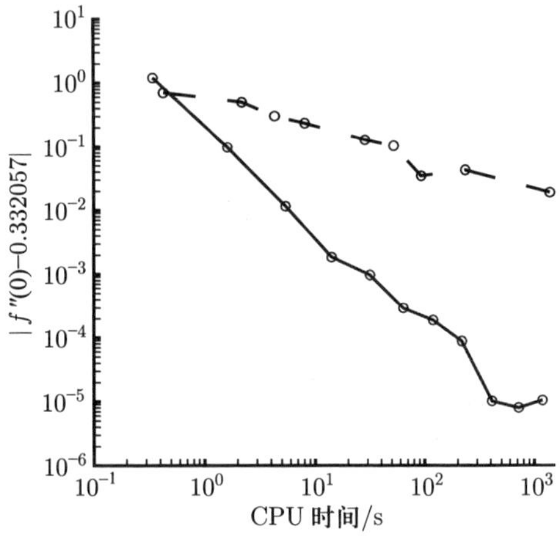

图 3.8　m 阶最优同伦近似的绝对误差 $|f''(0)-0.332057|$ 与所耗 CPU 时间关系的比较. 实线: 基本最优同伦分析方法; 虚线: Marinca 和 Herişanu [170] 提出的无穷参数最优同伦分析方法

Niu 和 Wang [175] 也发现了类似的结论, 他们通过 Marinca 和 Herişanu [170] 提出的最优方法求解了一些微分方程, 并报告了所耗 CPU 时间随着近似阶数的增加呈指数增长, 因此, 所谓的"最优同伦渐近方法"非常耗时 [172, 176], 特别是对于高阶近似的计算更耗时. 从理论上讲, 这很容易理解: 如果我们将解

表达为如下形式

$$u(x)=\sum_{n=1}^{+\infty}a_n\,e_n(x),$$

其中 $e_n(x)$ 是基函数, a_n 是未知系数, 然后采用最小二乘法 [148], 我们还必须求解一组具有许多未知量的非线性代数方程, 但这相当耗时. 为了克服 Marinca 和 Herişanu [170] 提出的 "最优同伦渐近方法" 的这一缺点, Niu 和 Wang [175] 提出了 "单步最优同伦分析方法": 第一个收敛控制参数 c_1 的最优值只需求解一个代数方程

$$\frac{dE_1}{dc_1}=0$$

就能近似确定, 然后将 c_1 的这个已知值永远作为其最优值的良好近似, 同样, 只需求解一个代数方程

$$\frac{dE_2}{dc_2}=0$$

就可以获得 c_2, 依此类推. 采用这种方式, 每次只需求解一个代数方程

$$\frac{dE_k}{dc_k}=0,\qquad k=1,2,3,\cdots$$

就可以获得 "最优" 值 $c_1,c_2,c_3,\cdots$ 直到任何近似阶. 然而, 从严格意义上来说, 以这种方式获得的 $c_1,c_2,c_3,\cdots$ 并不是理论上的最优值.

3.2.2.4 有限参数最优同伦分析方法

如上所述, 如果最优同伦分析方法包含无穷多个收敛控制参数, 其计算将非常耗时. 为了克服这一缺点, 我们修正了所谓的 "最优同伦渐近方法"[170], 在本书中只使用有限数量的收敛控制参数.

如果选取 $\alpha(q)=q$ 和一个特殊的形变函数

$$\beta(q)=\frac{1}{c_0}\sum_{n=1}^{\kappa}c_n\,q^n,$$

其中 $\kappa\geqslant 1$ 是正整数且

$$c_0=\sum_{n=1}^{\kappa}c_n\neq 0,$$

则零阶形变方程为

$$(1-q)\mathcal{L}[\phi(\xi;q)-u_0(\xi)]=\left(\sum_{n=1}^{\kappa}c_n\,q^n\right)\mathcal{N}\left[\phi(\xi;q)\right],$$

相应的 m 阶形变方程变为

$$\mathcal{L}[u_m(\xi) - \chi_m\, u_{m-1}(\xi)] = \sum_{n=1}^{\min\{m,\kappa\}} c_n\, \delta_{m-n}(\xi),$$

满足边界条件

$$u_m(0) = 0,\ \ u_m'(0) = 0,\ \ u_m'(+\infty) = 0,$$

其中 $\chi_1 = 0$ 且当 $m \geqslant 2$ 时 $\chi_m = 1$. 注意, m 阶同伦近似

$$u(\xi) \sim u_0(\xi) + \sum_{n=1}^{m} u_n(\xi)$$

最多包含 κ 个未知的收敛控制参数

$$c_1, c_2, \cdots, c_\kappa.$$

因此, 即使 $m \to +\infty$, 理论上存在有限数量的未知收敛控制参数

$$c_1, c_2, c_3, \cdots, c_\kappa.$$

在这种情况下, 最优的 m 阶同伦近似由 $\min\{m,\kappa\}$ 个非线性代数方程

$$\frac{\partial E_m}{\partial c_n} = 0, \qquad 1 \leqslant n \leqslant \min\{m,\kappa\} \tag{3.35}$$

给出.

如果 $\kappa \to \infty$, 那么上述最优同伦分析方法恰好变成 Marinca 和 Herişanu [170] 提出的 "最优同伦渐近方法". 此外, 当 $c_1 = c_0$ 且对 $n > 1$ 有 $c_n = 0$ 时, 上述方法变为基本最优同伦分析方法. 因此, 这里提出的最优同伦分析方法更具有普遍性.

我们先考虑两个收敛控制参数 c_1 和 c_2 的情况, 即 $\kappa = 2$. 将 c_1 和 c_2 视为未知参数, 首先得到 m 阶同伦近似, 然后通过 E_m 的最小值来确定最优收敛控制参数 c_1 和 c_2. 结果表明, 随着近似阶数的增加, 所耗 CPU 时间呈指数增长. 表 3.3 给出了相应的最优 m 阶同伦近似的 E_m 最小值、所耗 CPU 时间和绝对误差 $|f''(0) - 0.332057|$. 考虑到平方残差与所耗 CPU 时间的关系, 发现基本最优同伦分析方法 (对应于 $\kappa = 1$) 给出的最优同伦近似比当 $\kappa = 2$ 时有限参数最优同伦分析方法给出的最优同伦近似收敛得更快, 如图 3.9 和图 3.10 所示. 在 $\kappa = 3$ 的情况下, 得到了相同的结论, 如表 3.4、图 3.9 和图 3.10 所示. 我们发现, 双参数最优同伦分析方法 ($\kappa = 2$) 给出的平方残差 E_m 比三参数最

优同伦分析方法 ($\kappa = 3$) 给出的平方残差 E_m 减小得更快, 如图 3.9 所示. 需要注意的是, $\kappa = 1$ 对应于基本最优同伦分析方法. 因此, 该例子说明了仅具有一个收敛控制参数 c_0 的基本最优同伦分析方法在计算上比具有更多收敛控制参数的其他最优同伦分析方法更有效. 因此, 在实际计算过程中, 我们建议先考虑使用仅含有一个收敛控制参数 c_0 的基本最优同伦分析方法.

表 3.3 当 $\kappa = 2$ 时有限参数最优同伦分析方法给出的离散平方残差 E_m 的最小值, 所耗 CPU 时间和绝对误差 $|f''(0) - 0.332057|$

m, 近似阶数	E_m	$\lvert f''(0) - 0.332057\rvert$	CPU 时间 (s)
4	6.84×10^{-4}	0.44	2.23
6	4.74×10^{-4}	0.31	8.69
8	4.23×10^{-5}	1.85×10^{-3}	27.10
10	3.38×10^{-6}	2.61×10^{-3}	71.80
12	1.24×10^{-6}	1.56×10^{-3}	171.00
14	2.15×10^{-7}	9.55×10^{-5}	382.10
16	6.07×10^{-9}	2.76×10^{-4}	816.20
18	2.45×10^{-9}	1.62×10^{-4}	1637.80
20	1.78×10^{-9}	7.05×10^{-5}	3145.60

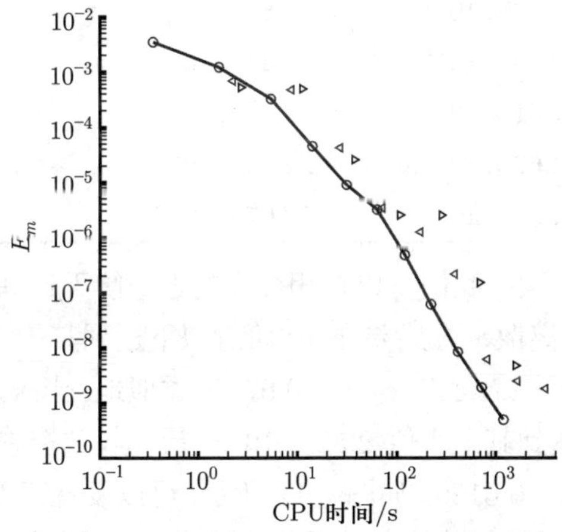

图 3.9 m 阶最优同伦近似的离散平方残差 E_m 与所耗 CPU 时间关系的比较. 实线: 基本最优同伦分析方法 ($\kappa = 1$); 左三角: 有限参数最优同伦分析方法 ($\kappa = 2$); 右三角: 有限参数最优同伦分析方法 ($\kappa = 3$)

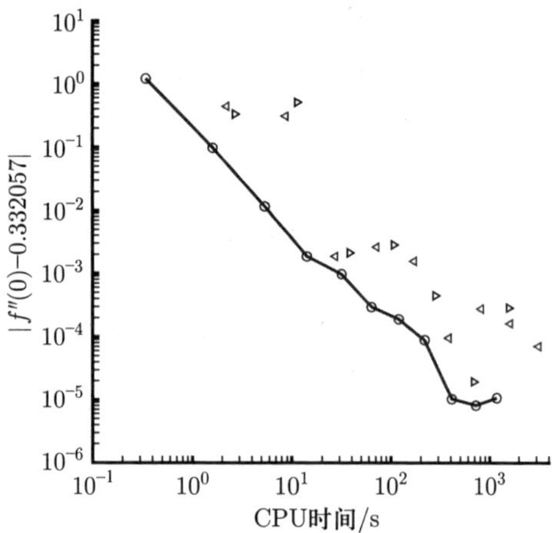

图 3.10　m 阶最优同伦近似的绝对误差 $|f''(0)-0.332057|$ 与 CPU 时间关系的比较. 实线: 基本最优同伦分析方法 ($\kappa=1$); 左三角: 有限参数最优同伦分析方法 ($\kappa=2$); 右三角: 有限参数最优同伦分析方法 ($\kappa=3$)

表 3.4　当 $\kappa=3$ 时有限参数最优同伦分析方法给出的离散平方残差 E_m 的最小值, 所耗 CPU 时间和绝对误差 $|f''(0)-0.332057|$

m, 近似阶数	E_m	$\|f''(0)-0.332057\|$	CPU 时间 (s)
4	5.21×10^{-4}	0.33	2.7
6	4.93×10^{-4}	0.51	11.2
8	2.57×10^{-5}	2.11×10^{-3}	38.0
10	2.52×10^{-6}	2.82×10^{-3}	107.1
12	2.50×10^{-6}	4.44×10^{-4}	279.5
14	1.51×10^{-7}	1.95×10^{-5}	686.2
16	4.67×10^{-9}	2.86×10^{-4}	1580.5
18	1.84×10^{-9}	7.07×10^{-5}	3399.2

在实际计算过程中, 我们可以在相当高的近似阶下选择最优收敛控制参数. 例如, 当 $\kappa=2$ 时, 离散平方残差在 10 阶近似下达到其最小值 3.38×10^{-6}, 最优收敛控制参数 $c_1=-1.457$, $c_2=-0.0795$. 类似地, 当 $\kappa=3$ 时, 离散平方残差在 10 阶近似下达到其最小值 2.52×10^{-6}, 最优收敛控制参数 $c_1=-1.4870$, $c_2=-0.0826$, $c_3=-0.0126$. 如图 3.11 所示, 可以发现双参数最优同伦分析方法 ($\kappa=2$) 给出的同伦级数的离散平方残差比基本最优同伦分析方法 ($\kappa=1$) 减小得略快, 甚至比三参数最优同伦分析方法 ($\kappa=3$) 减小得更快. 然而, 发现基本最优同伦分析方法 ($\kappa=1$) 给出的 $f''(0)$ 比双参数 ($\kappa=2$) 和三参数

($\kappa = 3$) 最优同伦分析方法更快地收敛到精确值 0.332057, 如图 3.12 所示. 需要注意的是, 三参数最优同伦分析方法 ($\kappa = 3$) 给出的近似通常比双参数最优同伦分析方法 ($\kappa = 2$) 给出的近似更差, 如图 3.11 和图 3.12 所示. 因此, 尽管不同的最优方法 ($\kappa = 1, 2, 3$) 获得相同近似阶的结果所耗 CPU 时间几乎相同,

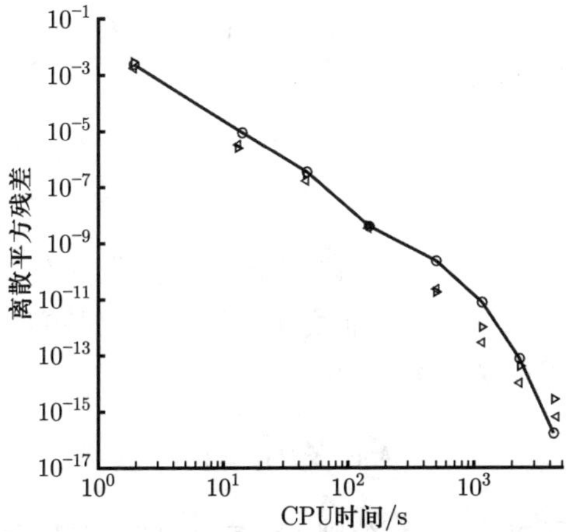

图 3.11 离散平方残差与所耗 CPU 时间的关系. 实线: $c_0 = -7/5$, 基本最优同伦分析方法 ($\kappa = 1$); 左三角: $c_1 = -1.4572$, $c_2 = -0.0795$, 双参数最优同伦分析方法 ($\kappa = 2$); 右三角: $c_1 = -1.4870$, $c_2 = -0.0826$, $c_3 = -0.0126$, 三参数最优同伦分析方法 ($\kappa = 3$)

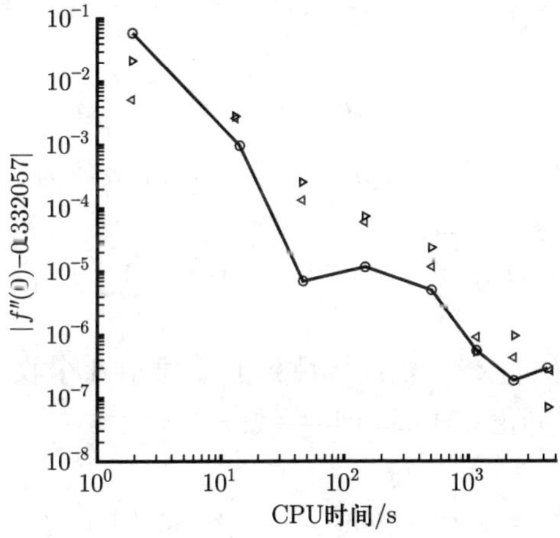

图 3.12 绝对误差 $|f''(0) - 0.332057|$ 与所耗 CPU 时间的关系. 实线: $c_0 = -7/5$, 基本最优同伦分析方法 ($\kappa = 1$); 左三角: $c_1 = -1.4572$, $c_2 = -0.0795$, 双参数最优同伦分析方法 ($\kappa = 2$); 右三角: $c_1 = -1.4870$, $c_2 = -0.0826$, $c_3 = -0.0126$, 三参数最优同伦分析方法 ($\kappa = 3$)

但具有更多收敛控制参数的最优同伦分析方法并没有给出明显优于基本最优同伦分析方法的同伦近似. 因此, 在实际计算过程中, 我们建议先考虑使用基本最优同伦分析方法.

综上所述, 最优同伦分析方法给出的近似通常比常规同伦分析方法收敛得快得多. 本章所考虑的例子表明, 具有一个或两个收敛控制参数的最优同伦分析方法在计算上是最有效的, 并且可以给出足够准确的近似, 但是具有太多收敛控制参数的最优同伦分析方法的计算是耗时的.

3.3 系统性描述

离散平方残差 (3.29) 的定义和上述最优同伦分析方法具有一般意义. 因此, 它们可用于求解不同类型的强非线性方程. 这里, 我们将从整体上对它们进行简要描述. 给定非线性微分方程

$$\mathcal{N}[u(\mathbf{x},t)]=0, \tag{3.36}$$

其中 $u(\mathbf{x},t)$ 为未知函数, $\mathbf{x}$ 和 t 分别表示空间和时间自变量, 我们可以选择适当的初始猜测解 $u_0(\mathbf{x},t)$ 和辅助线性算子 $\mathcal{L}$ 以构造零阶形变方程

$$[1-\alpha(q)]\,\mathcal{L}\left[\phi(\mathbf{x},t;q)-u_0(\mathbf{x},t)\right]=c_0\,\beta(q)\,\mathcal{N}\left[\phi(\mathbf{x},t;q)\right], \tag{3.37}$$

其中 $q\in[0,1]$ 为嵌入变量, $\alpha(q)$ 和 $\beta(q)$ 为具有以下 κ 个未知收敛控制参数的两个形变函数

$$\mathbf{c}=\{c_1,c_2,\cdots,c_\kappa\},$$

其中 κ 可能是无穷大, $\alpha(q)$ 和 $\beta(q)$ 的 Maclaurin 级数为

$$\alpha(q)\sim\sum_{n=1}^{+\infty}\alpha_n\,q^n,\qquad \beta(q)\sim\sum_{n=1}^{+\infty}\beta_n\,q^n.$$

假设初始猜测解 $u_0(\mathbf{x},t)$, 辅助线性算子 $\mathcal{L}$ 和 $\kappa+1$ 个收敛控制参数 $c_0,c_1,\cdots,c_\kappa$ 选取得适当, 使得同伦 - Maclaurin 级数

$$\phi(\mathbf{x},t;q)=u_0(\mathbf{x},t)+\sum_{m=1}^{+\infty}u_m(\mathbf{x},t)\,q^m \tag{3.38}$$

在 $q=1$ 时收敛, 得到同伦级数解

$$u(\mathbf{x},t)=u_0(\mathbf{x},t)+\sum_{m=1}^{+\infty}u_m(\mathbf{x},t). \tag{3.39}$$

将 (3.38) 代入零阶形变方程 (3.37), 然后将嵌入变量 q 的相同次幂的系数取等式, 得到[①] m 阶形变方程

$$\mathcal{L}\left[u_m(\mathbf{x},t)-\sum_{n=1}^{m-1}\alpha_{m-n}\,u_n(\mathbf{x},t)\right]=c_0\sum_{n=1}^{m}\beta_n\,\delta_{m-n}(\mathbf{x},t), \tag{3.40}$$

其中

$$\delta_j(\mathbf{x},t)=\mathcal{D}_j\left\{\mathcal{N}\left[\sum_{n=0}^{+\infty}u_n(\mathbf{x},t)\,q^n\right]\right\}. \tag{3.41}$$

§3.1 给出了 j 阶同伦导数算子 $\mathcal{D}_j$ 的定义. (3.40) 的特解 $u_m^*(\mathbf{x},t)$ 为

$$u_m^*(\mathbf{x},t)=\sum_{n=1}^{m-1}\alpha_{m-n}\,u_n(\mathbf{x},t)+c_0\sum_{n=1}^{m}\beta_n\,S_{m-n}(\mathbf{x},t), \tag{3.42}$$

其中

$$S_n(\mathbf{x},t)=\mathcal{L}^{-1}\left[\delta_n(\mathbf{x},t)\right], \tag{3.43}$$

$\mathcal{L}^{-1}$ 为 $\mathcal{L}$ 的逆算子. 然后, $u_m(\mathbf{x},t)$ 由相应的边界 (初始) 条件唯一确定.

为了避免精确平方残差的耗时计算, 在 m 阶近似下, 我们用类似于 (3.29) 的方法定义了一种离散平方残差 E_m.

定义 3.1 令

$$(\mathbf{x}_j,t_j)\in\Omega,\quad j=0,1,2,\cdots,N$$

表示在区域 Ω 内适当选择的 $N+1$ 个点, 在这些点上定义了非线性方程 $\mathcal{N}[u(\mathbf{x},t)]=0$. 那么, 积分

$$E_m=\frac{1}{(N+1)}\sum_{j=0}^{N}\left\{\mathcal{N}\left[\sum_{n=0}^{m}u_n(\mathbf{x}_j,t_j)\right]\right\}^2 \tag{3.44}$$

称为 $\mathcal{N}(u)=0$ 在区域 Ω 内的离散平方残差.

假设 m 阶同伦近似包含 $\kappa'+1$ 个未知收敛控制参数, 其中 $\kappa'\leqslant\kappa$. 那么, E_m 包含 $\kappa'+1$ 个未知收敛控制参数 $c_0,c_1,\cdots,c_{\kappa'}$, 其最优值由 E_m 的最小值

① 利用所谓的 m 阶同伦导数算子 $\mathcal{D}_m$ 和第四章中证明的相关定理, 可以得到完全相同的 m 阶形变方程.

确定, 对应于 $\kappa'+1$ 个非线性代数方程

$$\frac{\partial E_m}{\partial c_j}=0,\quad 0\leqslant j\leqslant \kappa'\leqslant \kappa.$$

当 $\kappa\geqslant 1$ 是固定的有限整数时, 上述方法给出了所谓的有限参数最优同伦分析方法. 当存在无穷多个收敛控制参数, 即 $\kappa\to+\infty$ 时, 例如, 收敛控制参数的数量随着近似阶数呈线性增加, 这给出了所谓的无穷参数最优同伦分析方法.

上述最优同伦分析方法基于具有一些未知收敛控制参数的形变函数. 其中满足性质 (3.7) 和 (3.8) 的形变函数有无穷多个. 例如, 廖世俊 [166] 在所谓的三参数最优同伦分析方法中提出了单参数形变函数

$$\beta(q;c)=(1-c)\sum_{n=1}^{+\infty}c^{n-1}q^n,\quad |c|<1, \tag{3.45}$$

其中包含了同伦分析方法框架中主要使用的特例 $\beta(q;0)=q$ $(c=0)$. 此外, 也可以定义如下单参数形变函数

$$\bar{\beta}(q;c)=\frac{1}{\zeta(c)}\sum_{n=1}^{+\infty}\frac{q^n}{n^c},\quad c>1, \tag{3.46}$$

其中 $\zeta(c)$ 为黎曼 zeta 函数, c 为收敛控制参数. 我们称 $\beta(q;c)$ 和 $\bar{\beta}(q;c)$ 分别为第一类和第二类单参数形变函数.

此外, 任意两个不同的形变函数均可组合产生新的形变函数. 例如,

$$\alpha(q)=\beta(q;c_1)\,\bar{\beta}(q;c_2) \tag{3.47}$$

定义了具有两个收敛控制参数 c_1 和 c_2 的形变函数. Zhao 和 Wong [182] 定义了一个形变函数族

$$A_{m+1}(q;\mathbf{c}_{m+1})=\frac{c_{m+1}\,A_m(q;\mathbf{c}_m)}{1+(c_{m+1}-1)\,A_m(q;\mathbf{c}_m)}, \tag{3.48}$$

其中 $c_j\neq 0$ $(j=1,2,3,\cdots,m+1)$ 为收敛控制参数, $A_m(q;\mathbf{c}_m)$ 为具有 m 个收敛控制参数 $\mathbf{c}_m=\{c_1,c_2,\cdots,c_m\}$ 的 m 参数形变函数. 为了避免上述形变函数的奇异性, 我们必须添加如下限制条件

$$1+(c_{m+1}-1)\,A_m(q;\mathbf{c}_m)\neq 0,\qquad q\in[0,1]. \tag{3.49}$$

一般来说, 给定任何收敛级数

$$\Pi=\sum_{n=1}^{+\infty}c_n\neq 0,$$

我们总是可以定义相应的形变函数

$$\beta(q;\mathbf{c}_\infty) = \frac{1}{\Pi}\sum_{n=1}^{+\infty} c_n\, q^n,$$

其中

$$\mathbf{c}_\infty = \{c_1, c_2, \cdots\}.$$

特别是, 当 $\Pi = \sum\limits_{n=1}^{\kappa} c_n \neq 0$ 时, 我们有 κ 参数形变函数

$$\beta(q;\mathbf{c}_\kappa) = \frac{1}{\Pi}\sum_{n=1}^{+\kappa} c_n\, q^n.$$

在 $\alpha(q) = q$ 和

$$\beta(q) = \frac{1}{c_0}\sum_{n=1}^{\kappa} c_k\, q^k, \qquad c_0 = \sum_{n=1}^{\kappa} c_n \neq 0$$

的特殊情况下, 其中 $\kappa \geqslant 1$ 要么是有限整数, 要么是无穷大. 相应的零阶形变方程为

$$(1-q)\,\mathcal{L}\left[\phi(\mathbf{x},t;q) - u_0(\mathbf{x},t)\right] = \left(\sum_{n=1}^{\kappa} c_n\, q^n\right)\mathcal{N}\left[\phi(\mathbf{x},t;q)\right], \tag{3.50}$$

相应的高阶形变方程变为

$$\mathcal{L}\left[u_m(\mathbf{x},t) - \chi_m\, u_{m-1}(\mathbf{x},t)\right] = c_0 \sum_{n=1}^{\min\{m,\kappa\}} \beta_n\, \delta_{m-n}(\mathbf{x},t), \tag{3.51}$$

相应的最优同伦近似包含 $\min\{m,\kappa\}$ 个收敛控制参数. 特别是, 当 $\kappa = 1$ 时, 我们只有一个收敛控制参数 c_0, 这正是基本最优同伦分析方法. 当 $\kappa = +\infty$ 时, 这正是 Marinca 和 Herişanu [170] 提出的最优同伦分析方法. 当 $\kappa = 2$ 或 $\kappa = 3$ 时, 我们在本章提出了有限参数最优同伦分析方法. 因此, 这个最优同伦分析方法在逻辑上包含了基本最优同伦分析方法和 Marinca 与 Herişanu [170] 提出的最优方法, 因而更具有一般性.

3.4 本章小结及讨论

基于拓扑中的同伦概念, 同伦分析方法提供了极大的自由度来选取初始猜测解、辅助线性算子 $\mathcal{L}$ 和形变函数来构造零阶形变方程. 特别是, 1997 年廖世

俊 [157] 引入的收敛控制参数 c_0 为我们提供了一种简便的方法控制和调节同伦级数的收敛性: 与其他解析方法不同, 同伦分析方法可以保证非线性方程级数解的收敛性. 事实上, 正是收敛控制参数 c_0 使得同伦分析方法不同于其他解析方法. 因此, 廖世俊 [157] 在零阶形变方程 (3.5) 中引入收敛控制参数 c_0 是同伦分析方法的一个里程碑. 本质上, 收敛控制参数 c_0 为我们提供了一个 "人工" 自由度, 以保证同伦级数解的收敛性. 所以, 廖世俊 [158] 在 1999 年进一步提出了更广义的零阶形变方程 (3.6), 这为我们在理论上引入更多收敛控制参数提供了极大的自由度. 然后, 由控制方程的平方残差的最小值确定收敛控制参数的最优值, 从而给出给定非线性方程收敛最快的级数解.

本章以 Blasius 流动为例, 描述了不同类型的最优同伦分析方法的基本思想, 并对它们进行了比较. 利用形变函数

$$\alpha(q)=q,\quad \beta(q)=\frac{1}{c_0}\sum_{n=1}^{\kappa}c_n\,q^n,\quad c_0=\sum_{n=1}^{\kappa}c_n\neq 0,\quad \kappa\geqslant 1,$$

我们提出了一个更广义的最优同伦分析方法: 当 $\kappa=1$ 时, 它是基本最优同伦分析方法; 当 $\kappa\to\infty$ 时, 它是 Marinca 和 Herişanu 的最优同伦分析方法 [170]; 当 κ 为有限正整数时, 它是有限参数最优同伦分析方法. 根据这些计算, 我们得出以下结论:

1. 最优收敛控制参数给出的同伦近似通常更精确;
2. 具有一个收敛控制参数 c_0 的基本最优同伦分析方法在大多数情况下都能给出足够好的近似, 因此强烈建议在实际计算过程中优先考虑使用基本最优同伦分析方法;
3. 更多的收敛控制参数可能会给出更好的近似解, 但需要消耗更多的 CPU 时间. 因此, 考虑到精度与所耗 CPU 时间的关系, 在实际中强烈建议使用具有一个收敛控制参数的基本最优同伦分析方法和具有两个或三个收敛控制参数的最优同伦分析方法. 换句话说, 我们应该在实际中考虑计算效率.

需要注意的是, 不同类型的最优同伦分析方法的计算效率在很大程度上取决于寻找平方残差最小值的方法. 在本书中, 符号推导软件 Mathematica 设置 `WorkingPrecision->50` 的命令 `NMinimize` 用于找出平方残差的最小值和相应的最优收敛控制参数. 如果将来能提出求平方残差最小值更好的方法, 本章所述的最优同伦分析方法将会更加强大.

到目前为止还没有严格的理论来指导我们如何为给定的非线性方程选择足够好的零阶形变方程, 因此在实际中提供一种保证同伦级数快速收敛的简便方

法是非常重要的. 我们的策略是引入一些没有物理意义的未知辅助参数 (即收敛控制参数), 然后通过控制方程平方残差的最小值来确定它们的最优值. 需要强调的是, 在同伦分析方法框架中, 我们可以通过许多不同的方式引入这种未知辅助参数. 例如, 如果我们为本章中考虑的 Blasius 边界层流动选择初始近似

$$u_0(\xi) = \xi + (1+\mu)\, e^{-\xi} - \frac{\mu}{2}\, e^{-2\xi} - \left(1 + \frac{\mu}{2}\right), \tag{3.52}$$

那么我们也可以将未知的 μ 视为收敛控制参数. 事实上, 最优同伦分析方法为我们提供了极大的自由度来引入不同类型的收敛控制参数, 以获得足够精确的近似.

问题

3.1 收敛控制参数对初始近似的影响

如果使用 (3.52) 定义的初始近似 $u_0(\xi)$, 并将 μ 视为收敛控制参数之一, 如何找到最优同伦近似? 如何在初始近似中引入更多这样的收敛控制参数?

3.2 最优同伦分析方法与迭代的结合

如何将最优同伦分析方法与第二章中描述的迭代方法相结合, 以进一步加速非线性微分方程级数解的收敛?

参考文献

[142] Adomian, G.: Nonlinear stochastic differential equations. J. Math. Anal. Applic. **55**, 441–452 (1976).

[143] Adomian, G.: A review of the decomposition method and some recent results for nonlinear equations. Comput. Math. Appl. **21**, 101–127 (1991).

[144] Adomian, G.: Solving Frontier Problems of Physics: The Decomposition Method. Kluwer Academic Publishers, Boston (1994).

[145] Adomian, G., Adomian, G.E.: A global method for solution of complex systems. Math. Model. **5**, 521–568 (1984).

[146] Akyildiz, F.T., Vajravelu, K.: Magnetohydrodynamic flow of a viscoelastic fluid. Phys. Lett. A. **372**, 3380–3384 (2008).

[147] Awrejcewicz, J., Andrianov, I.V., Manevitch, L.I.: Asymptotic Approaches in Nonlinear Dynamics. Springer-Verlag, Berlin (1998).

[148] Björck, Å.: Numerical Methods for Least Squares Problems. SIAM (1996).

[149] Cherruault, Y.: Convergence of Adomian's method. Kyberneters. **8**, 31–38 (1988).

[150] Cole, J.D.: Perturbation Methods in Applied Mathematics. Blaisdell Publishing Company,Waltham (1992).

[151] He, J.H.: Homotopy perturbation technique. Comput. Method. Appl. M. **178**, 257–262 (1999).

[152] Hilton, P.J.: An Introduction to Homotopy Theory. Cambridge University Press, Cambridge (1953).

[153] Karmishin, A.V., Zhukov, A.T., Kolosov, V.G.: Methods of Dynamics Calculation and Testing for Thin-walled Structures (in Russian). Mashinostroyenie, Moscow (1990).

[154] Kevorkian, J., Cole, J.D.: Multiple Scales and Singular Perturbation Methods. Springer-Verlag, New York (1995).

[155] Liang, S.X., Jeffrey, D.J.: Comparison of homotopy analysis method and homotopy perturbation method through an evalution equation. Commun. Nonlinear Sci. Numer. Simulat. **14**, 4057–4064 (2009).

[156] Liao, S.J.: The Proposed Homotopy Analysis Technique for the Solution of Nonlinear Problems. PhD dissertation, Shanghai Jiao Tong University (1992).

[157] Liao, S.J.: A kind of approximate solution technique which does not depend upon small parameters (II) - An application in fluid mechanics. Int. J. Nonlin. Mech. **32**, 815–822 (1997).

[158] Liao, S.J.: An explicit, totally analytic approximation of Blasius viscous flow problems. Int. J. Nonlin. Mech. **34**, 759–778 (1999).

[159] Liao, S.J.: Beyond Perturbation -Introduction to the Homotopy Analysis Method. Chapman & Hall/CRC Press, Boca Raton (2003).

[160] Liao, S.J.: On the homotopy analysis method for nonlinear problems. Appl. Math. Comput. **147**, 499–513 (2004).

[161] Liao, S.J.: Series solutions of unsteady boundary-layer flows over a stretching flat plate. Stud. Appl. Math. **117**, 2529–2539 (2006).

[162] Liao, S.J.: Notes on the homotopy analysis method - Some definitions and theorems. Commun. Nonlinear Sci. Numer. Simulat. **14**, 983–997 (2009a).

[163] Liao, S.J.: A general approach to get series solution of non-similarity boundary layer flows. Commun. Nonlinear Sci. Numer. Simulat. **14**, 2144–2159 (2009b).

[164] Liao, S.J.: Series solution of deformation of a beam with arbitrary cross section under an axial load. ANZIAM J. **51**, 10–33 (2009c).

[165] Liao, S.J.: On the relationship between the homotopy analysis method and Euler transform. Commun. Nonlinear Sci. Numer. Simulat. **15**, 1421–1431 (2010a).

[166] Liao, S.J.: An optimal homotopy-analysis approach for strongly nonlinear differential equations. Commun. Nonlinear Sci. Numer. Simulat. **15**, 2003–2016 (2010b).

[167] Liao, S.J., Tan, Y.: A general approach to obtain series solutions of nonlinear differential equations. Stud. Appl. Math. **119**, 297–355 (2007).

[168] Lindstedt, A.: Under die integration einer für die storungstheorie wichtigen differentialgleichung. Astron. Nach. **103**, 211–222 (1882).

[169] Lyapunov, A.M.: General Problem on Stability of Motion (English translation). Taylor & Francis, London (1992).

[170] Marinca, V., Heris¸anu, N.: Application of optimal homotopy asymptotic method for solving nonlinear equations arising in heat transfer. Int. Commun. Heat Mass. **35**, 710–715 (2008).

[171] Marinca, V., Heris¸anu, N.: An optimal homotopy asymptotic method applied to the steady flow of a fourth-grade fluid past a porous plat. Appl. Math. Lett. **22**, 245–251 (2009).

[172] Marinca, V., Heris¸anu, N.: Comments on "A one-step optimal homotopy analysis method for nonlinear differential equations". Commun. Nonlinear Sci. Numer. Simulat. **15**, 3735–3739 (2010).

[173] Murdock, J.A.: Perturbations - Theory and Methods. John Wiley & Sons, New York (1991).

[174] Nayfeh, A.H.: Perturbation Methods. John Wiley & Sons, New York (2000).

[175] Niu, Z., Wang, C.: A one-step optimal homotopy analysis method for nonlinear differential equations. Commun. Nonlinear Sci. Numer. Simulat. **15**, 2026–2036 (2010a).

[176] Niu, Z., Wang, C.: Reply to "Comments on 'A one-step optimal homotopy analysis method for nonlinear differential equations"'. Commun. Nonlinear Sci. Numer. Simulat. **15**, 3740–3743 (2010b).

[177] Rach, R.: A new definition of Adomian polymonial. Kybernetes. **37**, 910–955 (2008).

[178] Sen, S.: Topology and Geometry for Physicists. Academic Press, Florida (1983).

[179] Von Dyke, M.: Perturbation Methods in Fluid Mechanics. The Parabolic Press, Stanford (1975).

[180] Yabushita, K., Yamashita, M., Tsuboi, K.: An analytic solution of projectile motion with the quadratic resistance law using the homotopy analysis method. J. Phys. A - Math. Theor. **40**, 8403–8416 (2007).

[181] Yang, C., Liao, S.J.: On the explicit, purely analytic solution of Von Kármán swirling viscous flow. Commun. Nonlinear Sci. Numer. Simulat. **11**, 83–39 (2006).

[182] Zhao, J., Wong, H.Y.: A closed-form solution to American options under general diffussion processes. Quant. Financ. (Available online, DOI: 10.1080/14697680903193405).

附录 3.1 Blasius 流动的 Mathematica 程序

通过不同类型的最优同伦分析方法求解 Blasius 边界层流动方程

$$f''' + \frac{1}{2}f\, f'' = 0, \quad f(0) = 0, f'(0) = 0, f'(+\infty) = 1.$$

使 用 指 南

输入数据:

`c0`:	基本收敛控制参数 c_0;
`c1, c2`:	收敛控制参数 c_1 和 c_2.

控制参数:

`OHAM`:	当 `OHAM = 0` 时, 基本或三参数最优同伦分析方法;
	当 `OHAM = 1` 时, 无穷或有限参数最优同伦分析方法;
`Nstep`:	(3.50) 中整数 κ 的值;
`PRN`:	当 `PRN = 1` 时, 显示使用的 CPU 时间.

计算结果:

`f[k]`:	$f(\eta)$;
`fx[k]`:	$f'(\eta)$;
`fxx0[k]`:	$f''(0)$;
`delta[k]`:	(3.25) 定义的 $\delta_k(\xi)$;
`S[k]`:	(3.27) 定义的 $S_k(\xi)$;
`alpha[n]`:	α_n, $\alpha(q)$ 的 Maclaurin 级数的系数;
`beta[n]`:	β_n, $\beta(q)$ 的 Maclaurin 级数的系数;
`cc[n]`:	当 $m = \min\{n, \kappa\}$ 时, 参数集合 $\{c_1, c_2, \cdots, c_n\}$;
`u[k]`:	$u_k(\xi)$;
`U[k]`:	$u(\xi)$ 的 k 阶近似, 即 $\sum\limits_{n=0}^{k} u_n(\xi)$;
`Err[k]`:	(3.29) 定义的平方残差 E_k.

主要代码:

`ham[1,11]`:	首先, 获得 1 阶至 11 阶同伦近似;
`ham[12,25]`:	其次, 获得 12 阶至 25 阶同伦近似;
`GetErr[k]`:	获得 (3.29) 定义的平方残差 E_k.

Blasius 流动的 Mathematica 程序

廖世俊编写
上海交通大学
2010 年 6 月

```
<<Calculus"Pade";
<<Graphics"Graphics";

(*************************************************************)
(* Define the initial guess                                  *)
(*************************************************************)
u[0]      = y - 1 + Exp[-y];
U[0]      = u[0];
f[0]      = U[0]/lambda /. y-> lambda*x ;
fxx0[0]   = D[f[0],{x,2}] /. x->0 ;
lambda    = N[4,100];

(*************************************************************)
(* Define auxiliary linear operator L                        *)
(*************************************************************)
L[f_] := D[f,{y,3}] + D[f,{y,2}];

(*************************************************************)
(* Define inverse operator of auxiliary linear operator Linv *)
(*   Gain the solution u of equation:  L[u ] =  f            *)
(*************************************************************)
Linv{f_] := Module[{temp},
temp = DSolve[ L[w[y]] == f, w[y], y];
temp[[1,1,2]] /. C[_]->0 // Expand
];

(*************************************************************)
(* The property of the inverse operator Linv                 *)
(*             Linv[f_+g_]  := Linv[f] + Linv[g]             *)
(*************************************************************)
```

```
Linv[p_Plus]  := Map[Linv,p];
Linv[c_*f_]   := c*Linv[f] /; FreeQ[c,y];

(*************************************************************)
(* Define Getdelta[m]                                        *)
(*************************************************************)
Getdelta[k_] := Module[{temp},
uyy[k]    = D[u[k],{y,2}] //Expand ;
uyyy[k]   = D[uyy[k],y] //Expand ;
temp[1]   = Sum[u[k-n]*uyy[n],{n,0,k}]/2lambda/lambda//Expand;
temp[2]   = uyyy[k] + temp[1] //Expand;
delta[k] = Collect[temp[2], y^_.*Exp[_.]];
];

(*************************************************************)
(* Define GetErr[m]                                          *)
(*    This module gives averaged squared residual            *)
(*************************************************************)
GetErr[k_] := Module[{temp,dy,G,x,s},
Uyy[k] = D[U[k],{y,2}];
Uyyy[k] = D[Uyy[k],y];
error[k] = Uyyy[k] +U[k] *Uyy[k]/2/lambda/lambda;
Ymax = 10;
Nmax = 20;
dy    = N[Ymax/Nmax,100];
s     = 0;
For[j = 0, j<= Nmax, j = j + 1,
    x = j*dy;
    G[j]  = error[k] /. y -> x //Expand;
    temp[2] = G[j]^2;
    s       = s + temp[2];
   ];
Err[k]   = s/(Nmax+1) /. {AA->1-c1, BB-> 1-c2};
If[NumberQ[Err[k]],Err[k]//N//Print];
];
(*************************************************************)
(*                       Main Code                           *)
(*************************************************************)
ham[begin_,end_]:=Block[{uSpecial,B0,B2,temp,z,s},
```

```
time[0] = SessionTime[];
For[k=begin,k<=end,k=k+1,
    If[k==1,
       Print["---------------------------------------------"]
       ];
    If[k == 1 && OHAM == 0,
       Nstep = Infinity;
       If[NumberQ[c1], beta[1]  = 1-c1, beta[1]  = AA ];
       If[NumberQ[c2], alpha[1] = 1-c2, alpha[1] = BB ];
       Print["FINITE-parameter optimal HAM"];
       Print["   c0 = ",c0];
       Print["   c1 = ",c1];
       Print["   c2 = ",c2];
       If[c1 ==0 && c2 ==0,
          Print["This is the BASIC optimal HAM ! "]
          ];
       ];
    If[ k>1&& OHAM == 0 ,
        beta[k] =c1*beta[k-1];
        alpha[k] =c2*alpha[k-1];
        ];
    If[k == 1 && OHAM > 0,
       If[Nstep == Infinity,
          Print["INFINITE-parameter optimal HAM"],
          Print["FINITE-parameter optimal HAM"]
          ];
       alpha[1] = 1 - c2;
       c0  = 1;
       Print[" Nstep = ",Nstep];
       Print["   c0  = ",c0];
       Print["   c2  = ",c2];
       ];
    If[k > 1 && OHAM > 0, alpha[k] = c2*alpha[k-1] ];
    If[k==1,
       Print["---------------------------------------------"]
       ];
    If[OHAM > 0 && k == 1, cc = {beta[1]} ];
    If[OHAM > 0 && k > 1 && k <= Nstep,
       temp = Union[cc,{beta[k]}];
```

```
        cc = temp
        ];
    Print["k = ",k];
    Getdelta[k-1];
    temp   = Linv[delta[k-1]];
    S[k-1] = Collect[temp, y^_.*Exp[_.]];
    temp     = Sum[alpha[k-n]*u[n],{n,1,k-1}] ;
    uSpecial = temp+c0*Sum[beta[n]*S[k-n],{n,1,Min[k,Nstep]}];
    B2     = D[uSpecial,y] /. y->0 ;
    B0     = -B2 - uSpecial /. y->0;
    temp   = uSpecial + B0 + B2*Exp[-y] // Expand;
    u[k]   = Collect[temp, y^_.*Exp[_.] ];
    U[k]   = Expand[U[k-1] + u[k]];
    f[k]    = U[k]/lambda /. {y -> lambda*x,AA->1-c1,BB->1-c2};
    fx[k]   = D[f[k],x];
    fxx0[k] = D[fx[k],x] /. x->0 ;
    If[NumberQ[fxx0[k]], Print[" f''(0) = ", fxx0[k]//N] ];
    If[IntegerQ[k/5] && PRN == 1,
       time[k] = SessionTime[];
       temp =  time[k]-time[0];
       Print["Used CPU time = ",temp, " (seconds) "];
       ];
    ];
Print["successful "];
];
(***************************************************************)
(* Define physical and control parameters                      *)
(***************************************************************)
OHAM  = 0;
Nstep = Infinity;
PRN   = 1;
c0    = -7/5;
c1    = 0;
c2    = 0;

(* Gain the 10th-order homotopy-approximation *)
ham[1,10];
```

第四章　系统性描述与相关定理

摘要

本章系统详细地描述了同伦分析方法 (HAM), 并对与同伦导数算子和形变方程相关的定理进行证明, 这有助于获得高阶近似. 此外, 还证明了一些收敛定理、概括描述了控制和加速收敛的方法, 并对一些有待解决的问题进行讨论.

4.1　同伦分析方法的简要框架

第二章通过两个简单的例子描述了同伦分析方法 (HAM) [202, 203, 204, 205, 206, 207, 208, 209, 210, 211, 212, 213, 214, 215, 216, 200, 227] 的基本思想. 本章将以一般的方式系统地描述同伦分析方法.

同伦分析方法的出发点是构造所谓的零阶形变方程. 给定由 $\mathcal{E}_1$ 表示的原始非线性方程

$$\mathcal{N}\left[u(\mathbf{x},t)\right]=0,$$

该方程至少有一个解 $u(\mathbf{x},t)$, $\mathcal{N}$ 为非线性算子, $\mathbf{x}$ 为所有空间自变量的向量, t 为时间自变量. 假设我们可以选择一个初始方程 $\mathcal{E}_0$, 其解 $u_0(\mathbf{x},t)$ 很容易知道, 并且我们可以构造方程的同伦 [188, 225] $\tilde{\mathcal{E}}(q):\mathcal{E}_0\sim\mathcal{E}_1$, 使得当同伦参数 $q\in[0,1]$ 从 0 增加到 1 时, $\tilde{\mathcal{E}}(q)$ 从初始方程 $\mathcal{E}_0$ 连续形变 (或变化) 到原始方程 $\mathcal{E}_1$, 而它的解在 $q\in[0,1]$ 上存在且从初始方程 $\mathcal{E}_0$ 的已知解 $u_0(\mathbf{x},t)$ 连续变化到原始方程 $\mathcal{E}_1$ 的未知解 $u(\mathbf{x},t)$, 即 $\mathcal{N}\left[u(\mathbf{x},t)\right]=0$. 这种同伦方程称为零阶形

变方程, 其定义在第二章中已给出. 如第二章所述, 给定一个原始的非线性方程 $\mathcal{E}_1$, 我们有很大的自由来构造许多不同的零阶形变方程. 本质上, 正是这种自由度使同伦分析方法不同于其他解析近似方法 [189, 193, 194, 221, 222, 223].

假设对于给定的原始方程 $\mathcal{N}[u(\mathbf{x},t)]=0$, 零阶形变方程构造适当, 使得解 $\phi(\mathbf{x},t;q)$ 在 $q\in[0,1]$ 上存在, 并且在 $q=0$ 时是解析的, 因此其关于同伦参数 q 的 Maclaurin 级数存在. 根据零阶形变方程的定义, 在 $q=0$ 时, 我们有辅助方程 $\mathcal{E}_0$, 其解 $u_0(\mathbf{x},t)$ 很容易知道, 即

$$\phi(\mathbf{x},t;0)=u_0(\mathbf{x},t). \tag{4.1}$$

在 $q=1$ 时, $\tilde{\mathcal{E}}(q)$ 等价于原始方程 $\mathcal{N}[u(\mathbf{x},t)]=0$, 因此我们得到

$$\phi(\mathbf{x},t;1)=u(\mathbf{x},t). \tag{4.2}$$

利用 (4.1), $\phi(\mathbf{x},t;q)$ 关于 q 的 Maclaurin 级数为

$$\phi(\mathbf{x},t;q)\sim u_0(\mathbf{x},t)+\sum_{k=1}^{+\infty}u_k(\mathbf{x},t)\,q^k, \tag{4.3}$$

其中

$$u_k(\mathbf{x},t)=\frac{1}{k!}\left.\frac{\partial^k\phi(\mathbf{x},t;q)}{\partial q^k}\right|_{q=0}=\mathcal{D}_k\left[\phi(\mathbf{x},t;q)\right].$$

这里, (4.3) 称为 $\phi(\mathbf{x},t;q)$ 的同伦–Maclaurin 级数, $\mathcal{D}_k[\phi(\mathbf{x},t;q)]$ 称为 $\phi(\mathbf{x},t;q)$ 的 k 阶同伦导数, $\mathcal{D}_k$ 称为 k 阶同伦导数算子. 特别是, 在 $q=1$ 时, 有同伦级数

$$\phi(\mathbf{x},t;1)\sim u_0(\mathbf{x},t)+\sum_{k=1}^{+\infty}u_k(\mathbf{x},t). \tag{4.4}$$

如果上述同伦级数收敛至 $\phi(\mathbf{x},t;1)$, 则根据 (4.2) 得到同伦级数解

$$u(\mathbf{x},t)=u_0(\mathbf{x},t)+\sum_{k=1}^{+\infty}u_k(\mathbf{x},t). \tag{4.5}$$

在实际计算过程中, 只能得到有限项, 下式给出了 M 阶同伦近似

$$u(\mathbf{x},t)\approx u_0(\mathbf{x},t)+\sum_{k=1}^{M}u_k(\mathbf{x},t). \tag{4.6}$$

需要注意的是, 未知项 $u_k(\mathbf{x},t)$ 由所谓的高阶形变方程控制, 该方程完全由零阶形变方程确定. §4.3 中给出了不同类型的零阶形变方程和高阶形变方程.

所有这些高阶形变方程都是关于 $u_k(\mathbf{x},t)$ 的线性方程, 因此很容易通过 Mathematica 和 Maple 等符号推导软件求解. 此外, §4.2 中证明了关于同伦导数算子 $\mathcal{D}_k$ 的一些定理. 利用这些定理, 很容易获得不同类型的零阶形变方程对应的高阶形变方程. 此外, §4.4 中证明了只要零阶形变方程构造得当, 其解存在, 并且在整个区间 $q\in[0,1]$ 内对 q 是解析的, 所有同伦级数就都满足原始方程, 因此都是同伦级数解.

因此, 同伦分析方法的关键是构造一个适当的零阶形变方程, 使其解在区间 $q\in[0,1]$ 内存在并解析.

4.2 同伦导数的性质

如第二章所述, 在同伦分析方法框架中使用了所谓的同伦导数. 在这里, 我们首先给出了同伦导数的严格定义, 然后证明了它的一些一般性质. 利用这些性质, 很容易推导出任何给定零阶形变方程的相应高阶形变方程.

定义 4.1 令 ϕ 为关于同伦参数 q 的函数, 则

$$\mathcal{D}_m(\phi)=\left.\frac{1}{m!}\frac{d^m\phi}{dq^m}\right|_{q=0} \tag{4.7}$$

称为 ϕ 的 m 阶同伦导数, 其中 $m\geqslant 0$ 为整数, $\mathcal{D}_m$ 称为 m 阶同伦导数算子.

定理 4.1 对于两个任意的同伦–Maclaurin 级数

$$\phi=\sum_{k=0}^{+\infty}u_k\,q^k,\quad \psi=\sum_{k=0}^{+\infty}w_k\,q^k,$$

其中 ϕ 与 ψ 在 $q\in[0,a)$ 上是解析的, 则

(a) $\mathcal{D}_m(\phi)=u_m,$ (4.8)

$$\text{(b) } \mathcal{D}_m(q^k\phi)=\mathcal{D}_{m-k}(\phi)=\begin{cases}u_{m-k}, & 0\leqslant k\leqslant m,\\ 0, & \text{其他情况},\end{cases} \tag{4.9}$$

$$\begin{aligned}\text{(c) } \mathcal{D}_m(\phi\,\psi)&=\sum_{k=0}^{m}\mathcal{D}_k(\phi)\,\mathcal{D}_{m-k}(\psi)=\sum_{k=0}^{m}u_k\,w_{m-k}\\ &=\sum_{k=0}^{m}\mathcal{D}_{m-k}(\phi)\,\mathcal{D}_k(\psi)=\sum_{k=0}^{m}u_{m-k}\,w_k,\end{aligned} \tag{4.10}$$

$$\text{(d) } \mathcal{D}_m(\phi^{n+1})=\sum_{k=0}^{m}\mathcal{D}_k(\phi)\,\mathcal{D}_{m-k}(\phi^n)=\sum_{k=0}^{m}\mathcal{D}_{m-k}(\phi)\,\mathcal{D}_k(\phi^n) \tag{4.11}$$

成立, 其中 $m \geqslant 0, n \geqslant 1, 0 \leqslant k \leqslant m$ 为整数.

证明 (a) 根据泰勒定理 [190], 关于同伦参数 q 的 Maclaurin 级数 $\phi = \sum_{m=0}^{+\infty} u_m\, q^m$ 的唯一系数 u_m 由下式给出

$$u_m = \frac{1}{m!}\left.\frac{\partial^m \phi}{\partial q^m}\right|_{q=0},$$

结合 $\mathcal{D}_m(\phi)$ 的定义 (4.7) 得到 (4.8).

(b) 由于存在

$$q^k\phi = q^k\sum_{j=0}^{+\infty} u_j\, q^j = \sum_{j=0}^{+\infty} u_j\, q^{j+k} = \sum_{m=k}^{+\infty} u_{m-k}\, q^m,$$

结合 (4.8) 得到

$$\mathcal{D}_m(q^k\phi) = u_{m-k} = \mathcal{D}_{m-k}(\phi), \qquad 0 \leqslant k \leqslant m,$$

且

$$\mathcal{D}_m(q^k\phi) = 0, \qquad k > m.$$

(c) 根据莱布尼茨求导乘积法则, 有

$$\frac{\partial^m(\phi\,\psi)}{\partial q^m} = \sum_{k=0}^{m}\frac{m!}{k!(m-k)!}\,\frac{\partial^k\phi}{\partial q^k}\,\frac{\partial^{m-k}\psi}{\partial q^{m-k}} = \sum_{k=0}^{m}\frac{m!}{k!(m-k)!}\,\frac{\partial^k\psi}{\partial q^k}\,\frac{\partial^{m-k}\phi}{\partial q^{m-k}},$$

根据 (4.7) 和 (4.8) 得到

$$\begin{aligned}\mathcal{D}_m(\phi\,\psi) &= \frac{1}{m!}\left.\frac{\partial^m(\phi\,\psi)}{\partial q^m}\right|_{q=0} = \sum_{k=0}^{m}\left(\frac{1}{k!}\left.\frac{\partial^k\phi}{\partial q^k}\right|_{q=0}\right)\left[\frac{1}{(m-k)!}\left.\frac{\partial^{m-k}\psi}{\partial q^{m-k}}\right|_{q=0}\right]\\ &= \sum_{k=0}^{m}\mathcal{D}_k(\phi)\,\mathcal{D}_{m-k}(\psi) = \sum_{k=0}^{m} u_k\, w_{m-k}.\end{aligned}$$

类似地, 有

$$\mathcal{D}_m(\phi\,\psi) = \sum_{k=0}^{m}\mathcal{D}_k(\psi)\mathcal{D}_{m-k}(\phi) = \sum_{k=0}^{m} u_{m-k}\, w_k.$$

(d) 令 $\psi = \phi^n$. 根据 (4.10), 有

$$\mathcal{D}_m(\phi^{n+1}) = \mathcal{D}_m(\phi\,\psi) = \sum_{k=0}^{m}\mathcal{D}_k(\phi)\,\mathcal{D}_{m-k}(\psi) = \sum_{k=0}^{m}\mathcal{D}_k(\phi)\,\mathcal{D}_{m-k}(\phi^n).$$

类似地, 有

$$\mathcal{D}_m(\phi^{n+1}) = \sum_{k=0}^{m} \mathcal{D}_k(\phi^n)\, \mathcal{D}_{m-k}(\phi).$$

证毕. □

定理 4.2 如果 $\phi = \sum_{k=0}^{+\infty} u_k\, q^k$ 和 $\psi = \sum_{k=0}^{+\infty} w_k\, q^k$ 为两个同伦–Maclaurin 级数, 其中 ϕ 和 ψ 在 $q \in [0, a)$ 上是解析的, 且 f 和 g 不依赖于同伦参数 $q \in [0, 1]$, 则有

$$\mathcal{D}_m(f\,\phi + g\,\psi) = f\,\mathcal{D}_m(\phi) + g\,\mathcal{D}_m(\psi) = f\,u_m + g\,w_m. \tag{4.12}$$

证明 因为 (4.7) 定义的 $\mathcal{D}_m$ 为线性算子, 且 f 和 g 与 q 无关, 所以显然有

$$\mathcal{D}_m(f\,\phi + g\,\psi) = \mathcal{D}_m(f\,\phi) + \mathcal{D}_m(g\,\psi) = f\,\mathcal{D}_m(\phi) + g\,\mathcal{D}_m(\psi).$$

根据 (4.8), 有 $\mathcal{D}_m(\phi) = u_m$ 和 $\mathcal{D}_m(\psi) = w_m$.

证毕. □

定理 4.3 令 $\mathcal{L}$ 为与同伦参数 $q \in [0, 1]$ 无关的线性算子. 对于两个同伦–Maclaurin 级数

$$\phi = \sum_{k=0}^{+\infty} u_k\, q^k, \quad \psi = \sum_{k=0}^{+\infty} w_k\, q^k,$$

其中 ϕ 和 ψ 在 $q \in [0, a)$ 上是解析的, 则有

$$\mathcal{D}_m[\mathcal{L}(\phi)] = \mathcal{L}\,[\mathcal{D}_m(\phi)] = \mathcal{L}(u_m) \tag{4.13}$$

和

$$\mathcal{D}_m\,[\psi\,\mathcal{L}(\phi)] = \sum_{n=0}^{m} \mathcal{D}_{m-n}(\psi)\,\mathcal{L}\,[\mathcal{D}_n(\phi)] = \sum_{n=0}^{m} w_{m-n}\,\mathcal{L}(u_n), \tag{4.14}$$

其中 $m \geqslant 0$ 为整数.

证明 由于 $\mathcal{L}$ 是线性的且与 q 无关, 利用定理 4.2, 可得到

$$\mathcal{L}(\phi) = \mathcal{L}\left[\sum_{k=0}^{+\infty} u_k\, q^k\right] = \sum_{k=0}^{+\infty} \mathcal{L}(u_k)\, q^k.$$

利用 (4.8), 有 $\mathcal{D}_m[\mathcal{L}(\phi)] = \mathcal{L}(u_m)$. 此外, 根据 (4.8), 有 $\mathcal{L}[\mathcal{D}_m(\phi)] = \mathcal{L}(u_m)$. 因此,

$$\mathcal{D}_m[\mathcal{L}(\phi)] = \mathcal{L}[\mathcal{D}_m(\phi)] = \mathcal{L}(u_m)$$

成立. 然后, 根据定理 4.1, 我们得到

$$\begin{aligned}\mathcal{D}_m\left[\psi\,\mathcal{L}(\phi)\right] &= \sum_{n=0}^{m}\mathcal{D}_{m-n}(\psi)\,\mathcal{D}_n\left[\mathcal{L}(\phi)\right]\\ &= \sum_{n=0}^{m}\mathcal{D}_{m-n}(\psi)\,\mathcal{L}\left[\mathcal{D}_n(\phi)\right] = \sum_{n=0}^{m} w_{m-n}\,\mathcal{L}(u_n).\end{aligned}$$

证毕. □

定理 4.2 和定理 4.3 分别表明了 (4.7) 定义的算子 $\mathcal{D}_m$ 的线性叠加性和交换性.

定理 4.4 对于两个同伦–Maclaurin 级数

$$\phi = \sum_{i=0}^{+\infty} u_i\, q^i, \quad \psi = \sum_{j=0}^{+\infty} w_j\, q^j,$$

其中 ϕ 和 ψ 在 $q \in [0, a)$ 上是解析的, 如果在 $q \in [0, a)$ 上有 $\phi = \psi$, 则对于任意整数 $m \geqslant 0$ 和实数 $a > 0$ 有 $u_m = w_m$ 和 $\mathcal{D}_m(\phi) = \mathcal{D}_m(\psi)$.

证明 由于 $\phi = \psi$, 有

$$\sum_{k=0}^{+\infty}(u_k - w_k)q^k = 0.$$

当且仅当

$$u_m = w_m, \qquad m \geqslant 0$$

时, 上式对任意的 $q \in [0, a)$ 都成立, 结合 (4.8), 则有

$$\mathcal{D}_m(\phi) = \mathcal{D}_m(\psi).$$

证毕. □

定理 4.5 令 $f(\phi)$ 和 $g(\psi)$ 为两个光滑函数. 对于两个同伦–Maclaurin 级数

$$\phi = \sum_{i=0}^{+\infty} u_i\, q^i, \quad \psi = \sum_{j=0}^{+\infty} w_j\, q^j,$$

如果在区域 $q \in [0, a)$ 内有 $f(\phi) = g(\psi)$, 则对任意整数 $m \geqslant 0$ 和实数 $a > 0$, 有

$$\mathcal{D}_m[f(\phi)] = \mathcal{D}_m[g(\psi)].$$

证明 令

$$\Phi = f(\phi), \quad \Psi = g(\psi).$$

然后, 利用定理 4.4, 有

$$\mathcal{D}_m(\Phi) = \mathcal{D}_m(\Psi),$$

则

$$\mathcal{D}_m[f(\phi)] = \mathcal{D}_m[g(\psi)].$$

证毕. □

定理 4.4 和定理 4.5 表明了同伦–Maclaurin 级数 $\phi = \sum\limits_{k=0}^{+\infty} u_k\, q^k$ 和函数 $f(\phi)$ 的同伦导数的唯一性. 根据微积分基本定理 [190], 这些定理是显而易见的. 因此, 给定一个零阶形变方程, 无论如何得到它, 其 m 阶高阶形变方程都是唯一的.

定理 4.6 对于任意的同伦–Maclaurin 级数 $\phi = \sum\limits_{k=0}^{+\infty} u_k\, q^k$, 有

$$\text{(a) } \mathcal{D}_m\left(\phi^2\right) = \sum_{n=0}^{m} u_{m-n}\, u_n, \tag{4.15}$$

$$\text{(b) } \mathcal{D}_m\left(\phi^3\right) = \sum_{n=0}^{m} u_{m-n} \sum_{k=0}^{n} u_{n-k}\, u_k, \tag{4.16}$$

$$\text{(c) } \mathcal{D}_m\left(\phi^4\right) = \sum_{n=0}^{m} u_{m-n} \sum_{k=0}^{n} u_{n-k} \sum_{j=0}^{k} u_{k-j}\, u_j, \tag{4.17}$$

$$\text{(d) } \mathcal{D}_m\left(\phi^5\right) = \sum_{n=0}^{m} u_{m-n} \sum_{k=0}^{n} u_{n-k} \sum_{j=0}^{k} u_{k-j} \sum_{i=0}^{j} u_{j-i}\, u_i, \tag{4.18}$$

$$\begin{aligned}\text{(e) } \mathcal{D}_m(\phi^\sigma) = & \sum_{r_1=0}^{m} u_{m-r_1} \sum_{r_2=0}^{r_1} u_{r_1-r_2} \sum_{r_3=0}^{r_2} u_{r_2-r_3} \cdots \\ & \sum_{r_{\sigma-1}=0}^{r_{\sigma-2}} u_{r_{\sigma-2}-r_{\sigma-1}}\, u_{r_{\sigma-1}},\end{aligned} \tag{4.19}$$

其中 $m \geqslant 0$ 和 $\sigma \geqslant 2$ 为正整数.

证明 (a) 根据 (4.10) 和 (4.8), 有

$$\mathcal{D}_m\left(\phi^2\right) = \sum_{n=0}^{m} \mathcal{D}_{m-n}(\phi)\mathcal{D}_n(\phi) = \sum_{n=0}^{m} u_{m-n}\, u_n.$$

(b) 根据 (4.15), 可得到

$$\mathcal{D}_n(\phi^2) = \sum_{k=0}^{n} u_{n-k}\, u_k.$$

然后, 根据 (4.10), 有

$$\mathcal{D}_m\left(\phi^3\right) = \sum_{n=0}^{m} \left(\mathcal{D}_{m-n}(\phi)\right)\, \left(\mathcal{D}_n(\phi^2)\right) = \sum_{n=0}^{m} u_{m-n} \sum_{k=0}^{n} u_{n-k}\, u_k.$$

(c) 根据 (4.16), 可得到

$$\mathcal{D}_n(\phi^3) = \sum_{k=0}^{n} u_{n-k} \sum_{j=0}^{k} u_{k-j}\, u_j.$$

然后, 根据 (4.10), 有

$$\mathcal{D}_m\left(\phi^4\right) = \sum_{n=0}^{m} \left(\mathcal{D}_{m-n}(\phi)\right)\, \left(\mathcal{D}_n(\phi^3)\right) = \sum_{n=0}^{m} u_{m-n} \sum_{k=0}^{n} u_{n-k} \sum_{j=0}^{k} u_{k-j}\, u_j.$$

(d) 根据 (4.17), 可得到

$$\mathcal{D}_n(\phi^4) = \sum_{k=0}^{n} u_{n-k} \sum_{j=0}^{k} u_{k-j} \sum_{i=0}^{j} u_{j-i}\, u_i.$$

然后, 根据 (4.10), 有

$$\mathcal{D}_m\left(\phi^5\right) = \sum_{n=0}^{m} \left(\mathcal{D}_{m-n}(\phi)\right) \left(\mathcal{D}_n(\phi^4)\right) = \sum_{n=0}^{m} u_{m-n} \sum_{k=0}^{n} u_{n-k} \sum_{j=0}^{k} u_{k-j} \sum_{i=0}^{j} u_{j-i}\, u_i.$$

(e) 这种说法可以用数学归纳法来证明.

(i) 根据 (4.15), 当 $\sigma = 2$ 时, (4.19) 显然成立.

(ii) 假设 (4.19) 对 $\sigma = \kappa$ 成立, 即

$$\mathcal{D}_m(\phi^\kappa) = \sum_{r_1=0}^{m} u_{m-r_1} \sum_{r_2=0}^{r_1} u_{r_1-r_2} \sum_{r_3=0}^{r_2} u_{r_2-r_3} \cdots \sum_{r_{\kappa-1}=0}^{r_{\kappa-2}} u_{r_{\kappa-2}-r_{\kappa-1}}\, u_{r_{\kappa-1}},$$

其中 $m \geqslant 0$ 和 $\kappa \geqslant 2$ 为整数. 将 r_j 替换为 r'_{j+1}, m 替换为 r'_1, 上述表达式为

$$\mathcal{D}_{r'_1}(\phi^\kappa) = \sum_{r'_2=0}^{r'_1} u_{r'_1-r'_2} \sum_{r'_3=0}^{r'_2} u_{r'_2-r'_3} \sum_{r'_4=0}^{r'_3} u_{r'_3-r'_4} \cdots \sum_{r'_\kappa=0}^{r'_{\kappa-1}} u_{r'_{\kappa-1}-r'_\kappa}\, u_{r'_\kappa}.$$

使用上述表达式, 通过 (4.11) 和 (4.8), 有

$$
\begin{aligned}
\mathcal{D}_m\left(\phi^{\kappa+1}\right) &= \sum_{r_1'=0}^{m} \mathcal{D}_{m-r_1'}(\phi)\mathcal{D}_{r_1'}\left(\phi^{\kappa}\right) \\
&= \sum_{r_1'=0}^{m} u_{m-r_1'} \sum_{r_2'=0}^{r_1'} u_{r_1'-r_2'} \sum_{r_3'=0}^{r_2'} u_{r_2'-r_3'} \sum_{r_4'=0}^{r_3'} u_{r_3'-r_4'} \cdots \sum_{r_\kappa'=0}^{r_{\kappa-1}'} u_{r_{\kappa-1}'-r_\kappa'}\, u_{r_\kappa'}.
\end{aligned}
$$

因此, 对于 $\sigma=\kappa+1$, (4.19) 成立.

(iii) 根据 (i) 和 (ii), (4.19) 对任何正整数 $\sigma\geqslant 2$ 都成立.

证毕. □

定理 4.7 对于同伦 – Maclaurin 级数

$$
\phi=\sum_{k=0}^{+\infty} u_k\, q^k,
$$

有递推公式

$$
\begin{aligned}
\mathcal{D}_0\left(e^{\alpha\,\phi}\right) &= e^{\alpha\, u_0}, \\
\mathcal{D}_m\left(e^{\alpha\,\phi}\right) &= \alpha \sum_{k=0}^{m-1}\left(1-\frac{k}{m}\right)\mathcal{D}_{m-k}(\phi)\,\mathcal{D}_k\left(e^{\alpha\,\phi}\right) \\
&= \alpha \sum_{k=0}^{m-1}\left(1-\frac{k}{m}\right) u_{m-k}\,\mathcal{D}_k\left(e^{\alpha\,\phi}\right),
\end{aligned}
$$

其中 $m\geqslant 1$ 为整数, $\alpha\neq 0$ 与同伦参数 q 无关.

证明 根据算子 $\mathcal{D}_m$ 的定义 (4.7), 有

$$
\mathcal{D}_0\left(e^{\alpha\,\phi}\right)=e^{\alpha\, u_0}.
$$

此外, 由于 α 与 q 无关, 则有

$$
\frac{\partial e^{\alpha\phi}}{\partial q}=\alpha\, e^{\alpha\phi}\,\frac{\partial \phi}{\partial q}.
$$

因此, 根据莱布尼茨求导乘积法则, 有

$$
\begin{aligned}
\frac{1}{m!}\frac{\partial^m e^{\alpha\phi}}{\partial q^m} &= \frac{1}{m!}\frac{\partial^{m-1}}{\partial q^{m-1}}\left(\alpha e^{\alpha\,\phi}\frac{\partial\phi}{\partial q}\right)=\frac{\alpha}{m}\sum_{k=0}^{m-1}\frac{1}{k!(m-1-k)!}\frac{\partial^k e^{\alpha\phi}}{\partial q^k}\frac{\partial^{m-k}\phi}{\partial q^{m-k}} \\
&= \alpha\sum_{k=0}^{m-1}\frac{(m-k)}{m}\left[\frac{1}{(m-k)!}\frac{\partial^{m-k}\phi}{\partial q^{m-k}}\right]\left(\frac{1}{k!}\frac{\partial^k e^{\alpha\phi}}{\partial q^k}\right).
\end{aligned}
$$

在上述表达式中令 $q=0$, 并利用定义 (4.7) 和 (4.8), 得到

$$\begin{aligned}\mathcal{D}_m\left(e^{\alpha\phi}\right) &= \alpha\sum_{k=0}^{m-1}\left(1-\frac{k}{m}\right)\mathcal{D}_{m-k}(\phi)\,\mathcal{D}_k\left(e^{\alpha\phi}\right)\\ &= \alpha\sum_{k=0}^{m-1}\left(1-\frac{k}{m}\right)u_{m-k}\,\mathcal{D}_k\left(e^{\alpha\phi}\right),\end{aligned}$$

其中 $m\geqslant 1$ 为整数.

证毕. □

定理 4.8　对于同伦–Maclaurin 级数

$$\phi=\sum_{k=0}^{+\infty}u_k\,q^k,$$

有递推公式

$$\begin{aligned}\mathcal{D}_0(\sin\phi) &= \sin(u_0),\quad \mathcal{D}_0(\cos\phi)=\cos(u_0),\\ \mathcal{D}_m(\sin\phi) &= \sum_{k=0}^{m-1}\left(1-\frac{k}{m}\right)\mathcal{D}_{m-k}(\phi)\,\mathcal{D}_k(\cos\phi)\\ &= \sum_{k=0}^{m-1}\left(1-\frac{k}{m}\right)u_{m-k}\,\mathcal{D}_k(\cos\phi),\\ \mathcal{D}_m(\cos\phi) &= -\sum_{k=0}^{m-1}\left(1-\frac{k}{m}\right)\mathcal{D}_{m-k}(\phi)\,\mathcal{D}_k(\sin\phi)\\ &= -\sum_{k=0}^{m-1}\left(1-\frac{k}{m}\right)u_{m-k}\,\mathcal{D}_k(\sin\phi),\end{aligned}$$

其中 $m\geqslant 1$ 为整数.

证明　根据定义 (4.7), 显然有

$$\mathcal{D}_0(\sin\phi)=\sin(u_0),\quad \mathcal{D}_0(\cos\phi)=\cos(u_0).$$

令 $i=\sqrt{-1}$. 利用欧拉公式和定理 4.2, 对于整数 $m\geqslant 1$, 有

$$\mathcal{D}_m(\sin\phi)=\mathcal{D}_m\left(\frac{e^{i\,\phi}-e^{-i\,\phi}}{2i}\right)=\frac{1}{2i}\left[\mathcal{D}_m(e^{i\phi})-\mathcal{D}_m(e^{-i\phi})\right] \tag{4.20}$$

和

$$\mathcal{D}_m(\cos\phi)=\mathcal{D}_m\left(\frac{e^{i\,\phi}+e^{-i\,\phi}}{2}\right)=\frac{1}{2}\left[\mathcal{D}_m(e^{i\phi})+\mathcal{D}_m(e^{-i\phi})\right]. \tag{4.21}$$

利用定理 4.7 和定理 4.2 , 有

$$\begin{aligned}\mathcal{D}_m(e^{i\,\phi}) &= \sum_{k=0}^{m-1}\left(1-\frac{k}{m}\right)\mathcal{D}_k(e^{i\phi})\,\mathcal{D}_{m-k}(i\phi)\\ &= i\sum_{k=0}^{m-1}\left(1-\frac{k}{m}\right)\mathcal{D}_k(e^{i\phi})\,\mathcal{D}_{m-k}(\phi),\end{aligned}$$

类似地,

$$\mathcal{D}_m(e^{-i\,\phi}) = -i\sum_{k=0}^{m-1}\left(1-\frac{k}{m}\right)\mathcal{D}_k(e^{-i\phi})\,\mathcal{D}_{m-k}(\phi).$$

将上述两个表达式代入 (4.20) 和 (4.21), 然后利用定理 4.2 和欧拉公式, 有

$$\begin{aligned}\mathcal{D}_m(\sin\phi) &= \frac{1}{2}\sum_{k=0}^{m-1}\left(1-\frac{k}{m}\right)\mathcal{D}_{m-k}(\phi)\left[\mathcal{D}_k(e^{i\phi})+\mathcal{D}_k(e^{-i\phi})\right]\\ &= \sum_{k=0}^{m-1}\left(1-\frac{k}{m}\right)\mathcal{D}_{m-k}(\phi)\mathcal{D}_k\left(\frac{e^{i\phi}+e^{-i\phi}}{2}\right)\\ &= \sum_{k=0}^{m-1}\left(1-\frac{k}{m}\right)\mathcal{D}_{m-k}(\phi)\,\mathcal{D}_k(\cos\phi)\\ &= \sum_{k=0}^{m-1}\left(1-\frac{k}{m}\right)u_{m-k}\,\mathcal{D}_k(\cos\phi),\end{aligned}$$

类似地,

$$\begin{aligned}\mathcal{D}_m(\cos\phi) &= \frac{i}{2}\sum_{k=0}^{m-1}\left(1-\frac{k}{m}\right)\mathcal{D}_{m-k}(\phi)\left[\mathcal{D}_k(e^{i\phi})-\mathcal{D}_k(e^{-i\phi})\right]\\ &= -\sum_{k=0}^{m-1}\left(1-\frac{k}{m}\right)\,\mathcal{D}_{m-k}(\phi)\,\mathcal{D}_k\left(\frac{e^{i\phi}-e^{-i\phi}}{2i}\right)\\ &= -\sum_{k=0}^{m-1}\left(1-\frac{k}{m}\right)\,\mathcal{D}_{m-k}(\phi)\,\mathcal{D}_k(\sin\phi)\\ &= -\sum_{k=0}^{m-1}\left(1-\frac{k}{m}\right)\,u_{m-k}\,\mathcal{D}_k(\sin\phi).\end{aligned}$$

证毕. □

2009 年 Molabahrami 和 Khani [220] 证明了 (4.11), (4.15) 和 (4.19). 其他大部分都是由廖世俊 [211] 在 2009 年证明的. 利用这些定理可以计算

同伦 – Maclaurin 级数的任何给定光滑函数的同伦导数. 例如, 对于给定的同伦 – Maclaurin 级数 $\phi=\sum\limits_{k=0}^{+\infty} u_k\, q^k$, 根据定理 4.2 和 (4.10) 可得到

$$\mathcal{D}_m\left(3\phi^2+4e^{-5\phi}\ \sin\phi\right)=3\sum_{k=0}^{m} u_k\, u_{m-k}+4\sum_{k=0}^{m}\mathcal{D}_k\left(e^{-5\phi}\right)\ \mathcal{D}_{m-k}\left(\sin\phi\right),$$

其中 $\mathcal{D}_k\left(e^{-5\phi}\right)$ 和 $\mathcal{D}_{m-k}(\sin\phi)$ 分别由定理 4.7 和定理 4.8 给出. 继 Molabahrami 和 Khani [220] 和廖世俊 [211] 之后, 2010 年 Turkyilmazoglu [226] 证明了以下定理:

定理 4.9 定义算子

$$\check{\mathcal{D}}_m(\phi)=\frac{1}{m!}\frac{\partial^m\phi}{\partial q^m}.$$

对于光滑函数 $f\in C^\infty(a,b)$ 和同伦 – Maclaurin 级数

$$\phi=\sum_{k=0}^{+\infty} u_k\, q^k,$$

有

$$\check{\mathcal{D}}_0\left[f(\phi)\right]=f(\phi), \tag{4.22}$$

$$\check{\mathcal{D}}_m\left[f(\phi)\right]=\sum_{k=0}^{m-1}\left(1-\frac{k}{m}\right)\check{\mathcal{D}}_{m-k}(\phi)\ \frac{\partial}{\partial\phi}\left\{\check{\mathcal{D}}_k\left[f(\phi)\right]\right\} \tag{4.23}$$

和

$$\mathcal{D}_m\left[f(\phi)\right]=\left.\left\{\check{\mathcal{D}}_m\left[f(\phi)\right]\right\}\right|_{q=0}. \tag{4.24}$$

证明 $\check{\mathcal{D}}_0\left[f(\phi)\right]=f(\phi)$ 显然成立. 当 $m\geqslant 1$ 时, 根据莱布尼茨乘积求导法则, 有

$$\begin{aligned}
\check{\mathcal{D}}_m[f(\phi)]&=\frac{1}{m!}\frac{\partial^m f(\phi)}{\partial q^m}=\frac{1}{m!}\frac{\partial^{m-1}}{\partial q^{m-1}}\left[\frac{\partial\phi}{\partial q}\frac{\partial f(\phi)}{\partial\phi}\right]\\
&=\frac{1}{m!}\sum_{k=0}^{m-1}\frac{(m-1)!}{k!\,(m-1-k)!}\frac{\partial^{m-1-k}}{\partial q^{m-1-k}}\left(\frac{\partial\phi}{\partial q}\right)\frac{\partial^k}{\partial q^k}\left[\frac{\partial f(\phi)}{\partial\phi}\right]\\
&=\sum_{k=0}^{m-1}\frac{(m-k)}{m}\left[\frac{1}{(m-k)!}\frac{\partial^{m-k}\phi}{\partial q^{m-k}}\right]\ \left\{\frac{1}{k!}\frac{\partial^k}{\partial q^k}\left[\frac{\partial f(\phi)}{\partial\phi}\right]\right\}\\
&=\sum_{k=0}^{m-1}\left(1-\frac{k}{m}\right)\check{\mathcal{D}}_{m-k}(\phi)\ \check{\mathcal{D}}_k\left[\frac{\partial f(\phi)}{\partial\phi}\right].
\end{aligned} \tag{4.25}$$

由于

$$\check{\mathcal{D}}_k\left[\frac{\partial f(\phi)}{\partial \phi}\right]=\frac{\partial}{\partial \phi}\left\{\check{\mathcal{D}}_k[f(\phi)]\right\},$$

对于 $m\geqslant 1$, 有

$$\check{\mathcal{D}}_m\left[f(\phi)\right]=\sum_{k=0}^{m-1}\left(1-\frac{k}{m}\right)\check{\mathcal{D}}_{m-k}(\phi)\,\frac{\partial}{\partial \phi}\left\{\check{\mathcal{D}}_k\left[f(\phi)\right]\right\}.$$

然后, 根据 $\check{\mathcal{D}}_m$ 的定义, 显然有

$$\mathcal{D}_m\left[f(\phi)\right]=\left\{\check{\mathcal{D}}_m\left[f(\phi)\right]\right\}\Big|_{q=0}.$$

证毕. □

尽管上述定理并不简单, 但它包含了定理 4.7 和定理 4.8 , 因此更为一般. 使用上述定理, 我们在这里用显式表达式证明以下定理:

定理 4.10 对于光滑函数 $f(u)$ 和同伦–Maclaurin 级数

$$\phi=\sum_{k=0}^{+\infty}u_k\,q^k,$$

有

$$\mathcal{D}_0\left[f(\phi)\right]=f(u_0), \tag{4.26}$$

且当 $m\geqslant 1$ 时, 有

$$\mathcal{D}_m\left[f(\phi)\right]=\sum_{k=0}^{m-1}\left(1-\frac{k}{m}\right)\,u_{m-k}\,\frac{\partial\left\{\mathcal{D}_k\left[f(\phi)\right]\right\}}{\partial u_0} \tag{4.27}$$

和

$$\mathcal{D}_m\left[f(\phi)\right]=\sum_{k=0}^{m-1}\left(1-\frac{k}{m}\right)\,u_{m-k}\,\mathcal{D}_k\left[f'(\phi)\right]. \tag{4.28}$$

证明 根据定义 (4.7), 显然 (4.26) 是正确的. 当 $q=0$ 时, 有

$$\check{\mathcal{D}}_{m-k}(\phi)=\mathcal{D}_{m-k}(\phi)=u_{m-k}.$$

此外, 当 $q=0$ 时, 有 $\phi=u_0$, 因此 $\partial/\partial\phi=\partial/\partial u_0$. 然后, 根据定理 4.9, 有

$$\mathcal{D}_m\left[f(\phi)\right]=\sum_{k=0}^{m-1}\left(1-\frac{k}{m}\right)\,u_{m-k}\,\frac{\partial\left\{\mathcal{D}_k\left[f(\phi)\right]\right\}}{\partial u_0}.$$

在 (4.25) 中令 $q=0$, 可得

$$\mathcal{D}_m\left[f(\phi)\right]=\sum_{k=0}^{m-1}\left(1-\frac{k}{m}\right)\,u_{m-k}\,\mathcal{D}_k\left[f'(\phi)\right].$$

证毕. □

需要注意的是, 定理 4.7 和定理 4.8 是定理 4.10 中 (4.28) 的特例. 通过定理 4.10 的递推公式 (4.27), 很容易得到给定同伦 – Maclaurin 级数 $\phi=\sum\limits_{k=0}^{+\infty}u_k\,q^k$ 的任意光滑函数的高阶同伦导数. 例如, 当 $f(\phi)=\phi^\alpha$ 时, 有

$$\begin{aligned}
&\mathcal{D}_0\left(\phi^\alpha\right)=u_0^\alpha,\\
&\mathcal{D}_1\left(\phi^\alpha\right)=\alpha\,u_0^{\alpha-1}\,u_1,\\
&\mathcal{D}_2\left(\phi^\alpha\right)=\frac{1}{2}\alpha\,(\alpha-1)u_0^{\alpha-2}\,u_1^2+\alpha\,u_0^{\alpha-1}\,u_2,\\
&\mathcal{D}_3\left(\phi^\alpha\right)=\frac{1}{6}\alpha\,(\alpha-1)\,(\alpha-2)\,u_0^{\alpha-3}\,u_1^3+\alpha(\alpha-1)\,u_0^{\alpha-2}\,u_1\,u_2+\alpha\,u_0^{\alpha-1}\,u_3,\\
&\qquad\quad\vdots
\end{aligned}$$

其中 $\alpha\neq 0$ 与同伦参数 q 无关. 类似地, 当 $f(\phi)=\alpha^\phi$ 时, 有

$$\begin{aligned}
&\mathcal{D}_0\left(\alpha^\phi\right)=\alpha^{u_0},\\
&\mathcal{D}_1\left(\alpha^\phi\right)=(\ln\alpha)\,\alpha^{u_0}\,u_1,\\
&\mathcal{D}_2\left(\alpha^\phi\right)=\frac{1}{2}(\ln\alpha)^2\,\alpha^{u_0}\,u_1^2+(\ln\alpha)\,\alpha^{u_0}\,u_2,\\
&\mathcal{D}_3\left(\alpha^\phi\right)=\frac{1}{6}(\ln\alpha)^3\,\alpha^{u_0}\,u_1^3+(\ln\alpha)^2\,\alpha^{u_0}\,u_1\,u_2+(\ln\alpha)\alpha^{u_0}\,u_3,\\
&\qquad\quad\vdots
\end{aligned}$$

其中 $\alpha>0$ 与同伦参数 q 无关. 这些结果与定理 4.9 给出的结果完全相同. 一般来说, 通过定理 4.10 的递推公式 (4.27), 对于任何给定的光滑函数 $f(\phi)$, 有

$$\begin{aligned}
&\mathcal{D}_0[f(\phi)]=f(u_0),\\
&\mathcal{D}_1[f(\phi)]=f'(u_0)\,u_1,\\
&\mathcal{D}_2[f(\phi)]=\frac{1}{2}f''(u_0)\,u_1^2+f'(u_0)\,u_2,\\
&\mathcal{D}_3[f(\phi)]=\frac{1}{6}f'''(u_0)\,u_1^3+f''(u_0)\,u_1\,u_2+f'(u_0)\,u_3,\\
&\mathcal{D}_4[f(\phi)]=\frac{1}{24}f''''(u_0)\,u_1^4+\frac{1}{2}f'''(u_0)\,u_1^2\,u_2+f''(u_0)\left(u_1\,u_3+\frac{u_2^2}{2}\right)+f'(u_0)\,u_4,
\end{aligned}$$

$$\vdots$$

在实际计算过程中, 通过 Mathematica 和 Maple 等符号推导软件, 对于相当大的 m, 很容易得到 $\mathcal{D}_m[f(\phi)]$. 例如, 利用如下 Mathematica 命令:

```
GetD[0]  := f[u[0]];
GetD[m_] := Sum[(1-k/m)*u[m-k]*D[GetD[k],u[0]],{k,0,m-1}];
```

对于同伦–Maclaurin 级数 $\phi = \sum\limits_{k=0}^{+\infty} u_k\, q^k$ 的任何给定光滑函数 $f(\phi)$, 我们可以得到 $\mathcal{D}_m[f(\phi)]$.

因此, 对于任何给定的光滑函数 $f(\phi)$, 其中 ϕ 是同伦–Maclaurin 级数, 我们总是可以通过上述定理得到其 m 阶同伦导数 $\mathcal{D}_m\left[f(\phi)\right]$. 此外, 以下定理也可以用类似的方法证明.

定理 4.11 对于光滑函数 $f(u, w)$ 和两个同伦–Maclaurin 级数

$$\phi = \sum_{k=0}^{+\infty} u_k\, q^k, \quad \psi = \sum_{k=0}^{+\infty} w_k\, q^k,$$

有

$$\mathcal{D}_0\left[f(\phi, \psi)\right] = f(u_0, w_0), \tag{4.29}$$

且对于 $m \geqslant 1$, 有

$$\begin{aligned}\mathcal{D}_m\left[f(\phi, \psi)\right] = &\sum_{k=0}^{m-1}\left(1-\frac{k}{m}\right)\, u_{m-k}\, \frac{\partial\left\{\mathcal{D}_k\left[f(\phi, \psi)\right]\right\}}{\partial u_0} \\ &+\sum_{k=0}^{m-1}\left(1-\frac{k}{m}\right)\, w_{m-k}\, \frac{\partial\left\{\mathcal{D}_k\left[f(\phi, \psi)\right]\right\}}{\partial w_0}\end{aligned} \tag{4.30}$$

和

$$\begin{aligned}\mathcal{D}_m\left[f(\phi, \psi)\right] = &\sum_{k=0}^{m-1}\left(1-\frac{k}{m}\right)\, u_{m-k}\, \mathcal{D}_k\left[\frac{\partial f(\phi, \psi)}{\partial \phi}\right] \\ &+\sum_{k=0}^{m-1}\left(1-\frac{k}{m}\right)\, w_{m-k}\, \mathcal{D}_k\left[\frac{\partial f(\phi, \psi)}{\partial \psi}\right].\end{aligned} \tag{4.31}$$

定理 4.12 对于光滑函数 $f(u, u', u'')$ 和同伦–Maclaurin 级数

$$\phi = \sum_{k=0}^{+\infty} u_k(x)\, q^k,$$

有以下定义

$$\phi' = \sum_{k=0}^{+\infty} u'_k(x)\, q^k, \quad \phi'' = \sum_{k=0}^{+\infty} u''_k(x)\, q^k,$$

其中 $'$ 表示对 x 的导数, 有

$$\mathcal{D}_0\left[f(\phi, \phi', \phi'')\right] = f(u_0, u'_0, u''_0), \tag{4.32}$$

对于 $m \geqslant 1$, 有

$$\begin{aligned}
\mathcal{D}_m\left[f(\phi, \phi', \phi'')\right] = &\sum_{k=0}^{m-1}\left(1 - \frac{k}{m}\right) u_{m-k}\, \frac{\partial\left\{\mathcal{D}_k\left[f(\phi, \phi', \phi'')\right]\right\}}{\partial u_0} \\
&+ \sum_{k=0}^{m-1}\left(1 - \frac{k}{m}\right) u'_{m-k}\, \frac{\partial\left\{\mathcal{D}_k\left[f(\phi, \phi', \phi'')\right]\right\}}{\partial u'_0} \\
&+ \sum_{k=0}^{m-1}\left(1 - \frac{k}{m}\right) u''_{m-k}\, \frac{\partial\left\{\mathcal{D}_k\left[f(\phi, \phi', \phi'')\right]\right\}}{\partial u''_0}
\end{aligned} \tag{4.33}$$

和

$$\begin{aligned}
\mathcal{D}_m\left[f(\phi, \phi', \phi'')\right] = &\sum_{k=0}^{m-1}\left(1 - \frac{k}{m}\right) u_{m-k}\, \mathcal{D}_k\left[\frac{\partial f(\phi, \phi', \phi'')}{\partial \phi}\right] \\
&+ \sum_{k=0}^{m-1}\left(1 - \frac{k}{m}\right) u'_{m-k}\, \mathcal{D}_k\left[\frac{\partial f(\phi, \phi', \phi'')}{\partial \phi'}\right] \\
&+ \sum_{k=0}^{m-1}\left(1 - \frac{k}{m}\right) u''_{m-k}\, \mathcal{D}_k\left[\frac{\partial f(\phi, \phi', \phi'')}{\partial \phi''}\right].
\end{aligned} \tag{4.34}$$

需要注意的是, 上述定理不适用于包含同伦参数的显式函数, 如 $f(\phi, \psi, q)$. 对于这类复杂的函数, 直接将其展开为同伦 – Maclaurin 级数, 然后使用以下定理是有效的.

定理 4.13 令 $\mathcal{N}(\phi, \psi, q)$ 为非线性算子, 其中 $q \in [0, 1]$ 为同伦参数,

$$\phi \sim \sum_{m=0}^{+\infty} u_m\, q^m, \quad \psi \sim \sum_{n=0}^{+\infty} w_n\, q^n$$

为两个在 $q \in [0, a]$ 上解析的同伦 – Maclaurin 级数, 其中 $a > 0$. 令

$$\mathcal{N}(\phi, \psi, q) \sim \sum_{k=0}^{+\infty} \delta_k\, q^k$$

为 $\mathcal{N}(\phi,\psi,q)$ 的同伦–Maclaurin 级数. 那么, 有

$$\mathcal{D}_k\left[\mathcal{N}(\phi,\psi,q)\right]=\delta_k=\left[\frac{1}{k!}\frac{d^k}{dq^k}\mathcal{N}\left(\sum_{m=0}^{+\infty}u_m\, q^m,\sum_{n=0}^{+\infty}w_n\, q^n,q\right)\right]\Bigg|_{q=0}. \tag{4.35}$$

证明 根据定义 (4.7), (4.35) 显然成立.

根据定理 4.13, 我们可以得到任意给定非线性算子的同伦导数. 例如, 令 $\phi\sim\sum\limits_{n=0}^{+\infty}u_n\, q^n$ 为同伦–Maclaurin 级数. 借助 Mathematica 等符号推导软件, 很容易得到 $\sin(q\phi)/q$ 的同伦–Maclaurin 级数, 即

$$\begin{aligned}\frac{\sin(q\,\phi)}{q}\sim{}& u_0+u_1\,q+\left(u_2-\frac{1}{6}u_0^3\right)q^2+\left(u_3-\frac{1}{2}\,u_0^2\,u_1\right)q^3\\&+\left(u_4-\frac{1}{2}u_0^2\,u_2-\frac{1}{2}u_0\,u_1^2+\frac{1}{120}\,u_0^5\right)q^4+\cdots.\end{aligned}$$

因此, 有

$$\mathcal{D}_0\left[\frac{\sin(q\phi)}{q}\right]=u_0,\ \ \mathcal{D}_1\left[\frac{\sin(q\phi)}{q}\right]=u_1,\ \ \mathcal{D}_2\left[\frac{\sin(q\phi)}{q}\right]=u_2-\frac{1}{6}u_0^3, \tag{4.36}$$

等等. 详情请参考廖世俊 [212].

利用上述定理, 我们可以导出许多复杂函数的同伦导数的显式公式. 例如, 下面的定理给出了推导 $\mathcal{D}_m[\sin(q\phi)/q]$ 的另一种方法.

定理 4.14 对于同伦–Maclaurin 级数

$$\phi=\sum_{k=0}^{+\infty}u_k\,q^k,$$

其中 ϕ 在 $q\subset[0,a)$ 上是解析的 $(a>0)$, 有

$$\mathcal{D}_m\left[\frac{\sin(q\,\phi)}{q}\right]=\mathcal{D}_{m+1}\left[\sin(q\,\phi)\right],\qquad m\geqslant 0,$$

其中对于 $n\geqslant 1$, 有

$$\begin{aligned}&\mathcal{D}_0\left[\sin(q\,\phi)\right]=0,\quad \mathcal{D}_0\left[\cos(q\,\phi)\right]=1,\\&\mathcal{D}_n\left[\sin(q\,\phi)\right]=\sum_{k=0}^{n-1}\left(1-\frac{k}{n}\right)\mathcal{D}_{n-1-k}(\phi)\,\mathcal{D}_k\left[\cos(q\,\phi)\right]\\&\qquad\qquad\quad\;=\sum_{k=0}^{n-1}\left(1-\frac{k}{n}\right)u_{n-1-k}\,\mathcal{D}_k\left[\cos(q\,\phi)\right],\end{aligned}$$

$$\mathcal{D}_n\left[\cos(q\ \phi)\right] = -\sum_{k=0}^{n-1}\left(1-\frac{k}{n}\right)\mathcal{D}_{n-1-k}(\phi)\ \mathcal{D}_k\left[\sin(q\ \phi)\right]$$
$$= -\sum_{k=0}^{n-1}\left(1-\frac{k}{n}\right)u_{n-1-k}\ \mathcal{D}_k\left[\sin(q\ \phi)\right].$$

证明 根据定义 (4.7), 显然

$$\mathcal{D}_0\left[\sin(q\ \phi)\right] = \sin(0) = 0,\quad \mathcal{D}_0\left[\cos(q\ \phi)\right] = \cos(0) = 1.$$

根据定义 (4.7), 有

$$\sin(q\ \phi) = \sum_{k=1}^{+\infty}\mathcal{D}_k\left[\sin(q\ \phi)\right]\ q^k,$$

进一步有

$$\frac{\sin(q\ \phi)}{q} = \sum_{k=1}^{+\infty}\mathcal{D}_k\left[\sin(q\ \phi)\right]\ q^{k-1} = \sum_{m=0}^{+\infty}\mathcal{D}_{m+1}\left[\sin(q\ \phi)\right]\ q^m.$$

因此,

$$\mathcal{D}_m\left[\frac{\sin(q\ \phi)}{q}\right] = \mathcal{D}_{m+1}\left[\sin(q\ \phi)\right].$$

根据定理 4.8, 有

$$\mathcal{D}_n\left[\sin(q\ \phi)\right] = \sum_{k=0}^{n-1}\left(1-\frac{k}{n}\right)\mathcal{D}_{n-k}(q\ \phi)\ \mathcal{D}_k\left[\cos(q\ \phi)\right].$$

根据定理 4.1, 对于 $n \geqslant 1$, 存在

$$\mathcal{D}_n\left[\sin(q\ \phi)\right] = \sum_{k=0}^{n-1}\left(1-\frac{k}{n}\right)\mathcal{D}_{n-1-k}(\phi)\ \mathcal{D}_k\left[\cos(q\ \phi)\right]$$
$$= \sum_{k=0}^{n-1}\left(1-\frac{k}{n}\right)u_{n-1-k}\ \mathcal{D}_k\left[\cos(q\ \phi)\right].$$

类似地, 有

$$\mathcal{D}_n\left[\cos(q\ \phi)\right] = -\sum_{k=0}^{n-1}\left(1-\frac{k}{n}\right)u_{n-1-k}\ \mathcal{D}_k\left[\sin(q\ \phi)\right],\qquad n \geqslant 1.$$

证毕. □

利用定理 4.14, 我们可得到与 (4.36) 完全相同的结果. 利用 Mathematica 命令

```
Dsin[0] = 0;
Dcos[0] = 1;
Dsin[n_] :=  Sum[(1 - k/n)*u[n - 1 - k]*Dcos[k],{k,0,n-1}];
Dcos[n_] := -Sum[(1 - k/n)*u[n - 1 - k]*Dsin[k],{k,0,n-1}];
For[k = 0, k <= 4, k = k + 1, Dsin[k+1] // Print]
```

很容易得到当 $0 \leqslant n \leqslant 4$ 时的 $\mathcal{D}_n\left[\sin(q\,\phi)/q\right]$.

4.3 形变方程

4.3.1 简史

非线性微分方程比线性方程更难求解. 摄动方法基于物理小 (大) 参数的展开, 该物理小 (大) 参数称为摄动量. 遗憾的是, 许多非线性问题没有这样的物理小 (大) 参数. 更重要的是, 摄动方法无法保证近似级数的收敛性. 为了克服摄动方法对物理小 (大) 参数的依赖性, 学者们通过不同方式引入了所谓的 "人工小参数" [217] (这里用 ε 表示): 当 $\varepsilon = 0$ 时, 有一个更简单的方程, 其解很容易得到; 当 $\varepsilon = 1$ 时, 有完全相同的原始非线性方程, 其解是未知的. 然后, 将未知解展开为关于人工参数 ε 的摄动级数, 并将其代入原始非线性方程, 即可得到 ε 的幂级数. 最后, 令 $\varepsilon = 1$ 可得到原始方程的近似解. 例如, 如果非线性微分方程

$$\mathcal{L}_0[u(\mathbf{x},t)] + \mathcal{N}_0[u(\mathbf{x},t)] = 0$$

不包含任何物理小 (大) 参数, 其中 $\mathcal{L}_0$ 和 $\mathcal{N}_0$ 分别为线性和非线性算子, 对应于非线性方程中的线性和非线性部分, $u(\mathbf{x},t)$ 表示具有独立空间和时间变量的未知函数. 然后, 我们可以引入 "人工小参数"ε 来构造方程族

$$\mathcal{L}_0[u(\mathbf{x},t)] + \varepsilon\,\mathcal{N}_0[u(\mathbf{x},t)] = 0.$$

此外, 首先将 ε 视为摄动量, 然后令 $\varepsilon = 1$, 给出了其 "摄动近似". 该方法被称为 "人工小参数法" [217], 由俄罗斯数学家 Aleksandr Mikhailovich Lyapunov (1857—1918) 于 1892 年首次提出, 不幸的是, 可能是因为缺乏对 "人工小参数" 的深刻理解和严格理论支撑, 该方法没有成为摄动方法的主流.

另一方面, 法国数学家 Jules Henri Poincaré (1854—1912) 提出了拓扑中同伦的概念 [188, 225]. 拓扑学成为数学的一个重要领域, 同伦的概念被纯数学家广泛应用于证明方程解的存在性、唯一性等. 此外, 在同伦概念的基础上已经开发了一些数值方法, 如同伦延拓方法 [187, 198, 199, 197], 这些方法对于找

出一组非线性代数方程的零点非常有效. 遗憾的是, 这些方法没有引入同伦的概念来获得非线性微分方程的解析近似解.

1992 年廖世俊 [202] 首次引入同伦的概念来获得非线性微分方程的解析近似解. 对于给定的非线性微分方程

$$\mathcal{N}[u(\mathbf{x},t)]=0,$$

其中 $\mathcal{N}$ 为非线性算子, $u(\mathbf{x},t)$ 为未知函数, $\mathbf{x}$ 为空间自变量的向量, t 为时间自变量. 廖世俊 [202] 利用拓扑中同伦的概念构造了包含嵌入变量 $q\in[0,1]$ 的一种单参数方程族, 即零阶形变方程

$$(1-q)\mathcal{L}\left[\phi(\mathbf{x},t;q)-u_0(\mathbf{x},t)\right]+q\,\mathcal{N}[\phi(\mathbf{x},t;q)]=0,\quad q\in[0,1],\tag{4.37}$$

其中 $\mathcal{L}$ 为辅助线性算子, $u_0(\mathbf{x},t)$ 为初始近似. 随着嵌入变量 $q\in[0,1]$ 从 0 增加到 1, $\phi(\mathbf{x},t;q)$ 从初始近似 $u_0(\mathbf{x},t)$ 变化到原始方程的未知精确解 $u(\mathbf{x},t)$. 该工作揭示了 Lyapunov 的"人工小参数" [217] 与 Poincaré 的同伦概念 [188, 225] 之间的关系. 由于嵌入变量 $q\in[0,1]$ 没有物理意义, 因此无论是否存在物理小 (大) 参数, 都可以构造这样一类零阶形变方程. 因此, 在理论上, 这种方法比摄动方法更普遍. 另外, 同伦的概念, 即连续变化或形变, 在理论上更为普遍, 它提供了比 Lyapunov 人工小参数法 [217] 更大的自由度来构造零阶形变方程: 例如, 在选择辅助线性算子 $\mathcal{L}$ 上有很大的自由, 而辅助线性算子 $\mathcal{L}$ 不必是与给定非线性微分方程的整个线性部分相对应的 $\mathcal{L}_0$.

不幸的是, 我们发现零阶形变方程 (4.37) 给出的同伦级数有时是发散的, 特别是对于具有强非线性的方程. 这主要是因为, 与摄动方法一样, 早期基于 (4.37) 的同伦分析方法无法保证同伦级数的收敛性. 在认识到构造同伦方程时的极大自由度后, 1997 年廖世俊 [203] 引入了非零辅助参数 c_0 来构造更广义的零阶形变方程

$$(1-q)\mathcal{L}\left[\phi(\mathbf{x},t;q)-u_0(\mathbf{x},t)\right]=c_0\,q\,\mathcal{N}[\phi(\mathbf{x},t;q)],\quad q\in[0,1],\tag{4.38}$$

这样, 相应的同伦级数不仅依赖于物理自变量 $\mathbf{x}$ 和 t, 而且还依赖于非零辅助参数 c_0, 尽管 c_0 没有任何物理意义. 本质上, 辅助参数 c_0 的使用又为我们引入了一个"人工"自由度, 虽然它没有物理意义但显著地改进了早期的同伦分析方法: 非零辅助参数 c_0 确实提供了一种简便的方法来控制同伦级数的收敛性, 即可通过选取合适的 c_0 值来保证同伦级数的收敛性. 例如, 即使对应的摄动近似对于物理大参数是发散的, 通过选取合适的辅助参数 c_0, Abbasbandy [183] 利

用同伦分析方法获得了非线性热传导方程在所有可能物理参数下的精确近似. 特别是, Liang 和 Jeffrey [201] 通过一个简单的例子表明, 即使通过其他解析方法获得的级数在除了初始 (边界) 条件外的整个区域内都是发散的, 但是, 同伦分析方法可以通过选取适当的 c_0 值给出收敛的级数解. 因此, 我们将 c_0 称为收敛控制参数, 这为我们提供了一个新的概念: 级数的收敛控制. 本质上, 正是所谓的收敛控制参数, 使得同伦分析方法不同于其他传统解析方法, 如摄动方法 [189, 193, 194, 221, 222, 223], Lyapunov 人工小参数法 [217], Adomian 分解法 [184, 185, 186] 和 δ 展开法 [195] 等. 因此, 收敛控制参数 c_0 的使用是同伦分析方法发展过程中非常重要的一步.

收敛控制参数 c_0 的使用确实是一个巨大的进步, 它在本质上为我们提供了一个 “人工” 自由度. 似乎更多的 “人工” 自由度意味着通过同伦分析方法获得更好近似的可能性更大. 因此, 廖世俊 [204] 通过以更一般的形式构造以下零阶形变方程, 进一步引入了更多的 “人工” 自由度:

$$[1-\alpha(q)]\mathcal{L}\left[\phi(\mathbf{x},t;q)-u_0(\mathbf{x},t)\right]=c_0\,\beta(q)\,\mathcal{N}[\phi(\mathbf{x},t;q)],\quad q\in[0,1], \tag{4.39}$$

其中 $\alpha(q)$ 和 $\beta(q)$ 为解析函数, 满足

$$\alpha(0)=\beta(0)=0,\quad \alpha(1)=\beta(1)=1, \tag{4.40}$$

其 Maclaurin 级数

$$\alpha(q)\sim\sum_{m=1}^{+\infty}\alpha_m\,q^m,\quad \beta(q)\sim\sum_{m=1}^{+\infty}\beta_m\,q^m \tag{4.41}$$

存在且对于 $|q|\leqslant 1$ 是收敛的, 即

$$\alpha(1)=\sum_{k=1}^{+\infty}\alpha_k=1,\quad \beta(1)=\sum_{k=1}^{+\infty}\beta_k=1, \tag{4.42}$$

其中 α_k 和 β_k 均为常数. 这种推广为我们保证原始非线性方程的同伦级数的收敛提供了更大的可能性.

此外, 在意识到构造同伦方程的极大自由度后, 2003 年, 廖世俊 [207] 引入了非零辅助函数 $H(\mathbf{x},t)$ 来进一步推广零阶形变方程, 即

$$[1-\alpha(q)]\mathcal{L}\left[\phi(\mathbf{x},t;q)-u_0(\mathbf{x},t)\right]=c_0\,H(\mathbf{x},t)\,\beta(q)\,\mathcal{N}[\phi(\mathbf{x},t;q)], \tag{4.43}$$

其中解析函数 $\alpha(q)$ 和 $\beta(q)$ 满足 (4.40) 且它们的 Maclaurin 级数满足 (4.42). 此外, 廖世俊 [207] 给出了一个更广义的零阶形变方程

$$[1-\alpha(q)]\mathcal{L}\left[\phi(\mathbf{x},t;q)-u_0(\mathbf{x},t)\right]$$

$$= c_0\, H(\mathbf{x},t)\, \beta(q)\, \mathcal{N}[\phi(\mathbf{x},t;q)] + \mathcal{A}[\phi(\mathbf{x},t;q),\mathbf{x},t;q], \tag{4.44}$$

其中 $\mathcal{A}$ 是非线性算子, 当 $q=0$ 和 $q=1$ 时, 其值等于零, 即

$$\mathcal{A}[\phi(\mathbf{x},t;q),\mathbf{x},t;q] = 0, \quad q=0 \text{ 和 } q=1. \tag{4.45}$$

利用广义零阶形变方程 (4.43) 和 (4.44), 廖世俊 [207] 证明了 Lyapunov 人工小参数法 [217], Adomian 分解法 [184, 185, 186] 和 δ 展开法 [195] 只是同伦分析方法的特例. 此外, Sajid 和 Hayat [224] 证明了 1998 年提出的 “同伦摄动方法” [191, 192] 与廖世俊在 1992 年提出的早期的同伦分析方法 [202] 完全相同, 因此 “同伦摄动方法” “除了它的名字之外没有什么新的东西” [224]. 这从另一个角度揭示了同伦分析方法的普遍性和有效性. 显然, 存在无穷多个满足 (4.40) 和 (4.42) 的解析函数 $\alpha(q)$ 和 $\beta(q)$. 此外, 还存在无穷多个满足 (4.45) 的非线性算子 $\mathcal{A}$. 因此, 零阶形变方程 (4.44) 确实相当普遍. 因此, 同伦分析方法给出的同伦近似包含如此多的 “人工” 自由度, 以至于我们有很多方法来保证同伦级数的收敛性.

2008 年, Marinca 和 Herişanu [219] 将零阶形变方程 (4.39) 中的 c_0 和 $\beta(q)$ 组合为函数 $\bar{\beta}(q)$, 且 $\bar{\beta}(0)=0$ 但 $\bar{\beta}(1)=c_0\neq 1$, 并构造了如下同伦方程

$$(1-q)\mathcal{L}\left[\phi(\mathbf{x},t;q)-u_0(\mathbf{x},t)\right] = \bar{\beta}(q)\, \mathcal{N}[\phi(\mathbf{x},t;q)], \;\; q\in[0,1], \tag{4.46}$$

其中泰勒级数

$$\bar{\beta}(q) = \sum_{k=1}^{+\infty} \bar{\beta}_k\, q^k$$

在 $q=1$ 时收敛. 需要注意的是, 如果选取 $\alpha(q)=q$ 和

$$\bar{\beta}(q) = c_0\, \beta(q), \quad \text{即} \quad \bar{\beta}_k = c_0\, \beta_k,$$

上述方程是 (4.39) 的一个特例. 因此, Marinca 和 Herişanu [219] 提出的 “同伦渐近方法” 本质上仍在同伦分析方法框架内. 即便如此, Marinca 和 Herişanu [219] 提出了一种有趣的方法, 其优点是 $\bar{\beta}(1)=1$ 是不必要的, 这样人们就有更大的自由度来选取参数 $\bar{\beta}_k$: 它们中的每一个现在都可以是未知的, 因此可以被视为收敛控制参数.

总之, 同伦分析方法的发展与零阶形变方程的推广密切相关. 在早期的零阶形变方程 (4.37) 中, 拓扑中同伦的概念被首次引入到解析近似方法中. 在改进的零阶形变方程 (4.38) 中, 首次引入了收敛控制参数, 它不仅为我们提供了

一种简便的方法来控制同伦级数的收敛性, 而且还提出了 "级数的收敛控制" 的新概念. 利用构造同伦方程的极大自由度, 我们可以构造更为广义的零阶形变方程. 零阶形变方程越广义, 它为保证同伦级数收敛提供的自由度就越大. 然而, 这并不意味着零阶形变方程越复杂越好. 一般来说, 简单的零阶形变方程, 如 (4.38), (4.39) 和 (4.43), 通常可以给出相当精确的近似解, 如本书后文所示. 对于某些复杂的非线性问题, 可能需要采用更广义的零阶形变方程.

§4.3.2 中给出了不同类型的零阶形变方程及对应的高阶形变方程. §4.3.3 给出了几个例子来说明如何利用这些定理获得高阶形变方程.

4.3.2 高阶形变方程

本节给出了各种类型的零阶形变方程对应的高阶形变方程.

引理 4.1 令

$$\phi = \sum_{m=0}^{+\infty} u_m\, q^m$$

表示同伦–Maclaurin 级数, 其中 $q \in [0,1]$ 为同伦参数, $\mathcal{L}$ 为具有性质 $\mathcal{L}(0)=0$ 且与 q 无关的辅助线性算子. 存在

$$\mathcal{D}_m\left[(1-q)\mathcal{L}(\phi-u_0)\right] = \mathcal{L}\left(u_m - \chi_m\, u_{m-1}\right),$$

其中

$$\chi_m = \begin{cases} 0, & m \leqslant 1, \\ 1, & m > 1. \end{cases} \tag{4.47}$$

证明 由于 $\mathcal{L}$ 是与 q 无关的线性算子, 则有

$$(1-q)\mathcal{L}\left(\phi-u_0\right) = \mathcal{L}\left(\phi - q\phi + u_0\, q - u_0\right).$$

根据定理 4.3, 定理 4.2 和定理 4.1 的 (4.8), 有

$$\begin{aligned} &\mathcal{D}_m\left[(1-q)\mathcal{L}(\phi-u_0)\right] \\ =&\, \mathcal{D}_m\left[\mathcal{L}\left(\phi - q\phi + u_0\, q - u_0\right)\right] \\ =&\, \mathcal{L}\left[\mathcal{D}_m\left(\phi - q\phi + u_0\, q - u_0\right)\right] \\ =&\, \mathcal{L}\left[\mathcal{D}_m(\phi) - \mathcal{D}_m(q\phi) + u_0\mathcal{D}_m(q)\right] \\ =&\, \mathcal{L}\left[u_m - u_{m-1} + u_0\mathcal{D}_m(q)\right], \end{aligned}$$

当 $m=1$ 时上式等价于 $\mathcal{L}(u_m)$, 当 $m>1$ 时上式等价于 $\mathcal{L}(u_m-u_{m-1})$. 因此, 根据 χ_m 的定义 (4.47), 有

$$\mathcal{D}_m\left[(1-q)\mathcal{L}\left(\phi-u_0\right)\right]=\mathcal{L}\left(u_m-\chi_m\, u_{m-1}\right).$$

证毕. □

定理 4.15 令 $\mathcal{L}$ 为具有性质 $\mathcal{L}(0)=0$ 且与同伦参数 $q\in[0,1]$ 无关的辅助线性算子, $\mathcal{N}$ 为非线性算子, $u_0(\mathbf{x},t)$ 是原始方程 $\mathcal{N}(u)=0$ 的初始近似, c_0 为与 q 无关的收敛控制参数, $H(\mathbf{x},t)$ 为与 q 无关的辅助函数, $\mathbf{x}$ 表示空间自变量的向量, t 表示时间自变量. 如果

$$\phi=\sum_{m=0}^{+\infty}u_m(\mathbf{x},t)\,q^m$$

是零阶形变方程

$$(1-q)\mathcal{L}\left(\phi-u_0\right)=q\,c_0\,H(\mathbf{x},t)\,\mathcal{N}\left(\phi\right) \tag{4.48}$$

的同伦–Maclaurin 级数, 则对应的 m 阶形变方程为

$$\mathcal{L}\left[u_m(\mathbf{x},t)-\chi_m\,u_{m-1}(\mathbf{x},t)\right]=c_0\,H(\mathbf{x},t)\,\mathcal{D}_{m-1}\left[\mathcal{N}(\phi)\right], \tag{4.49}$$

其中 $\mathcal{D}_{m-1}$ 由 (4.7) 定义, χ_m 由 (4.47) 定义.

证明 根据定理 4.5, 有

$$\mathcal{D}_m\left[(1-q)\mathcal{L}\left(\phi-u_0\right)\right]=\mathcal{D}_m\left[q\,c_0\,H(\mathbf{x},t)\,\mathcal{N}(\phi)\right].$$

根据引理 4.1, 有

$$\mathcal{D}_m\left[(1-q)\mathcal{L}\left(\phi-u_0\right)\right]=\mathcal{L}\left(u_m-\chi_m\,u_{m-1}\right).$$

根据定理 4.2 和 (4.9), 有

$$\mathcal{D}_m\left[q\,c_0\,H(\mathbf{x},t)\,\mathcal{N}(\phi)\right]=c_0\,H(\mathbf{x},t)\,\mathcal{D}_{m-1}\left[\mathcal{N}(\phi)\right].$$

因此, 可得到 m 阶形变方程

$$\mathcal{L}\left(u_m-\chi_m\,u_{m-1}\right)=c_0\,H(\mathbf{x},t)\,\mathcal{D}_{m-1}\left[\mathcal{N}(\phi)\right].$$

证毕. □

由于构造零阶形变方程具有极大的自由度, 我们可以引入无穷多个收敛控制参数 $c_0,c_1,c_2,\cdots$ 来构造更为广义的零阶形变方程, 如以下定理所述.

定理 4.16 令 $\mathcal{L}$ 为具有性质 $\mathcal{L}(0)=0$ 且与同伦参数 $q\in[0,1]$ 无关的辅助线性算子, $\mathcal{N}$ 为非线性算子, $u_0(\mathbf{x},t)$ 是原始方程 $\mathcal{N}(u)=0$ 的初始近似, $H(\mathbf{x},t)$ 为与 q 无关的辅助函数, $\mathbf{x}$ 表示空间自变量的向量, t 表示时间自变量. 如果级数

$$\sum_{k=0}^{+\infty} c_k\, q^k = c_0 + c_1\, q + c_2\, q^2 + \cdots$$

在 $q=1$ 时收敛, 其中 $c_0, c_1, \cdots$ 为常数收敛控制参数且有 $c_0\neq 0$ 和 $\sum\limits_{k=0}^{+\infty} c_k \neq 0$. 此外, 如果

$$\phi = \sum_{m=0}^{+\infty} u_m(\mathbf{x},t)\, q^m$$

是零阶形变方程

$$(1-q)\mathcal{L}\left(\phi - u_0\right) = H(\mathbf{x},t)\, q \left(\sum_{k=0}^{+\infty} c_k\, q^k\right) \mathcal{N}\left(\phi\right) \tag{4.50}$$

的同伦–Maclaurin 级数, 则对应的 m 阶形变方程为

$$\mathcal{L}\left[u_m(\mathbf{x},t) - \chi_m\, u_{m-1}(\mathbf{x},t)\right] = H(\mathbf{x},t) \sum_{k=1}^{m} c_{k-1}\, \mathcal{D}_{m-k}\left[\mathcal{N}(\phi)\right], \tag{4.51}$$

其中 $\mathcal{D}_{m-1}$ 由 (4.7) 定义, χ_m 由 (4.47) 定义.

证明 令

$$\psi = \sum_{k=0}^{+\infty} c_k\, q^{k+1},$$

根据 (4.8), 对于 $k\geqslant 1$ 有

$$\mathcal{D}_0(\psi) = 0, \quad \mathcal{D}_k(\psi) = c_{k-1}.$$

根据定理 4.5, 有

$$\mathcal{D}_m\left[(1-q)\mathcal{L}\left(\phi-u_0\right)\right] = \mathcal{D}_m\left[H(\mathbf{x},t)\, \psi\, \mathcal{N}(\phi)\right].$$

根据引理 4.1, 有

$$\mathcal{D}_m\left[(1-q)\mathcal{L}\left(\phi-u_0\right)\right] = \mathcal{L}\left(u_m - \chi_m\, u_{m-1}\right).$$

根据定理 4.2 和定理 4.1 中的 (4.10), 可得

$$\mathcal{D}_m\left[H(\mathbf{x},t)\, \psi\, \mathcal{N}(\phi)\right] = H(\mathbf{x},t) \sum_{k=0}^{m} \mathcal{D}_k(\psi)\, \mathcal{D}_{m-k}\left[\mathcal{N}(\phi)\right]$$

$$
\begin{aligned}
&= H(\mathbf{x},t)\ \sum_{k=1}^{m} \mathcal{D}_k(\psi)\ \mathcal{D}_{m-k}\left[\mathcal{N}(\phi)\right] \\
&= H(\mathbf{x},t)\ \sum_{k=1}^{m} c_{k-1}\ \mathcal{D}_{m-k}\left[\mathcal{N}(\phi)\right].
\end{aligned}
$$

因此, 对应的高阶形变方程为

$$
\mathcal{L}\left[u_m(\mathbf{x},t)-\chi_m\ u_{m-1}(\mathbf{x},t)\right] = H(\mathbf{x},t)\ \sum_{k=1}^{m} c_{k-1}\ \mathcal{D}_{m-k}\left[\mathcal{N}(\phi)\right].
$$

证毕. □

需要注意的是, 对于 $k \geqslant 1$, 当 $c_k = 0$ 时, 零阶形变方程 (4.48) 是零阶形变方程 (4.50) 的特例. 此外, 收敛控制参数 c_0, c_1, c_2 等不必是常数. 因此, 辅助函数 $H(\mathbf{x},t)$ 和收敛控制参数 c_k 相结合, 可获得更为广义的零阶形变方程.

定理 4.17 令 $\mathcal{L}$ 为具有性质 $\mathcal{L}(0)=0$ 且与同伦参数 $q \in [0,1]$ 无关的辅助线性算子, $\mathcal{N}$ 为非线性算子, $u_0(\mathbf{x},t)$ 是原始方程 $\mathcal{N}(u)=0$ 的初始近似, $\mathbf{x}$ 表示空间自变量的向量, t 表示时间自变量. 如果级数

$$
\sum_{k=0}^{+\infty} \beta_k(\mathbf{x},t)\ q^k \cdots
$$

在 $q=1$ 时收敛至非零函数, 其中 $\beta_0(\mathbf{x},t), \beta_1(\mathbf{x},t), \cdots$ 为收敛控制函数, 此外, 如果

$$
\phi = \sum_{m=0}^{+\infty} u_m(\mathbf{x},t)\ q^m
$$

是零阶形变方程

$$
(1-q)\mathcal{L}\left(\phi-u_0\right) = q\ \left[\sum_{k=0}^{+\infty} \beta_k(\mathbf{x},t)\ q^k\right]\ \mathcal{N}\left(\phi\right) \tag{4.52}
$$

的同伦–Maclaurin 级数, 则对应的 m 阶形变方程为

$$
\mathcal{L}\left[u_m(\mathbf{x},t)-\chi_m\ u_{m-1}(\mathbf{x},t)\right] = \sum_{k=1}^{m} \beta_{k-1}(\mathbf{x},t)\ \mathcal{D}_{m-k}\left[\mathcal{N}(\phi)\right], \tag{4.53}
$$

其中 $\mathcal{D}_{m-1}$ 由 (4.7) 定义, χ_m 由 (4.47) 定义.

证明 令

$$
\psi = \sum_{k=0}^{+\infty} \beta_k(\mathbf{x},t)\ q^{k+1},
$$

根据 (4.8), 对于 $k \geqslant 1$ 有

$$\mathcal{D}_0(\psi) = 0, \quad \mathcal{D}_k(\psi) = \beta_{k-1}(\mathbf{x}, t).$$

根据定理 4.5, 有

$$\mathcal{D}_m \left[(1-q)\mathcal{L}\left(\phi - u_0\right)\right] = \mathcal{D}_m \left[\psi\, \mathcal{N}(\phi)\right].$$

根据引理 4.1, 有

$$\mathcal{D}_m \left[(1-q)\mathcal{L}\left(\phi - u_0\right)\right] = \mathcal{L}\left(u_m - \chi_m\, u_{m-1}\right).$$

然后, 根据定理 4.2 和定理 4.1 中的 (4.10), 可得到

$$\begin{aligned}
\mathcal{D}_m \left[\psi\, \mathcal{N}(\phi)\right] &= \sum_{k=0}^{m} \mathcal{D}_k(\psi)\, \mathcal{D}_{m-k}\left[\mathcal{N}(\phi)\right] \\
&= \sum_{k=1}^{m} \mathcal{D}_k(\psi)\, \mathcal{D}_{m-k}\left[\mathcal{N}(\phi)\right] \\
&= \sum_{k=1}^{m} \beta_{k-1}(\mathbf{x}, t)\, \mathcal{D}_{m-k}\left[\mathcal{N}(\phi)\right].
\end{aligned}$$

因此, 对应的高阶形变方程为

$$\mathcal{L}\left[u_m(\mathbf{x}, t) - \chi_m\, u_{m-1}(\mathbf{x}, t)\right] = \sum_{k=1}^{m} \beta_{k-1}(\mathbf{x}, t)\, \mathcal{D}_{m-k}\left[\mathcal{N}(\phi)\right].$$

证毕. □

需要注意的是, 对于 $k \geqslant 0$, 当 $\beta_k(\mathbf{x}, t) = c_k\ H(\mathbf{x}, t)$ 时, 零阶形变方程 (4.50) 是零阶形变方程 (4.52) 的特例. 因此, 收敛控制函数的概念更为广义: 它不仅包含常数收敛控制参数, 还包含所谓的辅助函数 $H(\mathbf{x}, t)$. 这也揭示了辅助函数 $H(\mathbf{x}, t)$ 的本质.

定义 4.2 对于同伦参数 $q \in [0, 1]$ 的解析函数 f, 如果当 $q = 0$ 时 $f = 0$, 当 $q = 1$ 时 $f = 1$, 且其 Maclaurin 级数

$$f \sim \sum_{k=1}^{+\infty} \alpha_k\, q^k$$

在 $q=1$ 时绝对收敛, 即

$$\sum_{k=1}^{+\infty}\alpha_k=1,$$

其中 α_k 可以是常数或空间和时间自变量的函数, 则称函数 f 为形变函数.

引理 4.2 令

$$\phi=\sum_{m=0}^{+\infty}u_m\,q^m$$

表示同伦–Maclaurin 级数, 其中 $q\in[0,1]$ 为同伦参数, $\mathcal{L}$ 为具有性质 $\mathcal{L}(0)=0$ 且与同伦参数 $q\in[0,1]$ 无关的辅助线性算子. 如果 $\alpha(q)$ 为形变函数, 即 $\alpha(0)=0,\alpha(1)=1$, 其 Maclaurin 级数

$$\alpha(q)=\sum_{k=1}^{+\infty}\alpha_k\,q^k$$

存在且在 $q=1$ 时绝对收敛, 其中 α_k 为常数, 则有

$$\mathcal{D}_m\left\{[1-\alpha(q)]\,\mathcal{L}(\phi-u_0)\right\}=\mathcal{L}\left(u_m-\sum_{n=1}^{m-1}\alpha_n\,u_{m-n}\right).$$

证明 令

$$\Phi=\phi-u_0=\sum_{k=1}^{+\infty}u_k\,q^k,\quad \Psi=\alpha(q)=\sum_{k=1}^{+\infty}\alpha_k\,q^k.$$

根据定理 4.1 中的 (4.8), 有

$$\mathcal{D}_0(\Phi)=\mathcal{D}_0(\Psi)=0,\ \ \mathcal{D}_n(\Phi)=u_n,\quad \mathcal{D}_n(\Psi)=\alpha_n,\quad n\geqslant 1.$$

然后, 利用定理 4.1 至 4.3, 可得

$$\begin{aligned}
&\mathcal{D}_m\left\{[1-\alpha(q)]\,\mathcal{L}\left(\phi-u_0\right)\right\}=\mathcal{D}_m\left[(1-\Psi)\,\mathcal{L}(\Phi)\right]\\
=&\,\mathcal{D}_m\left[\mathcal{L}(\Phi)-\Psi\mathcal{L}(\Phi)\right]=\mathcal{D}_m\left[\mathcal{L}(\Phi)\right]-\sum_{n=0}^{m}\mathcal{D}_n\left(\Psi\right)\,\mathcal{D}_{m-n}\left[\mathcal{L}(\Phi)\right]\\
=&\,\mathcal{L}\left[\mathcal{D}_m(\Phi)\right]-\sum_{n=0}^{m}\mathcal{D}_n\left(\Psi\right)\,\mathcal{L}\left[\mathcal{D}_{m-n}(\Phi)\right]\\
=&\,\mathcal{L}\left[\mathcal{D}_m(\Phi)\right]-\sum_{n=1}^{m-1}\mathcal{D}_n\left(\Psi\right)\,\mathcal{L}\left[\mathcal{D}_{m-n}(\Phi)\right]
\end{aligned}$$

$$= \mathcal{L}(u_m) - \sum_{n=1}^{m-1} \alpha_n\, \mathcal{L}(u_{m-n}).$$

由于 α_k 为常数, 可进一步得到

$$\mathcal{D}_m \{[1-\alpha(q)]\, \mathcal{L}(\phi - u_0)\} = \mathcal{L}\left(u_m - \sum_{n=1}^{m-1} \alpha_n\, u_{m-n}\right).$$

证毕. □

定理 4.18 令 $\mathcal{L}$ 为具有性质 $\mathcal{L}(0)=0$ 且与同伦参数 $q\in[0,1]$ 无关的辅助线性算子, $\mathcal{N}$ 为非线性算子, $u_0(\mathbf{x},t)$ 是原始方程 $\mathcal{N}(u)=0$ 的初始近似, $\mathbf{x}$ 表示空间自变量的向量, t 表示时间自变量. 令 $\alpha(q)$ 表示形变函数, 即 $\alpha(0)=0$ 和 $\alpha(1)=1$, 其 Maclaurin 级数

$$\alpha(q) \sim \sum_{k=1}^{+\infty} \alpha_k\, q^k$$

存在且在 $q=1$ 时绝对收敛, 其中 α_k 为常数. 如果级数

$$\sum_{k=0}^{+\infty} \beta_k(\mathbf{x},t)\, q^k \cdots$$

在 $q=1$ 时收敛至非零函数, 其中 $\beta_0(\mathbf{x},t), \beta_1(\mathbf{x},t), \cdots$ 被称为收敛控制函数, 且如果

$$\phi = \sum_{m=0}^{+\infty} u_m(\mathbf{x},t)\, q^m$$

是零阶形变方程

$$[1-\alpha(q)]\, \mathcal{L}(\phi - u_0) = q\left[\sum_{k=0}^{+\infty} \beta_k(\mathbf{x},t)\, q^k\right] \mathcal{N}(\phi) \tag{4.54}$$

的 Maclaurin 级数, 则对应的 m 阶形变方程为

$$\mathcal{L}\left[u_m(\mathbf{x},t) - \sum_{n=1}^{m-1} \alpha_n\, u_{m-n}(\mathbf{x},t)\right] = \sum_{k=1}^{m} \beta_{k-1}(\mathbf{x},t)\, \mathcal{D}_{m-k}[\mathcal{N}(\phi)], \tag{4.55}$$

其中 $\mathcal{D}_{m-k}$ 由 (4.7) 定义.

证明 令

$$\psi = \sum_{k=0}^{+\infty} \beta_k(\mathbf{x},t)\, q^{k+1},$$

根据 (4.8), 对于 $k \geqslant 1$ 有

$$\mathcal{D}_0(\psi) = 0, \quad \mathcal{D}_k(\psi) = \beta_{k-1}(\mathbf{x}, t).$$

根据定理 4.5, 有

$$\mathcal{D}_m \left\{[1-\alpha(q)]\, \mathcal{L}\left(\phi - u_0\right)\right\} = \mathcal{D}_m \left[\psi\, \mathcal{N}(\phi)\right].$$

根据引理 4.2, 有

$$\mathcal{D}_m \left\{[1-\alpha(q)]\, \mathcal{L}\left(\phi - u_0\right)\right\} = \mathcal{L}\left(u_m - \sum_{n=1}^{m-1} \alpha_n\, u_{m-n}\right).$$

然后, 利用定理 4.2 和定理 4.1 中的 (4.10), 可得

$$\begin{aligned}
\mathcal{D}_m \left[\psi\, \mathcal{N}(\phi)\right] &= \sum_{k=0}^{m} \mathcal{D}_k(\psi)\, \mathcal{D}_{m-k}\left[\mathcal{N}(\phi)\right] \\
&= \sum_{k=1}^{m} \mathcal{D}_k(\psi)\, \mathcal{D}_{m-k}\left[\mathcal{N}(\phi)\right] \\
&= \sum_{k=1}^{m} \beta_{k-1}(\mathbf{x}, t)\, \mathcal{D}_{m-k}\left[\mathcal{N}(\phi)\right].
\end{aligned}$$

因此, 对应的高阶形变方程为

$$\mathcal{L}\left[u_m(\mathbf{x}, t) - \sum_{n=1}^{m-1} \alpha_n\, u_{m-n}(\mathbf{x}, t)\right] = \sum_{k=1}^{m} \beta_{k-1}(\mathbf{x}, t)\, \mathcal{D}_{m-k}\left[\mathcal{N}(\phi)\right].$$

证毕. □

需要注意的是, 对于 $k \geqslant 2$, 当 $\alpha_1 = 1$, $\alpha_k = 0$ 时, 零阶形变方程 (4.52) 和对应的高阶形变方程 (4.53) 分别是 (4.54) 和 (4.55) 的特例.

定义 4.3 对于算子 $\mathcal{A}(\phi, \mathbf{x}, t, q)$, 如果在 $q = 0$ 和 $q = 1$ 时, $\mathcal{A}(\phi, \mathbf{x}, t, q) = 0$, 其中 $q \in [0, 1]$ 为同伦参数, $\phi = \sum\limits_{k=0}^{+\infty} u_k\, q^k$ 为同伦-Maclaurin 级数, $\mathbf{x}$ 表示空间自变量的向量, t 表示时间自变量, 则该算子被称为形变算子.

定理 4.19 令 $\mathcal{L}$ 为具有性质 $\mathcal{L}(0) = 0$ 且与同伦参数 $q \in [0, 1]$ 无关的辅助线性算子, $\mathcal{N}$ 为非线性算子, $u_0(\mathbf{x}, t)$ 是原始方程 $\mathcal{N}(u) = 0$ 的初始近似, 其中 $\mathbf{x}$ 表示空间自变量的向量, t 表示时间自变量. 令 $\alpha(q)$ 表示形变函数, 即

$\alpha(0)=0$ 和 $\alpha(1)=1$, 其 Maclaurin 级数

$$\alpha(q) \sim \sum_{k=1}^{+\infty} \alpha_k\, q^k$$

存在且在 $q=1$ 时收敛, 其中 α_k 为常数. 令 $\mathcal{A}$ 为形变算子, 即

$$\mathcal{A}\,(\phi, \mathbf{x}, t, q) = 0, \quad q=0 \text{ 和 } q=1.$$

如果级数

$$\sum_{k=0}^{+\infty} \beta_k(\mathbf{x}, t)\, q^k$$

在 $q=1$ 时收敛至非零函数, 其中 $\beta_0(\mathbf{x}, t), \beta_1(\mathbf{x}, t), \cdots$ 被称为收敛控制函数, 且如果

$$\phi = \sum_{m=0}^{+\infty} u_m(\mathbf{x}, t)\, q^m$$

是零阶形变方程

$$[1-\alpha(q)]\, \mathcal{L}\,(\phi - u_0) = q\, \left[\sum_{k=0}^{+\infty} \beta_k(\mathbf{x}, t)\, q^k\right]\, \mathcal{N}\,(\phi) + \mathcal{A}\,(\phi, \mathbf{x}, t, q) \tag{4.56}$$

的同伦–Maclaurin 级数, 则对应的 m 阶形变方程为

$$\begin{aligned} &\mathcal{L}\left[u_m(\mathbf{x}, t) - \sum_{n=1}^{m-1} \alpha_n\, u_{m-n}(\mathbf{x}, t)\right] \\ =& \sum_{k=1}^{m} \beta_{k-1}(\mathbf{x}, t)\, \mathcal{D}_{m-k}\left[\mathcal{N}(\phi)\right] + \mathcal{D}_m\left[\mathcal{A}\,(\phi, \mathbf{x}, t, q)\right], \end{aligned} \tag{4.57}$$

其中 $\mathcal{D}_{m-k}$ 由 (4.7) 定义.

证明 令

$$\psi = \sum_{k=0}^{+\infty} \beta_k(\mathbf{x}, t)\, q^{k+1},$$

根据 (4.8), 对于 $k \geqslant 1$ 有

$$\mathcal{D}_0(\psi) = 0, \quad \mathcal{D}_k(\psi) = \beta_{k-1}(\mathbf{x}, t),$$

根据定理 4.5, 有

$$\mathcal{D}_m\left\{[1-\alpha(q)]\, \mathcal{L}\,(\phi - u_0)\right\} = \mathcal{D}_m\left[\psi\, \mathcal{N}(\phi) + \mathcal{A}\,(\phi, \mathbf{x}, t, q)\right].$$

根据引理 4.2, 有

$$\mathcal{D}_m\left\{[1-\alpha(q)]\,\mathcal{L}\,(\phi-u_0)\right\}=\mathcal{L}\left(u_m-\sum_{n=1}^{m-1}\alpha_n\,u_{m-n}\right).$$

然后, 利用定理 4.2 和定理 4.1 中的 (4.10), 有

$$\begin{aligned}\mathcal{D}_m\left[\psi\,\mathcal{N}(\phi)+\mathcal{A}\,(\phi,\mathbf{x},t,q)\right]&=\sum_{k=0}^{m}\mathcal{D}_k(\psi)\,\mathcal{D}_{m-k}\left[\mathcal{N}(\phi)\right]+\mathcal{D}_m\left[\mathcal{A}\,(\phi,\mathbf{x},t,q)\right]\\&=\sum_{k=1}^{m}\mathcal{D}_k(\psi)\,\mathcal{D}_{m-k}\left[\mathcal{N}(\phi)\right]+\mathcal{D}_m\left[\mathcal{A}\,(\phi,\mathbf{x},t,q)\right]\\&=\sum_{k=1}^{m}\beta_{k-1}(\mathbf{x},t)\,\mathcal{D}_{m-k}\left[\mathcal{N}(\phi)\right]+\mathcal{D}_m\left[\mathcal{A}\,(\phi,\mathbf{x},t,q)\right].\end{aligned}$$

因此, 对应的高阶形变方程为

$$\begin{aligned}&\mathcal{L}\left[u_m(\mathbf{x},t)-\sum_{n=1}^{m-1}\alpha_n\,u_{m-n}(\mathbf{x},t)\right]\\=&\sum_{k=1}^{m}\beta_{k-1}(\mathbf{x},t)\,\mathcal{D}_{m-k}\left[\mathcal{N}(\phi)\right]+\mathcal{D}_m\left[\mathcal{A}\,(\phi,\mathbf{x},t,q)\right].\end{aligned}$$

证毕. □

需要注意的是, 零阶形变方程 (4.54) 及其高阶形变方程 (4.55) 分别是公式 (4.56) 和 (4.57) 在

$$\mathcal{A}(\phi,\mathbf{x},t,q)=0$$

时的特例. 虽然 (4.56) 和 (4.57) 已经相当一般化, 但可以由以下定理给出更广义的零阶形变方程.

引理 4.3 令 $\mathcal{L}$ 为具有性质 $\mathcal{L}(0)=0$ 且与同伦参数 $q\in[0,1]$ 无关的辅助线性算子, 且

$$\phi=\sum_{m=0}^{+\infty}u_m\,q^m$$

为同伦–Maclaurin 级数. 如果 $\alpha(\mathbf{x},t,q)$ 为形变函数, 即当 $q=0$ 时 $\alpha(\mathbf{x},t,q)=0$; 当 $q=1$ 时 $\alpha(\mathbf{x},t,q)=1$, 其 Maclaurin 级数

$$\alpha(\mathbf{x},t,q)\sim\sum_{k=1}^{+\infty}\alpha_k(\mathbf{x},t)\,q^k$$

存在且在 $q=1$ 时收敛, 其中 α_k 是空间自变量的向量 $\mathbf{x}$ 和时间自变量 t 的函数, 则有

$$\mathcal{D}_m\left\{[1-\alpha(\mathbf{x},t,q)]\,\mathcal{L}(\phi-u_0)\right\}=\mathcal{L}\left(u_m\right)-\sum_{n=1}^{m-1}\alpha_n(\mathbf{x},t)\,\mathcal{L}\left(u_{m-n}\right).$$

引理 4.3 的证明方法与引理 4.2 类似.

定理 4.20 令 $\mathcal{L}$ 为具有性质 $\mathcal{L}(0)=0$ 且与同伦参数 $q\in[0,1]$ 无关的辅助线性算子, $\mathcal{N}$ 为非线性算子, $u_0(\mathbf{x},t)$ 是原始方程 $\mathcal{N}(u)=0$ 的初始近似, 其中 $\mathbf{x}$ 表示空间自变量的向量, t 表示时间自变量. 令 $\alpha(\mathbf{x},t,q)$ 表示形变函数, 即当 $q=0$ 时 $\alpha(\mathbf{x},t,q)=0$, 当 $q=1$ 时 $\alpha(\mathbf{x},t,q)=1$, 其 Maclaurin 级数

$$\alpha(\mathbf{x},t,q)\sim\sum_{k=1}^{+\infty}\alpha_k(\mathbf{x},t)\,q^k$$

存在且在 $q=1$ 时收敛, 其中 $\alpha_k(\mathbf{x},t)$ 依赖于 $\mathbf{x}$ 和 t. 令 $\mathcal{B}$ 为依赖于 $\phi,\mathbf{x},t$ 和同伦参数 $q\in[0,1]$ 的算子, 其满足

$$\begin{aligned}&\mathcal{B}\left(\phi,\mathbf{x},t,q\right)=0, && q=0,\\ &\mathcal{B}\left(\phi,\mathbf{x},t,q\right)=\gamma(\mathbf{x},t)\,\mathcal{N}(\phi), && q=1,\end{aligned}$$

其中 $\gamma(\mathbf{x},t)\neq 0$ 为非零函数. 如果

$$\phi=\sum_{m=0}^{+\infty}u_m(\mathbf{x},t)\,q^m$$

为零阶形变方程

$$[1-\alpha(\mathbf{x},t,q)]\,\mathcal{L}\left(\phi-u_0\right)=\mathcal{B}\left(\phi,\mathbf{x},t,q\right) \tag{4.58}$$

的同伦–Maclaurin 级数, 则对应的 m 阶形变方程为

$$\mathcal{L}\left[u_m(\mathbf{x},t)\right]-\sum_{n=1}^{m-1}\alpha_n(\mathbf{x},t)\,\mathcal{L}\left[u_{m-n}(\mathbf{x},t)\right]=\mathcal{D}_m\left[\mathcal{B}\left(\phi,\mathbf{x},t,q\right)\right], \tag{4.59}$$

其中 $\mathcal{D}_{m-k}$ 由 (4.7) 定义.

证明 根据定理 4.5, 有

$$\mathcal{D}_m\left\{[1-\alpha(\mathbf{x},t,q)]\,\mathcal{L}\left(\phi-u_0\right)\right\}=\mathcal{D}_m\left[\mathcal{B}\left(\phi,\mathbf{x},t,q\right)\right].$$

根据引理 4.3, 有

$$\mathcal{D}_m\left\{[1-\alpha(\mathbf{x},t,q)]\,\mathcal{L}(\phi-u_0)\right\}=\mathcal{L}\left(u_m\right)-\sum_{n=1}^{m-1}\alpha_n(\mathbf{x},t)\,\mathcal{L}\left(u_{m-n}\right).$$

因此, 对应的 m 阶形变方程为

$$\mathcal{L}\left[u_m(\mathbf{x},t)\right]-\sum_{n=1}^{m-1}\alpha_n(\mathbf{x},t)\,\mathcal{L}\left[u_{m-n}(\mathbf{x},t)\right]=\mathcal{D}_m\left[\mathcal{B}\left(\phi,\mathbf{x},t,q\right)\right].$$

证毕. □

需要注意的是, 零阶形变方程 (4.48), (4.50), (4.52), (4.54), (4.56) 和 (4.58) 以及相应的高阶形变方程 (4.49), (4.51), (4.53), (4.55), (4.57) 和 (4.59) 均越来越一般化. 这主要是因为我们有极大的自由度来构造零阶形变方程, 其一般定义在第二章中给出. 高阶形变方程具有一些共同的性质:

1. 高阶形变方程对于未知量 u_m 总是线性的;

2. 高阶形变方程左端的项相当相似, 即

$$\mathcal{L}(u_m-\chi_m\,u_{m-1}),\quad \alpha(q)=q,$$

或

$$\mathcal{L}\left(u_m-\sum_{n=1}^{m-1}\alpha_{m-n}\,u_n\right),\quad \alpha(q)=\sum_{n=1}^{+\infty}\alpha_k\,q^k,$$

其中 α_k 为常数, 或

$$\mathcal{L}\left(u_m\right)-\sum_{n=1}^{m-1}\alpha_{m-n}(\mathbf{x},t)\,\mathcal{L}\left(u_n\right),\quad \alpha(\mathbf{x},t,q)=\sum_{n=1}^{+\infty}\alpha_k(\mathbf{x},t)\,q^k,$$

其中 $\alpha_k(\mathbf{x},t)$ 取决于空间自变量的向量 $\mathbf{x}$ 和时间自变量 t. 所有这些都完全由辅助线性算子 $\mathcal{L}$ 和形变函数 α 确定. 值得注意的是, 我们有很大的自由度来选取辅助线性算子 $\mathcal{L}$ 和形变函数 $\alpha(q)$ 或 $\alpha(\mathbf{x},t,q)$;

3. 对于 m 阶形变方程, $u_0,u_1,u_2,\cdots,u_{m-1}$ 是已知的, 所以高阶形变方程的右端项在本质上通常被认为是已知的. 因此, 连续求解线性高阶形变方程通常很方便, 特别是借助符号推导软件, 如 Mathematica, Maple 等;

4. 给定零阶形变方程的类型, 相应的高阶形变方程可由上述定理直接得出. 大多数情况下, 在这个过程中需要计算同伦导数 $\mathcal{D}_m\left[\mathcal{N}(\phi)\right]$. 正如 §4.2 所指出的那样, 对于任何给定的光滑函数 $f(\phi)$, 其中 ϕ 是同伦 – Maclaurin 级数, 我们总能通过 §4.2 中证明的定理得到其 m 阶同伦导数 $\mathcal{D}_m\left[f(\phi)\right]$, 特别是通过递推

公式 (4.27) 得到. 类似地, 对于任何给定的原始非线性方程 $\mathcal{N}(u)=0$, 无论非线性算子 $\mathcal{N}$ 有多复杂, 我们总是可以得到 $\mathcal{D}_m[\mathcal{N}(\phi)]$. 这表明了 (4.7) 定义的同伦导数算子 $\mathcal{D}_m$ 的重要性, 并揭示了在 §4.2 中证明关于 $\mathcal{D}_m$ 的定理的原因.

需要注意的是, 如第二章所示, 利用构造同伦方程的极大自由度, 我们可将未知的物理参数表示为零阶形变方程中的同伦 – Maclaurin 级数. 因此, 当我们将 $\mathcal{D}_k[\mathcal{N}(\phi)]$ 替换为 $\mathcal{D}_k[\mathcal{N}(\phi,\Omega,q)]$ 时, 上述所有定理都成立, 其中 $q\in[0,1]$ 为同伦参数, 且

$$\Omega\sim\sum_{k=0}^{+\infty}\omega_k\,q^k$$

是物理参数 ω 的同伦 – Maclaurin 级数. 此外, 我们可以用与上述类似的方法来处理非线性方程的初始 (边界) 条件.

4.3.3 例子

在本节中, 我们用一些简单的例子来说明如何利用上述定理来推导非线性问题的高阶形变方程.

例 4.1 考虑非线性热传导问题 [183]:

$$(1+\varepsilon u)u'+u=0,\quad u(0)=1,$$

其中 $'$ 表示对时间 t 的导数. 选取辅助线性算子 $\mathcal{L}(u)=u'+u$, 并定义非线性算子

$$\mathcal{N}[\phi(t;q)]=(1+\varepsilon\phi)\phi'+\phi,$$

其中

$$\phi=\sum_{k=0}^{+\infty}u_k(t)\,q^k$$

是同伦 Maclaurin 级数, 构造零阶形变方程

$$(1-q)\mathcal{L}[\phi(t;q)-u_0(t)]=q\,c_0\,\mathcal{N}[\phi(t;q)],$$

满足初始条件

$$\phi(t;q)=1,\quad t=0,$$

其中 $u_0(t)$ 为满足初始条件 $u(0)=1$ 的初始猜测解. 根据定理 4.15, 对应的 m 阶形变方程为

$$\mathcal{L}[u_m(t)-\chi_m\,u_{m-1}(t)]=c_0\,\mathcal{D}_{m-1}\{\mathcal{N}[\phi(t;q)]\},$$

满足初始条件

$$u_m(0) = 0.$$

根据定理 4.1, 定理 4.2 和定理 4.3, 有

$$\begin{aligned}\mathcal{D}_{m-1}\{\mathcal{N}[\phi(t;q)]\} &= \mathcal{D}_{m-1}(\phi') + \mathcal{D}_{m-1}(\phi) + \varepsilon\,\mathcal{D}_{m-1}(\phi\,\phi') \\ &= u'_{m-1} + u_{m-1} + \varepsilon\sum_{n=0}^{m-1} u_{m-1-n}\,u'_n.\end{aligned}$$

对应的同伦级数解为

$$u(t) = \sum_{k=0}^{+\infty} u_k(t),$$

当选取收敛控制参数 $c_0 = -(1+\varepsilon)^{-1}$ 时, 其对任意物理参数 $0 \leqslant \varepsilon < +\infty$ 均收敛. 详情可参考 Abbasbandy [183].

例 4.2 考虑非线性振动方程 [216]:

$$u''(t) + \lambda u(t) + \varepsilon u^3(t) = 0, \ \ u(0) = 1, u'(0) = 0,$$

其中 $'$ 表示对时间 t 的导数, λ 和 ε 为物理参数. 令 ω 为周期解的未知频率. 令 $\tau = \omega\, t$, 上述方程变为

$$\gamma\, u''(\tau) + \lambda u(\tau) + \varepsilon u^3(\tau) = 0, \ \ u(0) = 1, u'(0) = 0,$$

其中 $\gamma = \omega^2$ 为未知的物理参数. 将 γ 视为同伦 – Maclaurin 级数, 并定义非线性算子

$$\mathcal{N}[\phi(\tau;q), \Gamma(q)] = \Gamma(q)\,\phi''(\tau;q) + \lambda\phi(\tau;q) + \varepsilon\phi^3(\tau;q),$$

其中 $'$ 表示对 τ 的导数,

$$\phi(\tau;q) = \sum_{k=0}^{+\infty} u_k(t)\,q^k, \quad \Gamma(q) = \sum_{k=0}^{+\infty} \gamma_k\,q^k$$

为两个同伦 – Maclaurin 级数. 选取辅助线性算子

$$\mathcal{L}(u) = u'' + u,$$

构造如下零阶形变方程

$$(1-q)\mathcal{L}[\phi(\tau;q) - u_0(\tau)] = q\,c_0\,\mathcal{N}[\phi(\tau;q), \Gamma(q)], \quad q \in [0,1],$$

满足初始条件

$$\phi(\tau;q)=1,\ \phi'(\tau;q)=0,\ \tau=0,$$

其中 $u_0(t)$ 为满足初始条件的初始猜测解. 根据定理 4.15, 对应的高阶形变方程为

$$\mathcal{L}[u_m(\tau)-\chi_m\, u_{m-1}(\tau)]=c_0\,\mathcal{D}_{m-1}\left\{\mathcal{N}[\phi(\tau;q),\Gamma(q)]\right\},$$

满足初始条件

$$u_m(0)=0,\quad u_m'(0)=0.$$

根据定理 4.1, 定理 4.2, 定理 4.3 和定理 4.6, 有

$$\begin{aligned}&\mathcal{D}_{m-1}\left\{\mathcal{N}[\phi(\tau;q),\Gamma(q)]\right\}\\=&\,\mathcal{D}_{m-1}(\Gamma\,\phi'')+\lambda\,\mathcal{D}_{m-1}(\phi)+\varepsilon\,\mathcal{D}_{m-1}(\phi^3)\\=&\sum_{n=0}^{m-1}\gamma_{m-1-n}\,u_n''+\lambda\,u_{m-1}+\varepsilon\sum_{n=0}^{m-1}u_{m-1-n}\sum_{k=0}^{n}u_{n-k}\,u_k.\end{aligned}$$

对应的同伦级数解为

$$u(t)=\sum_{m=0}^{+\infty}u_m(\omega\,t),\quad \omega=\left(\sum_{m=0}^{+\infty}\gamma_m\right)^{1/2},$$

如果适当选择收敛控制参数 c_0, 则它们是收敛的. 例如, 当 $\lambda=0$ 时, 选取 $c_0=-(1+\varepsilon)^{-1}$, 同伦级数解对于任意的物理参数 $0\leqslant\varepsilon<+\infty$ 都是收敛的. 详情可参考第二章.

例 4.3 考虑变系数非线性微分方程

$$A(x)\,u''(x)+A'(x)\,u'(x)+\gamma\,\sin u(x)=0,\quad u'(0)=0,\ u'(\pi)=0,\ u(0)=a,$$

其中 $A(x)$ 为给定函数, γ 为未知特征值, a 为给定常数. 选取初始猜测解 $u_0=a\,\cos x$, 辅助线性算子 $\mathcal{L}(u)=u''+u$, 并定义非线性算子

$$\mathcal{N}(\phi,\Gamma,q)=A(x)\,\phi''(x;q)+A'(x)\,\phi'(x;q)+\Gamma(q)\,\frac{\sin(q\phi)}{q},$$

其中 $'$ 表示对 x 的导数. 构造零阶形变方程

$$(1-q)\,\mathcal{L}(\phi-u_0)=c_0\,q\,\mathcal{N}(\phi,\Gamma,q),\quad \phi'(0;q)=0,\ \phi'(\pi;q)=0,\ \phi(0;q)=a.$$

根据定理 4.15, 对应的高阶形变方程为

$$\mathcal{L}(u_m-\chi_m\,u_{m-1})=c_0\,\mathcal{D}_{m-1}\left[\mathcal{N}(\phi,\Gamma,q)\right],\ u_m'(0)=0,\ u_m'(\pi)=0,\ u_m(0)=0.$$

根据定理 4.1, 定理 4.2 和定理 4.3, 有

$$
\begin{aligned}
&\mathcal{D}_{m-1}\left[\mathcal{N}(\phi,\Gamma,q)\right]\\
&=\mathcal{D}_{m-1}\left[A(x)\ \phi''(x;q)\right]+\mathcal{D}_{m-1}\left[A'(x)\ \phi'(x;q)\right]+\mathcal{D}_{m-1}\left[\Gamma(q)\ \frac{\sin(q\phi)}{q}\right]\\
&=A(x)\ u''_{m-1}(x)+A'(x)\ u'_{m-1}(x)+\sum_{n=0}^{m-1}\gamma_{m-1-n}\ \mathcal{D}_n\left[\frac{\sin(q\phi)}{q}\right],
\end{aligned}
$$

其中 $\mathcal{D}_n[\sin(q\phi)/q]$ 由定理 4.13 获得的 (4.36) 给出. 详情可参考廖世俊 [212].

4.4 收敛定理

第二章给出了非线性振动方程的同伦级数收敛的两个定理. 定性地讲, 这些定理具有一般意义. 这里, 从整体上证明了两个类似的定理.

定理 4.21 令 $\mathcal{L}$ 为具有性质 $\mathcal{L}(0)=0$ 且与同伦参数 $q\in[0,1]$ 无关的辅助线性算子, $\mathcal{N}$ 为非线性算子, $u_0(\mathbf{x},t)$ 是原始方程 $\mathcal{N}[u(\mathbf{x},t),\gamma]=0$ 的初始近似, 其中 $\mathbf{x}$ 表示空间自变量的向量, t 表示时间自变量, γ 为未知的物理参数. 令 $\alpha(\mathbf{x},t;q)$ 表示形变函数, 即当 $q=0$ 时 $\alpha=0$, 当 $q=1$ 时 $\alpha=1$, 并假设其 Maclaurin 级数

$$\alpha(\mathbf{x},t;q)=\sum_{k=1}^{+\infty}\alpha_k(\mathbf{x},t)\ q^k$$

在 $q=1$ 时绝对收敛, 使得 $\sum\limits_{k=1}^{+\infty}\alpha_k(\mathbf{x},t;q)=1$. 令

$$\sum_{k=0}^{+\infty}\beta_k(\mathbf{x},t)\ q^{k+1}$$

为在 $q=1$ 时绝对收敛于非零函数 $\beta(\mathbf{x},t)$ 的级数, 即

$$\beta(\mathbf{x},t)=\sum_{k=0}^{+\infty}\beta_k(\mathbf{x},t)\neq 0,$$

其中 $\beta_0(\mathbf{x},t),\beta_1(\mathbf{x},t),\cdots$ 为收敛控制函数. 令

$$\Gamma\sim\sum_{m=0}^{+\infty}\gamma_m\ q^m$$

为未知物理参数 γ 的同伦–Maclaurin 级数且

$$\phi\sim\sum_{m=0}^{+\infty}u_m(\mathbf{x},t)\ q^m$$

为零阶形变方程

$$[1-\alpha(\mathbf{x},t;q)]\,\mathcal{L}\,(\phi-u_0)=\left[\sum_{k=0}^{+\infty}\beta_k(\mathbf{x},t)\,q^{k+1}\right]\,\mathcal{N}\,(\phi,\Gamma) \tag{4.60}$$

的同伦–Maclaurin 级数, 其中 u_m 满足 m 阶形变方程

$$\mathcal{L}\,[u_m(\mathbf{x},t)]-\sum_{n=1}^{m-1}\alpha_n(\mathbf{x},t)\,\mathcal{L}\,[u_{m-n}(\mathbf{x},t)]=\sum_{k=1}^{m}\beta_{k-1}(\mathbf{x},t)\,\delta_{m-k}(\mathbf{x},t), \tag{4.61}$$

且有定义

$$\delta_k(\mathbf{x},t)=\mathcal{D}_k\,[\mathcal{N}(\phi,\Gamma)]$$

和 $\mathcal{D}_k$ 的定义 (4.7). 如果同伦级数

$$u(\mathbf{x},t)\sim\sum_{m=0}^{+\infty}u_m(\mathbf{x},t),\quad \gamma\sim\sum_{m=0}^{+\infty}\gamma_m$$

收敛, 且 $\sum\limits_{m=0}^{+\infty}\mathcal{L}\,[u_m(\mathbf{x},t)]$ 也收敛, 则

$$\sum_{k=0}^{+\infty}\delta_k(\mathbf{x},t)=\sum_{k=0}^{+\infty}\mathcal{D}_k\,[\mathcal{N}(\phi,\Gamma)]=0. \tag{4.62}$$

证明 根据 (4.61), 有

$$\sum_{m=1}^{+\infty}\left\{\mathcal{L}\,[u_m(\mathbf{x},t)]-\sum_{n=1}^{m-1}\alpha_n(\mathbf{x},t)\,\mathcal{L}\,[u_{m-n}(\mathbf{x},t)]\right\}=\sum_{m=1}^{+\infty}\sum_{k=1}^{m}\beta_{k-1}(\mathbf{x},t)\,\delta_{m-k}(\mathbf{x},t).$$

由于 $\sum\limits_{k=1}^{+\infty}\alpha_k(\mathbf{x},t)$ 绝对收敛且 $\sum\limits_{m=0}^{+\infty}\mathcal{L}\,[u_m(\mathbf{x},t)]$ 收敛, 则根据柯西乘积定理有

$$\begin{aligned}
&\sum_{m=1}^{+\infty}\left\{\mathcal{L}\,[u_m(\mathbf{x},t)]-\sum_{n=1}^{m-1}\alpha_n(\mathbf{x},t)\,\mathcal{L}\,[u_{m-n}(\mathbf{x},t)]\right\}\\
=&\sum_{m=1}^{+\infty}\mathcal{L}\,[u_m(\mathbf{x},t)]-\sum_{m=1}^{+\infty}\sum_{n=1}^{m-1}\alpha_n(\mathbf{x},t)\,\mathcal{L}\,[u_{m-n}(\mathbf{x},t)]\\
=&\sum_{m=1}^{+\infty}\mathcal{L}\,[u_m(\mathbf{x},t)]-\sum_{n=1}^{+\infty}\sum_{m=n+1}^{+\infty}\alpha_n(\mathbf{x},t)\,\mathcal{L}\,[u_{m-n}(\mathbf{x},t)]\\
=&\sum_{m=1}^{+\infty}\mathcal{L}\,[u_m(\mathbf{x},t)]-\sum_{n=1}^{+\infty}\sum_{k=1}^{+\infty}\alpha_n(\mathbf{x},t)\,\mathcal{L}\,[u_k(\mathbf{x},t)]
\end{aligned}$$

$$
\begin{aligned}
&= \sum_{m=1}^{+\infty} \mathcal{L}\left[u_m(\mathbf{x},t)\right] - \left[\sum_{n=1}^{+\infty} \alpha_n(\mathbf{x},t)\right] \left\{\sum_{k=1}^{+\infty} \mathcal{L}\left[u_k(\mathbf{x},t)\right]\right\} \\
&= \left[1 - \sum_{n=1}^{+\infty} \alpha_n(\mathbf{x},t)\right] \left\{\sum_{m=1}^{+\infty} \mathcal{L}\left[u_m(\mathbf{x},t)\right]\right\},
\end{aligned}
$$

由于 $\sum\limits_{n=1}^{+\infty} \alpha_n(\mathbf{x},t) = 1$, 则

$$
\sum_{m=1}^{+\infty} \left\{\mathcal{L}\left[u_m(\mathbf{x},t)\right] - \sum_{n=1}^{m-1} \alpha_n(\mathbf{x},t)\, \mathcal{L}\left[u_{m-n}(\mathbf{x},t)\right]\right\} = 0.
$$

类似地, 由于 $\sum\limits_{k=1}^{+\infty} \beta_{k-1}(\mathbf{x},t)$ 绝对收敛, 根据 Cauchy 乘积定理有

$$
\begin{aligned}
&\sum_{m=1}^{+\infty} \sum_{k=1}^{m} \beta_{k-1}(\mathbf{x},t)\, \delta_{m-k}(\mathbf{x},t) \\
&= \sum_{k=1}^{+\infty} \sum_{m=k}^{+\infty} \beta_{k-1}(\mathbf{x},t)\, \delta_{m-k}(\mathbf{x},t) \\
&= \sum_{k=1}^{+\infty} \sum_{n=0}^{+\infty} \beta_{k-1}(\mathbf{x},t)\, \delta_{n}(\mathbf{x},t) \\
&= \left[\sum_{k=1}^{+\infty} \beta_{k-1}(\mathbf{x},t)\right] \left[\sum_{n=0}^{+\infty} \delta_n(\mathbf{x},t)\right] \\
&= \left[\sum_{m=0}^{+\infty} \beta_{m}(\mathbf{x},t)\right] \left[\sum_{n=0}^{+\infty} \delta_n(\mathbf{x},t)\right].
\end{aligned}
$$

因此,

$$
\left[\sum_{m=0}^{+\infty} \beta_{m}(\mathbf{x},t)\right] \left[\sum_{n=0}^{+\infty} \delta_n(\mathbf{x},t)\right] = 0,
$$

由于 $\sum\limits_{m=0}^{+\infty} \beta_m(\mathbf{x},t) \neq 0$, 则有

$$
\sum_{n=0}^{+\infty} \delta_n(\mathbf{x},t) = 0,
$$

即

$$
\sum_{n=0}^{+\infty} \mathcal{D}_n\left[\mathcal{N}(\phi,\Gamma)\right] = 0.
$$

证毕. □

定理 4.22 令 $\phi(\mathbf{x},t;q)$ 和 $\Gamma(q)$ 为零阶形变方程 (4.60) 的解, 其同伦-Maclaurin 级数为

$$\phi \sim \sum_{m=0}^{+\infty} u_m(\mathbf{x},t)\, q^m, \quad \Gamma \sim \sum_{m=0}^{+\infty} \gamma_m\, q^m.$$

假设同伦级数

$$u(\mathbf{x},t) \sim \sum_{m=0}^{+\infty} u_m(\mathbf{x},t), \quad \gamma \sim \sum_{m=0}^{+\infty} \gamma_m$$

收敛, 且 $\sum\limits_{m=0}^{+\infty} \mathcal{L}\left[u_m(\mathbf{x},t)\right]$ 也收敛, 其中 $\mathcal{L}$ 为辅助线性算子, 因此定理 4.21 成立. 如果 $\mathcal{N}(\phi,\Gamma)$ 在 $q\in[0,1]$ 上关于 q 是解析的, 则 $\sum\limits_{m=0}^{+\infty} u_m(\mathbf{x},t)$ 和 $\sum\limits_{m=0}^{+\infty} \gamma_m$ 满足原始方程 $\mathcal{N}(u,\gamma)=0$.

证明 由于两个同伦级数

$$u(\mathbf{x},t) \sim \sum_{m=0}^{+\infty} u_m(\mathbf{x},t), \quad \gamma \sim \sum_{m=0}^{+\infty} \gamma_m$$

收敛, 且 $\sum\limits_{m=0}^{+\infty} \mathcal{L}\left[u_m(\mathbf{x},t)\right]$ 也收敛, 根据定理 4.21, 有

$$\sum_{n=0}^{+\infty} \delta_n(\mathbf{x},t) = \sum_{n=0}^{+\infty} \mathcal{D}_n\left[\mathcal{N}(\phi,\Gamma)\right] = 0.$$

需要注意的是,

$$\mathcal{D}_0\left[\mathcal{N}(\phi,\Gamma)\right] = \mathcal{N}(u_0,\gamma_0)$$

表示初始近似 u_0 和 γ_0 的原始控制方程的残差. 因此, $\mathcal{N}(\phi,\Gamma)$ 可视为控制方程在 $q\in[0,1]$ 上的残差. 根据定理 4.10, 其同伦-Maclaurin 级数为

$$\mathcal{N}(\phi,\Gamma) \sim \sum_{k=0}^{+\infty} \delta_k(\mathbf{x},t) q^k,$$

即

$$\mathcal{N}\left[\left(\sum_{m=0}^{+\infty} u_m\, q^m\right), \left(\sum_{n=0}^{+\infty} \gamma_n\, q^n\right)\right] \sim \sum_{k=0}^{+\infty} \delta_k(\mathbf{x},t)\, q^k.$$

由于 $\mathcal{N}(\phi,\Gamma)$ 在 $q\in[0,1]$ 上关于 q 是解析的, 则上述级数在 $q\in[0,1]$ 上收敛至 $\mathcal{N}(\phi,\Gamma)$. 因此,

$$\mathcal{N}\left[\left(\sum_{m=0}^{+\infty} u_m\, q^m\right), \left(\sum_{n=0}^{+\infty} \gamma_n\, q^n\right)\right] = \sum_{k=0}^{+\infty} \delta_k(\mathbf{x},t)\, q^k.$$

令 $q=1$ 并由 $\sum\limits_{n=0}^{+\infty}\delta_n(\mathbf{x},t)=0$, 得到

$$\mathcal{N}\left[\left(\sum_{m=0}^{+\infty}u_m\right),\left(\sum_{n=0}^{+\infty}\gamma_n\right)\right]=\sum_{k=0}^{+\infty}\delta_k(\mathbf{x},t)=0.$$

因此, 两个收敛的同伦级数满足原始方程.

证毕. □

定理 4.22 揭示了同伦级数收敛的重要性. 由这个定理, 我们足以保证同伦分析方法给出的每个同伦级数的收敛性. 定理 4.21 给出了同伦级数收敛的一个必要条件. 有趣的是, 原始控制方程残差的同伦 – Maclaurin 级数为

$$\mathcal{N}(\phi,\Gamma)\sim\sum_{k=0}^{+\infty}\delta_k(\mathbf{x},t)\ q^k,$$

其中 $\delta_k(\mathbf{x},t)=\mathcal{D}_k\left[\mathcal{N}(\phi,\Gamma,q)\right]$. 定义

$$\Delta_m=\int_\Omega\left[\sum_{k=0}^{m}\delta_k(\mathbf{x},t)\right]^2 d\Omega. \tag{4.63}$$

根据定理 4.22, 如果每个同伦级数收敛, 则

$$\lim_{m\to+\infty}\Delta_m=0.$$

因此, 上面定义的 Δ_m 表明了 m 阶同伦近似的精确性. 显然, Δ_m 的值越小, 对应的同伦近似越好. 当同伦近似包含收敛控制参数 c_0 时, Δ_m 是 c_0 的函数, 因此 c_0 的最优值由 Δ_m 的最小值确定. 这为我们提供了一个简便的途径来确定最优收敛控制参数. 注意,

$$\delta_k(\mathbf{x},t)=\mathcal{D}_k\left[\mathcal{N}(\phi,\Gamma)\right]$$

位于高阶形变方程的右端, 因此我们不需要消耗额外的 CPU 时间来计算. 因此, 计算 Δ_m 比直接计算原始方程的平方残差更有效, 即

$$\bar{\Delta}_m=\int_\Omega\left\{\mathcal{N}\left[\left(\sum_{n=0}^{m}u_m\right),\left(\sum_{k=0}^{m}\gamma_k\right)\right]\right\}^2 d\Omega. \tag{4.64}$$

4.5 解表达

对于给定的非线性方程, 同伦分析方法的关键是通过选择合适的初始近似 u_0 和辅助线性算子 $\mathcal{L}$ 来构造一个足够好的零阶形变方程. 如前所述, 我们有极

大的自由度来选择初始近似 u_0 和辅助线性算子 $\mathcal{L}$: 正是这种极大的自由度, 使得同伦分析方法不同于其他解析方法.

然而, 任何事物都有两面性. 构造零阶形变方程的极大自由度使得初学者很难应用同伦分析方法. 因此, 对于同伦分析方法在科学和工程中的各种应用, 我们需要一些规则来指导如何选取初始近似 u_0 和辅助线性算子 $\mathcal{L}$.

众所周知, 摄动方法的出发点是所谓的物理小 (大) 参数, 即摄动量. 然而, 同伦分析方法与任何物理小 (大) 参数无关 (这是同伦分析方法的优势之一). 因此, 我们需要为同伦分析方法找到一个新的出发点.

本质上, 区域 $t \in \Omega$ 内的解析近似函数 $f(t)$ 就是用一组完备的基函数来表达, 例如

$$f(t) \sim \sum_{k=1}^{+\infty} a_k \, e_k(t),$$

其中 $e_k(t)$ 表示基函数, a_k 为系数. 适当基函数的选取不仅取决于 $f(t)$ 的性质, 还取决于区域 Ω. 例如, 如果 $f(t)$ 是周期的, 则选择周期基函数 $e_k(t)$ 是很方便的. 此外, 根据 Weierstrass 定理 [218], $C[a,b]$ 中任意给定的 $f(t)$ 和任意给定的 $\varepsilon > 0$, 对于一些足够大的 n, 存在多项式 p_n, 使得 $\|f(t) - p_n\| < \varepsilon$. 因此, 对于给定的函数 $u(\mathbf{x},t)$, 关键在于寻找一组合适的基函数 $e_k(\mathbf{x},t)$ 来拟合它, 即

$$u(\mathbf{x},t) \sim \sum_{k=1}^{+\infty} a_k \, e_k(\mathbf{x},t),$$

其中 $e_k(\mathbf{x},t)$ 为基函数.

定义 4.4 令 $e_k(\mathbf{x},t)$ 为基函数, $u(\mathbf{x},t)$ 为非线性方程 $\mathcal{N}(u) = 0$ 的解. 如果

$$\lim_{m\to\infty} \left\| u(\mathbf{x},t) - \sum_{k=1}^{m} a_k \, e_k(\mathbf{x},t) \right\| \to 0, \tag{4.65}$$

则

$$u(\mathbf{x},t) \sim \sum_{k=1}^{+\infty} a_k \, e_k(\mathbf{x},t) \tag{4.66}$$

被称为 $u(\mathbf{x},t)$ 的解表达.

需要注意的是, 函数可以用不同的基函数表示. 例如, 任意的连续函数 $f(t) \in$

$C[-1,1]$ 通过切比雪夫级数具有最优近似, 即

$$f(t) \sim \sum_{n=0}^{+\infty} b_n\, T_n(t),$$

其中第一类切比雪夫多项式 $T_n(t)$ 是关于 t 的 n 次多项式, 且由以下关系式 [218] 定义:

$$T_n(t) = \cos(n\theta),$$

有递推公式

$$T_0(t) = 1, \quad T_1(t) = t,$$
$$T_n(t) = 2t\, T_{n-1}(t) - T_{n-2}(t), \quad n = 2, 3, 4, \cdots.$$

此外, 根据 Weierstrass 定理, $f \in C[a,b]$ 的解表达可以是多项式, 也可以是傅里叶级数 [218].

事实上, 找到给定方程 $\mathcal{N}(u) = 0$ 的所谓解表达是求解该方程的目的 (或目标). 换句话说, 它是我们解方程的终点. 然而, 这种终点被用作同伦分析方法的出发点. 给定非线性微分方程 $\mathcal{N}(u) = 0$, 需要先回答的问题是: 什么样的基函数可以用来近似未知解 u? 对于某些类型的方程, 例如定义在有限区间上具有连续解的方程, 很容易回答这个问题. 然而, 这个问题的答案并不总是显而易见的, 特别是对于一些物理背景不是很清楚的新型方程. 在这种情况下, 得到解的一些渐近性质是有帮助的且越多越好. 这些渐近性质通常为我们提供关于非线性方程解表达的有价值的信息.

下面给出了选择给定方程 $\mathcal{N}(u) = 0$ 解表达的一些规则:

1. 定义在有限区间上的方程:

- 多项式和傅里叶级数都可以用作解表达;
- 切比雪夫级数给出了 $\mathcal{N}(u) = 0$ 的任意连续解的最优近似.

2. 定义在无限区间上的方程:

- 如果解是周期的, 则应使用周期基函数;
- 如果解不是周期的, 则应使用非周期基函数;
- 如果解不是周期的, 则解表达应尽可能满足解的渐近性质.

值得注意的是, 上述规则不是绝对的, 特别是当未知解是非周期的且定义在无限区间上时. 幸运的是, 如前所述, 即使是 $\mathcal{N}(u) = 0$ 的唯一解, 通常也可以用不同类型的基函数表示. 因此, 即使对给定方程 $\mathcal{N}(u) = 0$ 的解表达知之甚少, 人们也总是可以猜测出其解表达的某些形式, 然后检验这些猜测是否正确.

对于具有丰富物理知识的应用数学家来说, 非线性方程解表达的概念很容易理解. 例如, 众所周知, 尽管保守动力系统的振动周期和振幅是未知的, 但该系统的振动大多是周期的. 此外, 层流黏性流动在固体边界附近 (即边界层流动) 变化很大, 但在无穷远处呈指数趋于均匀流动. 因此, 流体力学中与层流黏性流动有关的非线性微分方程的解表达包含指数函数, 这些函数在无穷远处呈指数趋于零. 此外, 所有的周期行进波都可以用周期基函数表示. 如果所有这些物理知识可能成立的话, 它们对于选择给定非线性方程的解表达非常有帮助.

上述所谓的解表达的概念在同伦分析方法框架中很重要, 因为它是我们选择初始近似 u_0 和辅助线性算子 $\mathcal{L}$ 的出发点, 如下所述.

4.5.1 初始近似的选取

假设为给定的方程 $\mathcal{N}(u) = 0$ 选择解表达 (4.66). 我们的目标是找到适当的初始近似 u_0 和辅助线性算子 $\mathcal{L}$, 使得相应的同伦级数收敛.

显然, 初始近似 u_0 必须满足所谓的解表达 (4.66). 由于我们有选择初始近似的自由, 则可选择如下初始近似

$$u_0(\mathbf{x}, t) \sim \sum_{k=1}^{n_0} \bar{a}_k \, e_k(\mathbf{x}, t), \tag{4.67}$$

其中 $e_k(\mathbf{x}, t)$ 为基函数, $\bar{a}_k$ 为未知常数, n_0 等于或大于线性边界 (初始) 条件①的数量, 用 κ 表示. 然后, 强制执行上述初始近似以满足 κ 个边界 (初始) 条件, 我们还剩下 $n_0 - \kappa$ 个未知系数. 因此, 当 $n_0 = \kappa$ 时, 初始近似的所有系数都是已知的, 因此可以完全确定. 然而, 当 $n_1 = n_0 - \kappa > 0$ 时, 我们有 n_1 个未知系数, 用 $b_1, b_2, \cdots, b_{n_1}$ 表示. 为了获得最优初始近似, 我们定义了控制方程的平方残差

$$E_0(b_1, b_2, \cdots, b_{n_1}) = \int_\Omega [\mathcal{N}(u_0)]^2 \, d\,\Omega. \tag{4.68}$$

众所周知, 平方残差 $E_0(b_1, b_2, \cdots, b_{n_1})$ 的最小值由一组非线性代数方程

$$\frac{\partial E_0}{\partial b_k} = 0, \ \ 1 \leqslant k \leqslant n_1$$

确定, 其解给出了未知系数的最优值 $b_1^*, b_2^*, \cdots, b_{n_1}^*$. 通过这种方式, 我们得到了一个最优近似 u_0. 显然, n_1 的值越大, 即未知系数越多, 则最优初始近似越好,

① 为了简单起见, 我们假设这里所有的边界 (初始) 条件均为线性的. 如第十五章和第十六章所示, 同伦分析方法同样适用于非线性边界 (初始) 条件.

但需要消耗更多的 CPU 时间来求解更复杂的非线性代数方程组. 在 n_1 非常大的情况下, 非线性代数方程组将变得难以求解, 它变成了最小二乘法. 因此, 初始近似中未知系数的多少需要综合考虑. 在实际计算过程中, 通常建议在初始近似中考虑一个未知系数 (即 $n_1 = 1$), 其最优值由 (4.68) 定义的平方残差的最小值确定. 在大多数情况下, 这种具有一个最优系数的最优初始近似是足够好的, 如第二章所述.

因此, 只要已知给定方程 $\mathcal{N}(u) = 0$ 的解表达, 就可以直接用上述方法获得最优初始近似 u_0.

4.5.2　辅助线性算子的选取

为了满足给定方程 $\mathcal{N}(u) = 0$ 的所谓解表达 (4.66), 必须选取初始猜测解 u_0 和辅助线性算子 $\mathcal{L}$, 使得高阶形变方程的解 u_m 存在且满足 (4.66), 除此之外, 同伦级数

$$u_0 + \sum_{m=1}^{+\infty} u_m$$

收敛.

辅助线性算子 $\mathcal{L}$ 的选取主要取决于解表达 (4.66), 但有时也取决于边界 (初始) 条件. 例如, 如果解 $u(t)$ 是频率 ω 已知的周期函数, 则辅助线性算子应为

$$\mathcal{L}(u) = u'' + \omega^2\, u,$$

其中 $'$ 表示对 t 的导数. 如果解 $u(t)$ 是频率 ω 未知的周期函数, 我们首先使用变换 $\tau = \omega\, t$, 然后①选取辅助线性算子

$$\mathcal{L}(u) = u'' + u,$$

其中 $'$ 表示对 τ 的导数. 如果 $u(t)$ 的解表达是多项式, 则可选取辅助线性算子

$$\mathcal{L}(u) = \frac{d^\sigma u}{dt^\sigma},$$

其中正整数 $\sigma > 0$ 表示 $\mathcal{N}(u) = 0$ 的导数的最高阶数.

一般来说, 令整数 $\sigma > 0$ 表示常微分方程 $\mathcal{N}[u(t)] = 0$ 导数的最高阶数, $u_m^*(t)$ 是对应的 m 阶形变方程的特解. 令

$$\mathcal{L}(u) = u^{(\sigma')} + \sum_{k=1}^{\sigma'} \mu_k(t)\, u^{(\sigma'-k)} \tag{4.69}$$

① 在这种情况下, 控制方程中未知的 ω 通常被其同伦 – Maclaurin 级数 $\Omega(q) = \omega_0 + \sum_{k=1}^{+\infty} \omega_k\, q^k$ 替代.

表示未知的辅助线性算子, 其中 $u^{(k)}$ 为 $u(t)$ 的 k 阶导数, σ' 为导数的最高阶数, 未知系数 $\mu_i(t)$ 待定. 令

$$u_m(t) = u_m^*(t) + \sum_{k=1}^{\sigma_1'} A_k\, e_k(t) + \sum_{k=1}^{\sigma_2'} B_k\, \bar{e}_k(t) \tag{4.70}$$

表示 m 阶形变方程的通解, 其中 $\sigma_1' + \sigma_2' = \sigma'$, A_k 和 B_k 均为未知系数, $e_k(t)$ 是基函数, 但 $\bar{e}_k(t)$ 不是, 即

$$\bar{e}_k(t) \notin \{e_1(t), e_2(t), e_3(t), \cdots\}.$$

显然, 为了满足解表达, 它必须令

$$B_k = 0, 1 \leqslant k \leqslant \sigma_2'. \tag{4.71}$$

因此, 通解为

$$u_m(t) = u_m^*(t) + \sum_{k=1}^{\sigma_1'} A_k\, e_k(t). \tag{4.72}$$

未知辅助线性算子 $\mathcal{L}$ 的选择必须确保上述表达式的 σ_1' 个未知系数 A_k 是由 m 阶形变方程的所有相关边界 (初始) 条件唯一确定的, 例如, 解 $u_m(t)$ 唯一存在并且符合解表达. 如果这不是正确的, 那么我们必须改变数字 σ_1' 直到满足为止. 如果这是正确的, 那么相应的辅助线性算子 $\mathcal{L}$ 的未知系数 $\mu_k(t)$ $(1 \leqslant k \leqslant \sigma')$ 通过求解线性代数方程组

$$\mathcal{L}[e_k(t)] = 0, \quad 1 \leqslant k \leqslant \sigma_1'$$

和

$$\mathcal{L}[\bar{e}_k(t)] = 0, \quad 1 \leqslant k \leqslant \sigma_2'$$

来确定. 这样, 我们得到了 (4.69) 定义的辅助线性算子 $\mathcal{L}$. 例如, 请参考 [216]. 需要注意的是, 尽管在大多数情况下可以选取 $\sigma' = \sigma$, 但这并不是绝对必要的, 如第二章所示, 主要是因为我们有极大的自由度来选取辅助线性算子 $\mathcal{L}$. 类似地, 上述方法也可用于为非线性偏微分方程找到合适的辅助线性算子.

有趣的是, 零阶形变方程

$$(1-q)\mathcal{L}(\phi - u_0) = c_0\, q\, \mathcal{N}(\phi), \quad q \in [0,1], \ \ c_0 \neq 0$$

可以改写为

$$(1-q)\bar{\mathcal{L}}(\phi-u_0)=q\,\mathcal{N}(\phi),$$

其中 $\bar{\mathcal{L}}=\mathcal{L}/c_0$, c_0 为收敛控制参数. 本质上, 选取收敛控制参数 c_0 是选取辅助线性算子的一部分. 因此, 最优收敛控制参数对应于最优辅助线性算子! 令 $\|\mathcal{L}^{-1}\|$ 为逆算子 $\mathcal{L}^{-1}$ 的范数. 然后, 我们有 $\|\bar{\mathcal{L}}^{-1}\|=|c_0|\|\mathcal{L}^{-1}\|$. 因此, 我们可以调整 $\bar{\mathcal{L}}^{-1}$ 的范数, 这是我们通过选取合适的收敛控制参数 c_0 来保证同伦级数收敛的根本原因.

类似地, 更广义的零阶形变方程

$$(1-q)\mathcal{L}(\phi-u_0)=q\left(\sum_{k=0}^{+\infty}c_0\,q^k\right)\mathcal{N}(\phi),\quad q\in[0,1],\ \ c_0\neq 0$$

可以改写为"基本"形式

$$(1-q)\tilde{\mathcal{L}}(\phi-u_0)=q\,\mathcal{N}(\phi),$$

其中 c_k 为收敛控制参数且

$$\tilde{\mathcal{L}}=\left(\sum_{k=0}^{+\infty}c_0\,q^k\right)^{-1}\mathcal{L}.$$

因此, 选取收敛控制参数 c_k 本质上是选取辅助线性算子 $\tilde{\mathcal{L}}$ 的一部分. 显然, 范数 $\|\tilde{\mathcal{L}}^{-1}\|$ 由收敛控制参数 c_k 确定, 而最优收敛控制参数 c_k 对应于最优辅助线性算子 $\tilde{\mathcal{L}}$. 换句话说, 我们分两步选取辅助线性算子: 首先根据解表达选取"基本"的辅助线性算子 $\mathcal{L}$, 然后通过选取最优收敛控制参数来修正这个辅助线性算子. 因此, 即使"基本"辅助线性算子 $\mathcal{L}$ 不是完美的, 我们仍可通过选取最优控制参数 c_k 来保证同伦级数的收敛性.

总之, 解表达是同伦分析方法中的一个重要概念, 它为我们提供了选择初始近似和"基本"辅助线性算子 $\mathcal{L}$ 的准则.

4.6　收敛控制与加速

同伦分析方法的另一个重要概念是收敛控制: 通过选择最优收敛控制参数来保证同伦级数的收敛性.

根据定理 4.22, 保证同伦级数的收敛性是非常重要的. 然而, 遗憾的是, 目前还没有任何数学定理可以详细指导我们如何为任意给定的非线性方程构造足够好的同伦方程, 从而得到其收敛级数解. 这主要是因为存在成千上万种不同的非线性方程, 所以很难给出所有非线性方程的通用方法.

理论上, 同伦级数的收敛性强烈依赖于初始近似和辅助线性算子. 如 §4.5.1 所述, 很容易选择符合给定解表达的最优初始近似. 然后, 我们采用这样的策略来整体选择辅助线性算子: 首先通过给定的解表达来选取 "基本" 辅助线性算子 $\mathcal{L}$, 然后在零阶形变方程中引入一些未知收敛控制参数, 其最优值由原始方程 $\mathcal{N}(u)=0$ 的平方残差的最小值确定. 在这种情况下, 同伦级数的收敛性由所谓的收敛控制参数 "控制".

同伦级数的收敛控制与动力系统 [196] 的控制类似. 这里, "期望输出" 是给定方程 $\mathcal{N}(u)=0$ 的平方残差的最小值, "输入" 是未知的收敛控制参数, 这些参数根本没有物理意义, 如第二章所述. 正是收敛控制的概念使得同伦分析方法不同于其他解析方法, 如摄动方法 [189, 193, 194, 221, 222, 223], Lyapunov 人工小参数法 [217], Adomian 分解法 [184, 185, 186], δ 展开法 [195] 等.

4.6.1 最优收敛控制参数

我们的目标是为给定的非线性方程

$$\mathcal{N}(u)=0$$

构造一个足够好的零阶形变方程, 使得对应的同伦级数收敛, 即 m 阶同伦近似的平方残差

$$E_m(c_0,c_1,\cdots,c_\kappa)=\int_\Omega\left[\mathcal{N}\left(\sum_{n=0}^{m}u_n\right)\right]^2 d\,\Omega \tag{4.73}$$

随着 $m\to+\infty$ 趋于零, 其中 c_i $(0\leqslant i\leqslant\kappa)$ 为收敛控制参数. 显然, 在 m 阶近似下, 最优同伦近似由平方残差 E_m 的最小值确定, 对应的最优收敛控制参数 c_n^* 由 $\kappa+1$ 个非线性代数方程

$$\frac{\partial E_m}{\partial c_n}=0,\quad 0\leqslant n\leqslant\kappa \tag{4.74}$$

确定. 理论上, 收敛控制参数越多, 最优同伦近似越好. 但在大多数情况下, 即使一个最优收敛控制参数也可以极大地加快同伦级数解的收敛, 如第二章所述. 一般而言, 正如廖世俊 [214] 所指出的那样, 一个或两个收敛控制参数足以给出精确的同伦近似.

根据定理 4.21, 如果同伦 – Maclaurin 级数 $\phi = \sum_{n=0}^{+\infty} u_n\, q^n$ 在 $q=1$ 时收敛, 则近似平方残差

$$E_m^{\delta}(c_0, c_1, \cdots, c_\kappa) = \int_\Omega \left(\sum_{k=0}^{m} \delta_k \right)^2 d\Omega \tag{4.75}$$

随着 $m \to +\infty$ 趋于零, 其中 $\delta_k = \mathcal{D}_k\left[\mathcal{N}(\phi)\right]$. 因此, 作为一种选择, 最优收敛控制参数 $c_n^*(0 \leqslant n \leqslant \kappa)$ 也可近似地由 E_m^{δ} 的最小值, 即 $\kappa+1$ 个非线性代数方程

$$\frac{\partial E_m^{\delta}}{\partial c_n} = 0, \quad 0 \leqslant n \leqslant \kappa \tag{4.76}$$

确定. 需要注意的是, $\mathcal{D}_k\left[\mathcal{N}(\phi)\right]$ 位于高阶形变方程的右端, 因此可以认为是已知的, 即我们不需要消耗额外的 CPU 时间来计算它. 因此, 利用 E_m^{δ} 得到的最优收敛控制参数 c_n 更有效, 这里 $0 \leqslant n \leqslant \kappa$. 结果表明, 该方法给出的最优收敛控制参数与控制方程的精确平方残差 E_m 所给出的最优收敛控制参数非常接近.

4.6.2　最优初始近似

如第二章所述, 最优初始近似可以大大加快同伦级数的收敛速度. 如 §4.5.1 所示, 获得最优初始近似相对简单. 首先, 在初始近似 u_0 中引入 n_1 个未知系数 $b_1, b_2, \cdots, b_{n_1}$, 使其满足尽可能多的初始 (边界) 条件. 这些未知系数的最优值由 (4.68) 定义的 E_0 的最小值确定, 它给出了 n_1 个非线性代数方程

$$\frac{\partial E_0}{\partial b_k} = 0, \quad 1 \leqslant k \leqslant n_1.$$

需要注意的是, 最优初始近似对最优收敛控制参数的选取有影响. 在许多情况下, 如果同时采用最优初始近似和最优收敛控制参数, 同伦级数收敛得相当快, 如第二章所述. 因此, 强烈建议在同伦分析方法框架中使用最优初始近似来加速收敛.

4.6.3　同伦迭代方法

显然, 更好的初始近似给出了更好的同伦近似. 由于我们有很大的自由度来选取零阶形变方程中的初始近似, 因此我们可以用 m 阶同伦近似

$$u \sim u_0 + \sum_{n=1}^{m} u_n$$

来替代初始近似 u_0, 这比初始近似 u_0 好得多. 上述表达式称为 m 阶同伦迭代公式. 对于更新的初始近似, 我们可以用与上述类似的方法来选择相应的最优收敛控制参数. 如第二章所述, 这种同伦迭代方法可以大大加快同伦级数的收敛速度.

同伦迭代方法的关键是解表达的截断, 即

$$u_m(\mathbf{x},t) \approx \sum_{k=1}^{M} a_{m,k}\, e_k(\mathbf{x},t), \tag{4.77}$$

其中 $e_k(\mathbf{x},t)$ 为基函数, $M > 0$ 为足够大的整数. 换句话说, 同伦近似最多包含前 M 个基函数. 因此, 我们经常用如下截断形式重写高阶形变方程的右端项

$$\mathcal{D}_{m-1}\left[\mathcal{N}(\phi)\right] \approx \sum_{k=1}^{M} c_{m,k}\, e_k(\mathbf{x},t), \tag{4.78}$$

其中 $e_k(\mathbf{x},t)$ 为基函数. 注意, 当基函数 $e_k(\mathbf{x},t)$ 正交时, 上述表达式中的系数 $c_{m,k}$ 很容易计算, 即

$$c_{m,k} = \frac{\langle \mathcal{D}_{m-1}\left[\mathcal{N}(\phi)\right], e_k(\mathbf{x},t)\rangle}{\langle e_k(\mathbf{x},t), e_k(\mathbf{x},t)\rangle}, \tag{4.79}$$

其中 $< x, y >$ 是 x 和 y 的内积.

4.6.4 同伦–帕德方法

法国数学家 Henri Eugène Padé (1863—1953) 提出的帕德近似被广泛应用, 它通过给定阶数的有理函数给出给定函数的 “最优” 近似. 对于幂级数

$$\sum_{n=0}^{+\infty} c_n\, z^n,$$

对应的 $[m,n]$ 阶帕德近似可表达为

$$\frac{\sum\limits_{k=0}^{m} a_{m,k}\, z^k}{\sum\limits_{k=0}^{n} b_{m,k}\, z^k},$$

其中 $a_{m,k}, b_{m,k}$ 由系数 c_j $(j = 0,1,2,3,\cdots,m+n)$ 确定.

所谓的同伦–帕德方法是传统的帕德方法和同伦分析方法的结合. 将给定非线性方程 $\mathcal{N}(u) = 0$ 的同伦–Maclaurin 级数

$$u(\mathbf{x},t;q) \sim u_0(\mathbf{x},t) + \sum_{n=1}^{+\infty} u_n(\mathbf{x},t)\, q^n$$

视为关于 q 的幂级数, 我们首先使用关于同伦参数 q 的传统 $[m,n]$ 阶帕德方法来获得 $[m,n]$ 阶帕德近似

$$\frac{\sum\limits_{k=0}^{m} A_{m,k}(\mathbf{x},t)\, q^k}{\sum\limits_{k=0}^{n} B_{m,k}(\mathbf{x},t)\, q^k}, \tag{4.80}$$

其中系数 $A_{m,k}(\mathbf{x},t)$ 和 $B_{m,k}(\mathbf{x},t)$ 由同伦 – Maclaurin 级数的前 $m+n$ 项

$$u_0(\mathbf{x},t), u_1(\mathbf{x},t), u_2(\mathbf{x},t), \cdots, u_{m+n}(\mathbf{x},t)$$

确定. 由于同伦近似是在 $q=1$ 时得到的, 在 (4.80) 中令 $q=1$, 我们有所谓的 $[m,n]$ 阶同伦 – 帕德近似

$$u(\mathbf{x},t;q) \approx \frac{\sum\limits_{k=0}^{m} A_{m,k}(\mathbf{x},t)}{\sum\limits_{k=0}^{n} B_{m,k}(\mathbf{x},t)}. \tag{4.81}$$

一般来说, 同伦帕德方法可以大大加快同伦级数的收敛速度, 如第二章所述.

4.7 值得讨论和有待解决的问题

本章系统地描述了同伦分析方法, 证明了与同伦导数算子和形变方程有关的数学定理, 这些定理有助于获得高阶近似, 还证明了一些收敛定理, 并概括描述了控制和加速收敛的方法.

需要注意的是, 同伦分析方法基于拓扑中的同伦, 这为我们构造零阶形变方程提供了极大的自由度. 如 §4.3 所示, 这种极大的自由度为我们选择初始近似和辅助线性算子 $\mathcal{L}$ 提供了极大的灵活性, 从而以相当一般的形式构造零阶形变方程. 特别是, 正是由于这种自由度, 我们才可以在零阶形变方程中引入收敛控制参数, 这为保证同伦级数解的收敛性提供了一种简便的方法.

"解表达" 和 "收敛控制" 是同伦分析方法框架中的两个重要概念. 解表达提供了选择初始近似和 "基本" 辅助线性算子 $\mathcal{L}$ 的准则. 收敛控制参数用于控制和加速同伦级数解的收敛. 从本质上讲, 正是收敛控制参数使得同伦分析方法不同于其他解析方法. 在同伦分析方法框架中, 利用最优初始近似和 (或) 最优收敛控制参数和 (或) 迭代方法来控制和极大地加快同伦近似的收敛. 因此, 与其他解析近似方法不同, 同伦分析方法即使对于强非线性问题也是有效的.

然而, 非线性问题在本质上往往难以理解. 当然, 同伦分析方法还存在一些待解决的问题. 首先, 对于给定的非线性方程 $\mathcal{N}(u) = 0$, 到目前为止还没有数学定理可以清楚详细地指导我们如何构造一个足够好的同伦方程, 从而得到收敛的级数解. 由于非线性方程千差万别, 要给出这样的一般定理似乎非常困难. 但是, 如果这样的定理确实存在, 它可以在理论上完善同伦分析方法, 并大大简化其应用, 特别是对同伦分析方法的初学者来说更容易理解和应用. 另外, 如果这样的定理确实存在, 就有可能开发出一种程序, 可以通过 Mathematica, Maple 等符号推导软件自动求解大多数非线性方程.

其次, 零阶形变方程

$$(1-q)\mathcal{L}(\phi - u_0) = c_0\, q\, \mathcal{N}(\phi)$$

可以改写为 "基本" 形式

$$(1-q)\tilde{\mathcal{L}}(\phi - u_0) = q\, \mathcal{N}(\phi),$$

其中 $\mathcal{L}$ 为 "基本" 辅助线性算子, $\tilde{\mathcal{L}} = \mathcal{L}/c_0$ 为辅助线性算子的整体, u_0 为初始近似, ϕ 为同伦 – Maclaurin 级数. 由于

$$\left\|\tilde{\mathcal{L}}^{-1}\right\| = |c_0|\, \left\|\mathcal{L}^{-1}\right\|, \tag{4.82}$$

如果 $\|\mathcal{L}^{-1}\|$ 是有界的, 对于任意给定的小 $\varepsilon > 0$, 我们总是可以找到这样一个收敛控制参数 c_0, 使得

$$\left\|\tilde{\mathcal{L}}^{-1}\right\| < \varepsilon. \tag{4.83}$$

因此, 如果 $\|\mathcal{L}^{-1}\|$ 是有界的, 初始近似 u_0 与精确解 u^* 足够接近, 使得 $\|u_0 - u^*\|$ 有界, 则我们总可以找到收敛控制参数 c_0 使得对应的同伦级数收敛. 但不幸的是, 到目前为止, 我们还不能从总体上证明这一猜想.

此外, 尽管理论上我们有很大的自由度来构造给定非线性方程 $\mathcal{N}(u) = 0$ 的零阶形变方程, 但如何使用这种自由度还不是很清楚, 特别是对于零阶形变方程的相当一般的形式, 如 (4.52), (4.54), (4.56) 和 (4.58). 目前, 这些相当一般化的零阶形变方程在实际计算过程中很少使用. 此外, 还有许多相关的有待解决的问题. 例如, 如何为给定的非线性微分方程找到 "最优" 辅助线性算子? 如何找到 "最优" 收敛控制函数 $\beta_k(\mathbf{x}, t)$? 如果收敛控制函数 $\beta_k(\mathbf{x}, t)$ 与 $\mathcal{D}_k\left[\mathcal{N}(\phi)\right]$ 正交, 会发生什么? 对于给定的非线性方程, 如何获得 (4.56) 中的 "最优" 形变算子 $\mathcal{A}$? 同伦分析方法是否适用于与混沌和湍流有关的复杂非线性问题?

因此，尽管同伦分析方法已被成功地应用于科学、金融和工程中的许多非线性问题，但我们仍有很长的路要走. 事实上，非线性问题在本质上往往难以理解，特别是那些与混沌和湍流有关的问题. 这就是为什么我们的目标是开发一种对尽可能多的非线性问题有效的解析近似方法.

参考文献

[183] Abbasbandy, S.: The application of the homotopy analysis method to nonlinear equations arising in heat transfer. Phys. Lett. A. **360**, 109–113 (2006).

[184] Adomian, G.: Nonlinear stochastic differential equations. J. Math. Anal. Applic. **55**, 441–452 (1976).

[185] Adomian, G.: A review of the decomposition method and some recent results for nonlinear equations. Comput. Math. Appl. **21**, 101–127 (1991).

[186] Adomian, G.: Solving Frontier Problems of Physics: The Decomposition Method. Kluwer Academic Publishers, Boston (1994).

[187] Alexander, J.C., Yorke, J.A.: The homotopy continuation method: numerically implementable topological procedures. Trans Am Math Soc. **242**, 271–284 (1978).

[188] Armstrong, M.A.: Basic Topology (Undergraduate Texts in Mathematics). Springer, New York (1983).

[189] Cole, J.D.: Perturbation Methods in Applied Mathematics. Blaisdell Publishing Company,Waltham (1992).

[190] Fitzpatrick, P.M.: Advanced Calculus. PWS Publishing Company, New York (1996).

[191] He, J.H.: An approximate solution technique depending upon an artificial parameter. Commun. Nonlinear Sci. Numer. Simulat. **3**, 92–97 (1998).

[192] He, J.H.: Homotopy perturbation technique. Comput. Method. Appl. M. **178**, 257–262 (1999).

[193] Hilton, P.J.: An Introduction to Homotopy Theory. Cambridge University Press, Cambridge (1953).

[194] Hinch, E.J.: Perturbation Methods. In series of Cambridge Texts in Applied Mathematics, Cambridge University Press, Cambridge (1991).

[195] Karmishin, A.V., Zhukov, A.T., Kolosov, V.G.: Methods of Dynamics Calculation and Testing for Thin-walled Structures (in Russian). Mashinostroyenie, Moscow (1990).

[196] Levine,W.S.: The Control Handbook. CRC Press, New York (1996).

[197] Li, T.Y.: Solving polynomial systems by the homotopy continuation methods (Handbook of Numerical Analysis, 209–304). North-Holland, Amsterdam (1993).

[198] Li, T.Y., Yorke, J.A.: Path following approaches for solving nonlinear equations: homotopy, continuous Newton and projection. Functional Differential Equations and Approximation of Fixed Points. 257–261 (1978).

[199] Li, T.Y, Yorke, J.A.: A simple reliable numerical algorithm for floowing homotopy paths. Analysis and Computation of Fixed Points. 73–91 (1980).

[200] Li, Y.J., Nohara, B.T., Liao, S.J.: Series solutions of coupled Van der Pol equation by means of homotopy analysis method. J. Math. Phys. **51**, 063517 (2010). doi:10.1063/1.3445770.

[201] Liang, S.X., Jeffrey, D.J.: Comparison of homotopy analysis method and homotopy perturbation method through an evalution equation. Commun. Nonlinear Sci. Numer. Simulat. **14**, 4057–4064 (2009).

[202] Liao, S.J.: The Proposed Homotopy Analysis Technique for the Solution of Nonlinear Problems. PhD dissertation, Shanghai Jiao Tong University (1992).

[203] Liao, S.J.: A kind of approximate solution technique which does not depend upon small parameters (II) - An application in fluid mechanics. Int. J. Nonlin. Mech. **32**, 815–822 (1997).

[204] Liao, S.J.: An explicit, totally analytic approximation of Blasius viscous flow problems. Int. J. Nonlin. Mech. **34**, 759–778 (1999a).

[205] Liao, S.J.: A uniformly valid analytic solution of 2D viscous flow past a semi-infinite flat plate. J. Fluid Mech. **385**, 101–128 (1999b).

[206] Liao, S.J.: On the analytic solution of magnetohydrodynamic flows of non- Newtonian fluids over a stretching sheet. J. Fluid Mech. **488**, 189–212 (2003a).

[207] Liao, S.J.: Beyond Perturbation -Introduction to the Homotopy Analysis Method. Chapman & Hall/ CRC Press, Boca Raton (2003b).

[208] Liao, S.J.: On the homotopy analysis method for nonlinear problems. Appl. Math. Comput. **147**, 499–513 (2004).

[209] Liao, S.J.: A new branch of solutions of boundary layer flows over an impermeable stretched plate. Int. J. Heat Mass Tran. **48**, 2529–2539 (2005).

[210] Liao, S.J.: Series solutions of unsteady boundary-layer flows over a stretching flat plate. Stud. Appl. Math. **117**, 2529–2539 (2006).

[211] Liao, S.J.: Notes on the homotopy analysis method—Some definitions and theorems. Commun. Nonlinear Sci. Numer. Simulat. **14**, 983–997 (2009a).

[212] Liao, S.J.: Series solution of deformation of a beam with arbitrary cross section under an axial load. ANZIAM J. **51**, 10–33 (2009b).

[213] Liao, S.J.: On the relationship between the homotopy analysis method and Euler transform. Commun. Nonlinear Sci. Numer. Simulat. **15**, 1421–1431 (2010a). doi:10.1016/j.cnsns.2009.06.008.

[214] Liao, S.J.: An optimal homotopy-analysis approach for strongly nonlinear differential equations. Commun. Nonlinear Sci. Numer. Simulat. **15**, 2003–2016 (2010b).

[215] Liao, S.J., Campo, A.: Analytic solutions of the temperature distribution in Blasius viscous flow problems. J. Fluid Mech. **453**, 411–425 (2002).

[216] Liao, S.J., Tan, Y.: A general approach to obtain series solutions of nonlinear differential equations. Stud. Appl. Math. **119**, 297–355 (2007).

[217] Lyapunov, A.M.: General Problem on Stability of Motion (English translation). Taylor & Francis, London (1992).

[218] Mason, J.C., Handscomb D.C.: Chebyshev Polynomial. Chapman & Hall/CRC, Boca Raton (2003).

[219] Marinca, V., Herisanu, N.: Application of optimal homotopy asymptotic method for solving nonlinear equations arising in heat transfer. Int. Commun. Heat Mass. **35**, 710–715 (2008).

[220] Molabahrami, A., Khani, F.: The homotopy analysis method to solve the Burgers-Huxley equation. Nonlin. Anal. B. **10**, 589–600 (2009).

[221] Murdock, J.A.: Perturbations: - Theory and Methods. John Wiley & Sons, New York (1991).

[222] Nayfeh, A.H.: Perturbation Methods. John Wiley & Sons, New York (1973).

[223] Nayfeh, A.H.: Perturbation Methods. John Wiley & Sons, New York (2000).

[224] Sajid, M., Hayat, T.: Comparison of HAM and HPM methods for nonlinear heat conduction and convection equations. Nonlin. Anal. B. **9**, 2296–2301 (2008).

[225] Sen, S.: Topology and Geometry for Physicists. Academic Press, Florida (1983).

[226] Turkyilmazoglu, M.: A note on the homotopy analysis method. Appl. Math. Lett. **23**, 1226–1230 (2010).

[227] Xu, H., Lin, Z.L., Liao, S.J., Wu, J.Z., Majdalani, J.: Homotopy-based solutions of the Navier-Stokes equations for a porous channel with orthogonally moving walls. Physics of Fluids. **22**, 053601 (2010). doi:10.1063/1.3392770.

[228] Yabushita, K., Yamashita, M.: Tsuboi, K.: An analytic solution of projectile motion with the quadratic resistance law using the homotopy analysis method. J. Phys. A - Math. Theor. **40**, 8403–8416 (2007).

第五章　与欧拉变换的关系

摘要

本章在同伦分析方法 (HAM) 的框架下导出了广义泰勒级数和同伦变换并证明了一些相关定理, 这些定理从理论上揭示了为什么收敛控制参数为保证同伦级数解的收敛提供了一种简便的方法. 特别地, 证明了同伦变换在逻辑上包含著名的欧拉变换, 而欧拉变换常用于加速级数的收敛或使发散级数收敛. 所有这些都为收敛控制的概念和同伦分析方法的强大普适性奠定了坚实的基础.

5.1　绪论

如第二章和第三章所述, 收敛控制是同伦分析方法框架中的一个重要的概念 [232, 233, 234, 235, 236, 237, 238, 239, 240, 241, 242, 243, 244, 245, 231, 246]: 同伦级数的收敛性可以通过非零辅助参数 c_0, 即收敛控制参数来保证, 该参数于 1997 年由廖世俊 [233] 首次引入到零阶形变方程中. 第二章用非线性振动方程说明了这种收敛控制参数对于保证同伦级数的收敛性是多么强大和有效. 特别地, 我们证明了通过引入非零辅助参数 c_0, 可以得到 $(1+z)^{-1}$ 的幂级数在除了奇点 $z=-1$ 外的整个区间, 即 $(-\infty,-1)\cup(-1,+\infty)$ 内收敛 (见定理 2.3). 注意, $(1+z)^{-1}$ 的传统泰勒级数仅在有界区域 $|1+z|<1$ 内收敛. 这从另一个角度表明了同伦分析方法的有效性和巨大潜力.

定理 2.3 中考虑的函数 $(1+z)^{-1}$ 是简单而特殊的. 2009 年, 廖世俊 [243]

考虑了一般的光滑函数 $f(z)$, 并引入收敛控制参数 c_0 和两个形变函数 $A(q)$ 和 $B(q)$, 且满足 $A(0)=B(0)=0$ 和 $A(1)=B(1)=1$, 推导出了 $f(z)$ 的更广义的幂级数. 因为这种幂级数在逻辑上包含 $f(z)$ 的传统泰勒级数, 所以称它为广义泰勒级数. 我们发现, 收敛控制参数 c_0 可极大地扩大广义泰勒级数的收敛区域, 这从理论上解释了为什么收敛控制参数 c_0 可以保证由同伦分析方法得到的同伦级数的收敛性. 此外, 基于这个广义泰勒级数, 定义了一种比著名的欧拉变换更为一般的变换, 即同伦变换, 如廖世俊 [243] 所证明的那样. 特别值得一提的是, 廖世俊 [243] 证明了所谓的同伦变换可以在同伦分析方法的框架中导出. 这不仅进一步证实了同伦分析方法对于强非线性问题的普遍性和巨大潜力, 而且还为同伦分析方法提供了坚实的数学基础.

5.2 广义泰勒级数

函数 $f(z)$ 的传统泰勒级数, 即

$$f(z) \sim f(z_0) + \sum_{k=1}^{+\infty} \frac{f^{(k)}(z_0)}{k!}\,(z-z_0)^k$$

由英国数学家 Brook Taylor (1685—1731) 于 1715 年正式提出, 当 $z_0=0$ 时称为 Maclaurin 级数, 它以苏格兰数学家 Colin Maclaurin (1698—1746) 的名字命名. 传统泰勒级数在区域

$$\left|\frac{z-z_0}{\zeta-z_0}\right| < 1$$

内收敛至 $f(z)$, 其中 ζ 是 $f(z)$ 最接近 z_0 的极点. 众所周知, 许多函数的传统泰勒级数在有界区域内收敛. 例如, $(1+z)^{-1}$ 的传统泰勒级数仅在单位圆 $|z|<1$ 内收敛.

第二章通过实同伦参数 $q\in[0,1]$ 给出了所谓的形变函数的定义. 这里, 我们给出了关于复数 z 的形变函数更一般的定义.

定义 5.1 令 q 为复数. 如果复函数 $A(q)$ 满足

$$A(0)=0, \quad A(1)=1, \tag{5.1}$$

且在区域 $|q|\leqslant 1$ 内解析, 使得 Maclaurin 级数 $\sum\limits_{k=1}^{+\infty} a_k\, q^k$ 在区域 $|q|\leqslant 1$ 内收

敛, 例如

$$A(q)=\sum_{k=1}^{+\infty}a_k\,q^k,\quad |q|\leqslant 1,$$

则称该函数为形变函数.

引理 5.1 令 $A(q)$ 为形变函数, 其 Maclaurin 级数 $A(q)=\sum\limits_{k=1}^{+\infty}a_k\,q^k$ 在 $|q|\leqslant 1$ 内收敛. 然后, 有

$$\left(\sum_{k=1}^{+\infty}a_k\,q^k\right)^m=\sum_{n=m}^{+\infty}\bar{a}_{m,n}\,q^n, \tag{5.2}$$

其中

$$\bar{a}_{1,n}=a_n,\quad n\geqslant 1, \tag{5.3}$$

$$\bar{a}_{m,n}=\sum_{k=m-1}^{n-1}a_{n-k}\,\bar{a}_{m-1,k},\quad n\geqslant m\geqslant 2. \tag{5.4}$$

证明 令

$$[A(q)]^m=\left(\sum_{k=1}^{+\infty}a_k\,q^k\right)^m=\sum_{k=m}^{+\infty}\bar{a}_{m,k}\,q^k,\quad m\geqslant 1, \tag{5.5}$$

其中

$$\bar{a}_{m,k}=a_k,\quad m=1.$$

假设 $\bar{a}_{m-1,k}$ $(k\geqslant m\geqslant 2)$ 已知, 则有

$$\begin{aligned}[A(q)]^m&=\sum_{k=m}^{+\infty}\bar{a}_{m,k}\,q^k=\left(\sum_{k=1}^{+\infty}a_k\,q^k\right)^{m-1}\left(\sum_{k=1}^{+\infty}a_k\,q^k\right)\\&=\left(\sum_{n=m-1}^{+\infty}\bar{a}_{m-1,n}\,q^n\right)\left(\sum_{j=1}^{+\infty}a_j\,q^j\right)=\sum_{k=m}^{+\infty}q^k\left(\sum_{n=m-1}^{k-1}\bar{a}_{m-1,n}\,a_{k-n}\right),\end{aligned}$$

从而得到递推公式

$$\bar{a}_{m,k}=\sum_{n=m-1}^{k-1}a_{k-n}\,\bar{a}_{m-1,n},\quad k\geqslant m\geqslant 2.$$

证毕. □

定理 5.1 令 q, z, z_0 和 $c_0 \neq 0$ 为复数, $A(q)$ 和 $B(q)$ 为满足 $A(0) = B(0) = 0$, $A(1) = B(1) = 1$ 的两个形变函数, 其 Maclaurin 级数 $\sum\limits_{k=1}^{+\infty} a_k\, q^k$ 和 $\sum\limits_{k=1}^{+\infty} b_k\, q^k$ 在区域 $|q| \leqslant 1$ 内绝对收敛, 且 $|(1+c_0)\, B(q)| < 1$. 定义

$$T_{m,k}(c_0, A, B) = (-c_0)^k \sum_{n=0}^{m-k} \sum_{r=0}^{n} \binom{k+r-1}{r} (1+c_0)^r \sum_{s=0}^{n-r} \bar{a}_{k,k+s} \bar{b}_{r,n-s}, \tag{5.6}$$

其中 $m \geqslant 1$, $1 \leqslant k \leqslant m$, 且

$$\bar{a}_{1,k} = a_k,\ \ \bar{b}_{1,k} = b_k,\ \ \bar{b}_{0,0} = 1,\ \ \bar{b}_{0,k} = 0, \quad k \geqslant 1, \tag{5.7}$$

$$\bar{a}_{m,k} = \sum_{n=m-1}^{k-1} a_{k-n}\, \bar{a}_{m-1,n}, \quad k \geqslant m \geqslant 2, \tag{5.8}$$

$$\bar{b}_{m,k} = \sum_{n=m-1}^{k-1} b_{k-n}\, \bar{b}_{m-1,n}, \quad k \geqslant m \geqslant 2. \tag{5.9}$$

如果复函数 $f(z)$ 在 z_0 处是解析的, 但在 ξ_k $(k = 1, 2, \cdots, M_0)$ 处是奇异的, 其中 M_0 可能无穷大, 则级数

$$f(z_0) + \lim_{m \to +\infty} \sum_{k=1}^{m} \left[\frac{f^{(k)}(z_0)}{k!} (z - z_0)^k \right] T_{m,k}(c_0, A, B) \tag{5.10}$$

在区域 $D = \bigcap\limits_{k=0}^{M} S_k$ 内收敛至 $f(z)$, 其中 $S_k = \{z : |\zeta_k| > 1\}$, ζ_k 是

$$1 - (1+c_0)\, B(\zeta_k) = 0$$

或

$$1 - (1+c_0)\, B(\zeta_k) + c_0 \left(\frac{z - z_0}{\xi_n - z_0} \right) A(\zeta_k) = 0, \qquad 1 \leqslant n \leqslant M_0$$

的解.

证明 根据引理 5.1, 有

$$[A(q)]^m = \left(\sum_{k=1}^{+\infty} a_k\, q^k \right)^m = \sum_{k=m}^{+\infty} \bar{a}_{m,k}\, q^k, \qquad m \geqslant 1$$

和

$$[B(q)]^m = \left(\sum_{k=1}^{+\infty} b_k\, q^k \right)^m = \sum_{k=m}^{+\infty} \bar{b}_{m,k}\, q^k, \qquad m \geqslant 1,$$

其中 $\bar{a}_{m,k}, \bar{b}_{m,k}$ 由 (5.7) 至 (5.9) 定义. 为了简单起见, 定义

$$\bar{b}_{0,0} = 1,\ \ \bar{b}_{0,k} = 0\ \ (k \geqslant 1).$$

此外, 定义

$$\begin{aligned} \Gamma_k(z) &= \frac{f^{(k)}(z_0)}{k!}\,(z-z_0)^k, \qquad k \geqslant 1, \\ \tau &= z_0 - \frac{c_0(z-z_0)\,A(q)}{1-(1+c_0)\,B(q)}, \qquad c_0 \neq 0, \end{aligned} \tag{5.11}$$

并构造相关的复函数

$$F(q) = f(\tau) = f\left[z_0 - \frac{c_0\,(z-z_0)\,A(q)}{1-(1+c_0)\,B(q)}\right]. \tag{5.12}$$

由于 $A(0) = B(0) = 0$ 且 $A(1) = B(1) = 1$, 所以当 $q = 0$ 时有 $\tau = z_0$, 当 $q = 1$ 时有 $\tau = z$. 因此, 有

$$F(0) = f(z_0),\ \ F(1) = f(z). \tag{5.13}$$

换句话说, $F(q)$ 是一个同伦, 即 $F(q) : f(z_0) \sim f(z)$. 令

$$\delta\tau = -\frac{c_0\,(z-z_0)\,A(q)}{1-(1+c_0)\,B(q)}, \tag{5.14}$$

得到 $F(q) = f(\tau) = f(z_0 + \delta\tau)$. 如果 $|\delta\tau|$ 足够小且 $|(1+c_0)B(q)| < 1$ 成立, 则 $F(q)$ 在 $q = 0$ 时的 Maclaurin 级数为

$$\begin{aligned} & f(z_0) + \sum_{k=1}^{+\infty} \frac{f^{(k)}(z_0)}{k!}\,(\delta\tau)^k \\ =\ & f(z_0) + \sum_{k=1}^{+\infty} \frac{f^{(k)}(z_0)}{k!}\left[-\frac{c_0\,(z-z_0)\,A(q)}{1-(1+c_0)\,B(q)}\right]^k \\ =\ & f(z_0) + \sum_{k=1}^{+\infty} \Gamma_k(z)(-c_0)^k[A(q)]^k\,[1-(1+c_0)\,B(q)]^{-k} \\ =\ & f(z_0) + \sum_{k=1}^{+\infty} \Gamma_k(z)\,(-c_0)^k[A(q)]^k \sum_{r=0}^{+\infty} \binom{k+r-1}{r}\,(1+c_0)^r\,[B(q)]^r \\ =\ & f(z_0) + \sum_{k=1}^{+\infty}\sum_{r=0}^{+\infty} \Gamma_k(z) \binom{k+r-1}{r} (-c_0)^k (1+c_0)^r \left(\sum_{i=k}^{+\infty} \bar{a}_{k,i}\,q^i\right)\left(\sum_{j=r}^{+\infty} \bar{b}_{r,j}\,q^j\right) \end{aligned}$$

$$= f(z_0) + \sum_{k=1}^{+\infty}\sum_{r=0}^{+\infty} \Gamma_k(z) \binom{k+r-1}{r} (-c_0)^k (1+c_0)^r \sum_{s=k+r}^{+\infty} q^s \left(\sum_{i=k}^{s-r} \bar{a}_{k,i}\bar{b}_{r,s-i}\right)$$

$$= f(z_0) + \sum_{s=1}^{+\infty} q^s \left[\sum_{k=1}^{s} \Gamma_k(z)(-c_0)^k \sum_{r=0}^{s-k} \binom{k+r-1}{r} (1+c_0)^r \left(\sum_{i=k}^{s-r} \bar{a}_{k,i}\bar{b}_{r,s-i}\right)\right]$$

$$= f(z_0) + \sum_{n=1}^{+\infty} \sigma_n(z)\, q^n, \tag{5.15}$$

其中

$$\sigma_n(z) = \sum_{k=1}^{n} \Gamma_k(z)\, (-c_0)^k \sum_{r=0}^{n-k} \binom{k+r-1}{r} (1+c_0)^r \left(\sum_{i=k}^{n-r} \bar{a}_{k,i}\, \bar{b}_{r,n-i}\right). \tag{5.16}$$

令 ζ 为 $F(q)$ 的奇点. 根据定义 (5.12), 方程

$$1 - (1+c_0)B(\zeta) = 0$$

的所有解均为 $F(q)$ 的奇点. 此外, $f(z)$ 的每个原始奇点 ξ_k $(1 \leqslant k \leqslant M_0)$ 给出了 $F(q)$ 的相应奇点, 且由方程

$$z_0 - \frac{c_0\,(z-z_0)\,A(\zeta)}{1-(1+c_0)\,B(\zeta)} = \xi_k, \qquad 1 \leqslant k \leqslant M_0$$

控制, 即

$$1 - (1+c_0)\,B(\zeta) + c_0 \left(\frac{z-z_0}{\xi_k - z_0}\right) A(\zeta) = 0, \qquad 1 \leqslant k \leqslant M_0.$$

令 ζ_k $(1 \leqslant k \leqslant M)$ 表示 $F(q)$ 的这些奇点. 需要注意的是, 这些奇点取决于 z, z_0 和 c_0. Maclaurin 级数 (5.15) 在 $q = 1$ 时收敛至 $F(1) = f(z)$, 当且仅当 $F(q)$ 的所有奇点 ζ_k 都在区域 $|q| \leqslant 1$ 外, 例如

$$|\zeta_k| > 1, \qquad 1 \leqslant k \leqslant M.$$

在这种情况下, 根据 (5.15) 和 (5.16), 有

$$f(z) = F(1) = f(z_0) + \lim_{m\to+\infty} \sum_{n=1}^{m} \sigma_n$$

$$= f(z_0) + \lim_{m\to+\infty} \sum_{n=1}^{m}\sum_{k=1}^{n} \Gamma_k(z)(-c_0)^k \sum_{r=0}^{n-k} \binom{k+r-1}{r} (1+c_0)^r \left(\sum_{i=k}^{n-r} \bar{a}_{k,i}\bar{b}_{r,n-i}\right)$$

$$= f(z_0) + \lim_{m\to+\infty}\sum_{k=1}^{m}\Gamma_k(z)\ \left[(-c_0)^k\sum_{n=k}^{m}\sum_{r=0}^{n-k}\binom{k+r-1}{r}\right.$$
$$\left.(1+c_0)^r\ \left(\sum_{i=k}^{n-r}\bar{a}_{k,i}\ \bar{b}_{r,n-i}\right)\right]$$
$$= f(z_0) + \lim_{m\to+\infty}\sum_{k=1}^{m}\left[\frac{f^{(k)}(z_0)}{k!}(z-z_0)^k\right]T_{m,k}(c_0,A,B)$$

在域 $D = \bigcap\limits_{k=0}^{M} S_k$ 内成立, 其中 $S_k = \{z : |\zeta_k| > 1\}$,

$$\begin{aligned}
&T_{m,k}(c_0,A,B)\\
&= (-c_0)^k\sum_{n=k}^{m}\sum_{r=0}^{n-k}\binom{k+r-1}{r}(1+c_0)^r\ \left(\sum_{i=k}^{n-r}\bar{a}_{k,i}\ \bar{b}_{r,n-i}\right)\\
&= (-c_0)^k\sum_{n=0}^{m-k}\sum_{r=0}^{n}\binom{k+r-1}{r}(1+c_0)^r\ \left(\sum_{i=k}^{n+k-r}\bar{a}_{k,i}\ \bar{b}_{r,n+k-i}\right)\\
&= (-c_0)^k\sum_{n=0}^{m-k}\sum_{r=0}^{n}\binom{k+r-1}{r}(1+c_0)^r\left(\sum_{s=0}^{n-r}\bar{a}_{k,k+s}\ \bar{b}_{r,n-s}\right).
\end{aligned}$$

证毕. □

定义 5.2 令 $c_0 \neq 0$ 为收敛控制参数, $A(q)$ 和 $B(q)$ 为两个形变函数, 其 Maclaurin 级数 $A(q) = \sum\limits_{k=1}^{+\infty} a_k\ q^k$ 和 $B(q) = \sum\limits_{k=1}^{+\infty} b_k\ q^k$ 在 $q = 1$ 时收敛, 因此 $\sum\limits_{k=1}^{+\infty} a_k = 1$ 且 $\sum\limits_{k=1}^{+\infty} b_k = 1$. 如果复函数 $f(z)$ 在 $z = z_0$ 时是解析的, 则

$$f(z_0) + \lim_{m\to+\infty}\sum_{k=1}^{m}\left[\frac{f^{(k)}(z_0)}{k!}(z-z_0)^k\right]T_{m,k}(c_0,A,B) \tag{5.17}$$

称为 $f(z)$ 的广义泰勒级数, 其中 $T_{m,k}(c_0,A,B)$ 由 (5.6) 和 (5.7)—(5.9) 定义.

需要注意的是, 复函数 $f(z)$ 在 $z = z_0$ 时的广义泰勒级数 (5.17) 取决于辅助参数 c_0 和两个复解析函数 $A(q)$ 与 $B(q)$, 它们的 Maclaurin 级数

$$A(q) = \sum_{k=1}^{+\infty} a_k\ q^k,\quad B(q) = \sum_{k=1}^{+\infty} b_k\ q^k$$

具有限制条件

$$\sum_{k=1}^{+\infty} a_k = 1, \quad \sum_{k=1}^{+\infty} b_k = 1.$$

这里, 两个收敛级数 $\sum_{k=1}^{+\infty} a_k$ 和 $\sum_{k=1}^{+\infty} b_k$ 由两个解析函数 $A(q)$ 与 $B(q)$, 即所谓的形变函数导出. 或者, 可以使用任意两个收敛级数 $\sum_{k=1}^{+\infty} a_k = 1$ 和 $\sum_{k=1}^{+\infty} b_k = 1$. 例如,

$$a_k = (1-\gamma)\,\gamma^{\,k-1}, \quad |\gamma| < 1,$$
$$b_k = \frac{6}{(k\,\pi)^2}$$

完全定义了两个形变函数 $A(q)$ 与 $B(q)$, (5.6) 定义了 $T_{m,k}(c_0, A, B)$. 此外, 存在许多这样的收敛级数来定义 $T_{m,k}(c_0, A, B)$.

定理 5.2 令 c_0 为收敛控制参数, $A(q) = q$ 和 $B(q) = q$ 为两个形变函数. 如果实函数 $f(x)$ 在除了唯一奇点 $x = \xi$ 外的整个区间 $-\infty < x < +\infty$ 内是解析的, 那么它在 $x_0 \neq \xi$ 处的广义泰勒级数, 即

$$f(x_0) + \lim_{m\to+\infty} \sum_{k=1}^{m} \left[\frac{f^{(k)}(x_0)}{k!}(x-x_0)^k\right] T_{m,k}(c_0, A, B)$$

在区间

$$1 - \frac{2}{|c_0|} < \frac{x-x_0}{\xi-x_0} < 1, \qquad -2 < c_0 < 1$$

内收敛至 $f(x)$, 随着 $c_0 \to 0$, 该区间变为无限区间

$$-\infty < \frac{x-x_0}{\xi-x_0} < 1.$$

证明 由于 $A(q) = q$, $B(q) = q$ 且仅存在一个奇点 $x = \xi$, 根据定理 5.1, 我们有两个奇点 ζ_0 和 ζ_1, 分别由

$$1 - (1+c_0)\,\zeta_0 = 0$$

和

$$1 - (1+c_0)\,\zeta_1 + c_0\left(\frac{x-x_0}{\xi-x_0}\right)\zeta_1 = 0$$

控制. 显然,

$$\zeta_0 = (1+c_0)^{-1}$$

且

$$\zeta_1 = \left[1 + c_0 - c_0 \left(\frac{x - x_0}{\xi - x_0}\right)\right]^{-1}.$$

根据定理 5.1, 广义泰勒级数

$$f(x_0) + \lim_{m \to +\infty} \sum_{k=1}^{m} \left[\frac{f^{(k)}(x_0)}{k!}(x - x_0)^k\right] T_{m,k}(c_0, A, B)$$

在区域 $\{|\zeta_0| > 1\} \cap \{|\zeta_1| > 1\}$ 内收敛至 $f(x)$. 由 $|\zeta_0| > 1$, 我们有 $|1 + c_0| < 1$, 即

$$-2 < c_0 < 0.$$

此外, 由 $|\zeta_1| > 1$ 得到

$$\left|1 + c_0 - c_0 \left(\frac{x - x_0}{\xi - x_0}\right)\right| < 1,$$

即

$$-2 - c_0 < -c_0 \left(\frac{x - x_0}{\xi - x_0}\right) < -c_0.$$

由于 $-2 < c_0 < 0$, 我们有收敛区间

$$1 - \frac{2}{|c_0|} < \frac{x - x_0}{\xi - x_0} < 1, \qquad -2 < c_0 < 1,$$

随着 $c_0 \to 0$, 其变为

$$-\infty < \frac{x - x_0}{\xi - x_0} < 1.$$

证毕. □

因此, 如果实函数 $f(x)$ 仅有一个奇点 $x = \xi$, 则随着 $c_0 \to 0$ 且由于 $A(q) = B(q) = q$, 它的广义泰勒级数 (5.17) 当 $x_0 < \xi$ 时在无限区间 $(-\infty, \xi)$ 内收敛, 或者当 $x_0 > \xi$ 时在无限区间 $(\xi, +\infty)$ 内收敛. 这也从理论上解释了为什么收敛控制参数 c_0 可以极大地扩大级数的收敛区间.

定理 5.3　令 $c_0 \in \Re$ 为实收敛控制参数, $A(q) = q$ 和 $B(q) = q$ 为两个形变函数. 如果复函数 $f(z)$ 在除了唯一奇点 $z = \xi$ 外的整个平面上是解析的, 那么它在 $z_0 \neq \xi$ 处的广义泰勒级数, 即

$$f(z_0) + \lim_{m \to +\infty} \sum_{k=1}^{m} \left[\frac{f^{(k)}(z_0)}{k!}(z - z_0)^k\right] T_{m,k}(c_0, A, B)$$

在区域

$$\rho = \left|\frac{z-z_0}{\xi - z_0}\right| < \frac{(1+c_0)\,cos\theta - \sqrt{1-(1+c_0)^2\sin^2\theta}}{c_0}, \quad -2 < c_0 < 0$$

内收敛至 $f(z)$, 随着 $c_0 \to 0$, 该区域变为无限域

$$\rho = \left|\frac{x-x_0}{\xi - x_0}\right| < \begin{cases} 1/\cos\theta, & \theta \in \left(-\dfrac{\pi}{2}, \dfrac{\pi}{2}\right), \\ +\infty, & \text{其他情况}, \end{cases}$$

其中

$$\eta = \frac{z-z_0}{\xi - z_0} = \rho\, e^{i\,\theta}, \quad \theta \in [0, 2\pi],\ i = \sqrt{-1}.$$

证明 由于 $A(q) = B(q) = q$ 且仅存在一个奇点 $z = \xi$, 根据定理 5.1, 我们有两个奇点 ζ_0 和 ζ_1, 它们分别由

$$1 - (1+c_0)\,\zeta_0 = 0$$

和

$$1 - (1+c_0)\,\zeta_1 + c_0\left(\frac{z-z_0}{\xi - z_0}\right)\zeta_1 = 0$$

控制. 显然,

$$\zeta_0 = (1+c_0)^{-1}$$

且

$$\zeta_1 = \left[1 + c_0 - c_0\,\left(\frac{z-z_0}{\xi - z_0}\right)\right]^{-1}.$$

根据定理 5.1, 广义泰勒级数

$$f(z_0) + \lim_{m\to+\infty}\sum_{k=1}^{m}\left[\frac{f^{(k)}(z_0)}{k!}(z-z_0)^k\right]\ T_{m,k}(c_0, A, B)$$

在区域 $\{|\zeta_0| > 1\} \cap \{|\zeta_1| > 1\}$ 内收敛至 $f(z)$. 由 $|\zeta_0| > 1$, 我们有 $|1 + c_0| < 1$, 即

$$-2 < c_0 < 0.$$

此外, 由 $|\zeta_1| > 1$ 得到

$$\left|1 + c_0 - c_0\,\left(\frac{z-z_0}{\xi - z_0}\right)\right| < 1.$$

令

$$\eta = \frac{z - z_0}{\xi - z_0} = \rho\, e^{i\,\theta}, \quad \theta \in [0, 2\pi],$$

有

$$c_0^2\, \rho^2 - 2\, c_0\, (1 + c_0)\, \cos\theta\, \rho + (1 + c_0)^2 < 1,$$

其解为

$$0 \leqslant \rho < \frac{(1 + c_0)\, cos\theta - \sqrt{1 - (1 + c_0)^2 \sin^2\theta}}{c_0}, \quad -2 < c_0 < 0.$$

随着 $c_0 \to 0$, $\sqrt{1 - (1 + c_0)^2 \sin^2\theta} = |\cos\theta|$, 所以当 $\pi/2 \leqslant \theta \leqslant 3\pi/2$ 时, 随着 $c_0 \to 0$, 有

$$\frac{(1 + c_0)\, \cos\theta - \sqrt{1 - (1 + c_0)^2 \sin^2\theta}}{c_0} = \frac{\cos\theta - |\cos\theta|}{c_0} = \frac{2\cos\theta}{c_0} \to +\infty.$$

当 $\theta \in (-\pi/2, \pi/2)$ 和 $c_0 \to 0$ 时, $\rho = 0/0$ 型未定式, 所以通过微积分中的 L'Hospital 法则, 有

$$\frac{(1 + c_0)\, \cos\theta - \sqrt{1 - (1 + c_0)^2 \sin^2\theta}}{c_0} = \cos\theta + \frac{\sin^2\theta}{|\cos\theta|} = \frac{1}{\cos\theta}.$$

证毕. □

当 $A(q) = B(q) = q$ 且仅存在一个奇点时, 广义泰勒级数的收敛区域取决于收敛控制参数 c_0, 用 $S(c_0)$ 表示. 根据定理 5.3, 有

$$S(-1) = \left\{(\rho\cos\theta, \rho\sin\theta) \;\middle|\; \rho < 1, \;\; \theta \in (0, 2\pi)\right\},$$

$$S\left(-\frac{1}{2}\right) = \left\{(\rho\cos\theta, \rho\sin\theta) \;\middle|\; \rho < 2\sqrt{1 - \frac{1}{4}\sin^2\theta} - \cos\theta, \;\; \theta \in (0, 2\pi)\right\},$$

$$S\left(-\frac{1}{5}\right) = \left\{(\rho\cos\theta, \rho\sin\theta) \;\middle|\; \rho < 5\sqrt{1 - \frac{16}{25}\sin^2\theta} - 4\cos\theta, \;\; \theta \in (0, 2\pi)\right\},$$

$$\vdots$$

$$S(0) = \left\{(\rho\cos\theta, \rho\sin\theta) \;\middle|\; \rho < \begin{cases} 1/\cos\theta, & \theta \in \left(-\dfrac{\pi}{2}, \dfrac{\pi}{2}\right) \\ +\infty, & \text{其他情况} \end{cases}\right\}.$$

值得注意的是 $S(-1) \subset S(-1/2) \subset S(-1/5) \subset S(0)$, 即, 随着 $c_0 \to 0$, 收敛区域会大大扩大, 如图 5.1 所示. 收敛区域 $S(c_0)$ 呈圆形: 其中心位于 $(1 + c_0^{-1})$, 其半径为 $|c_0^{-1}|$. 还要注意的是, $c_0 = -1$ 对应于在区域

$$\left|\frac{z - z_0}{\zeta - z_0}\right| < 1$$

内收敛的传统泰勒级数, 即传统泰勒级数在以 $z = z_0$ 为圆心, $\zeta - z_0$ 为半径的圆内收敛. 然而, 随着收敛控制参数趋于零, 收敛区域会大大扩大. 特别地, 当 $c_0 \to 0$ 时, 收敛区域 $S(c_0)$ 的半径 $|c_0^{-1}|$ 趋于无穷, 使得广义泰勒级数在无限域内收敛, 即

$$|\eta| = \left|\frac{z - z_0}{\zeta - z_0}\right| < \begin{cases} 1/\cos\theta, & \theta \in \left(-\dfrac{\pi}{2}, \dfrac{\pi}{2}\right), \\ +\infty, & \text{其他情况}, \end{cases}$$

其中 $\eta = \rho\exp(i\,\theta)$. 在 η 平面中, 它是半平面

$$S(0) = \left\{(x', y') \;\middle|\; x' < 1, -\infty < y' < +\infty\right\}.$$

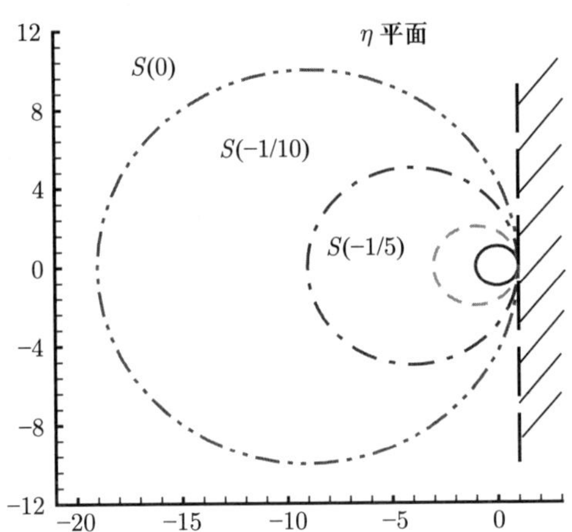

图 5.1 在 $z = \zeta$ 处具有唯一奇点的复函数的广义泰勒级数的收敛区域. 实线: 传统泰勒级数的收敛区域 $S(-1)$ 的边界; 虚线: $S(-1/2)$ 的边界; 点划线: $S(-1/5)$ 的边界; 双点划线: $S(-1/10)$ 的边界; 长虚线: $S(0)$ 的边界

需要注意的是, 定理 5.3 中收敛控制参数 c_0 为实数. 如果使用复收敛控制参数 c_0, 我们有更一般的定理.

定理 5.4 $i = \sqrt{-1}$ 表示虚数单位,

$$c_0 = -1 + \varepsilon\, e^{i\,\gamma}, \qquad \varepsilon \in [0, 1),\ \gamma \in [0, 2\pi)$$

为复收敛控制参数, $A(q)=q$ 和 $B(q)=q$ 为两个形变函数. 如果复函数 $f(z)$ 在除了唯一奇点 $z=\xi$ 外的整个 z 平面上是解析的, 那么它在 $z_0\neq\xi$ 处的广义泰勒级数, 即

$$f(z_0)+\lim_{m\to+\infty}\sum_{k=1}^{m}\left[\frac{f^{(k)}(z_0)}{k!}(z-z_0)^k\right]T_{m,k}(c_0,A,B)$$

在区域

$$\rho=\left|\frac{z-z_0}{\xi-z_0}\right|<\frac{\varepsilon[\varepsilon\cos\theta-\cos(\theta-\gamma)]+\sqrt{\Delta}}{1-2\varepsilon\cos\gamma+\varepsilon^2},\quad \varepsilon\in[0,1),\gamma\in[0,2\pi) \tag{5.18}$$

内收敛至 $f(z)$, 其中

$$\Delta=\varepsilon^2\left[\varepsilon\cos\theta-\cos(\theta-\gamma)\right]^2+(1-\varepsilon^2)\left(1-2\varepsilon\cos\gamma+\varepsilon^2\right), \tag{5.19}$$

且

$$\eta=\frac{z-z_0}{\xi-z_0}=\rho\, e^{i\,\theta},\quad \theta\in[0,2\pi].$$

特别地, 当 $\varepsilon=1$, 即 $c_0=-1+e^{i\,\gamma}$ 时, 有

$$0\leqslant\rho<\max\left\{\frac{\cos\theta-\cos(\theta-\gamma)}{1-\cos\gamma},0\right\}, \tag{5.20}$$

其中 $0\leqslant\theta<2\pi$, $0\leqslant\gamma<2\pi$.

证明 由于 $A(q)=B(q)=q$ 且仅存在一个奇点 $z=\xi$, 根据定理 5.1, 我们有两个奇点 ζ_0 和 ζ_1, 它们分别由

$$1-(1+c_0)\,\zeta_0=0$$

和

$$1-(1+c_0)\,\zeta_1+c_0\left(\frac{z-z_0}{\xi-z_0}\right)\zeta_1=0$$

控制. 显然,

$$\zeta_0=(1+c_0)^{-1}$$

且

$$\zeta_1=\left[1+c_0-c_0\left(\frac{z-z_0}{\xi-z_0}\right)\right]^{-1}.$$

根据定理 5.1, 广义泰勒级数

$$f(z_0)+\lim_{m\to+\infty}\sum_{k=1}^{m}\left[\frac{f^{(k)}(z_0)}{k!}(z-z_0)^k\right]T_{m,k}(c_0,A,B)$$

在区域 $\{|\zeta_0|>1\}\cap\{|\zeta_1|>1\}$ 内收敛至 $f(z)$. $|\zeta_0|>1$ 给出 $|1+c_0|<1$, 这是自动满足的, 因为

$$c_0=-1+\varepsilon\, e^{i\,\gamma},\quad 0\leqslant\varepsilon<1,\quad 0\leqslant\gamma<2\pi.$$

此外, 由 $|\zeta_1|>1$ 得到

$$\left|1+c_0-c_0\left(\frac{z-z_0}{\xi-z_0}\right)\right|<1.$$

令

$$\eta=\frac{z-z_0}{\xi-z_0}=\rho\, e^{i\,\theta},\quad \theta\in[0,2\pi],$$

并利用上述 c_0 的定义, 有

$$\left|\varepsilon e^{i\,\gamma}-\left(\varepsilon\, e^{i\,\gamma}-1\right)\ \rho\, e^{i\theta}\right|<1,$$

即

$$\left[1-2\varepsilon\cos\gamma+\varepsilon^2\right]\ \rho^2-2\varepsilon\left[\varepsilon\cos\theta-\cos(\theta-\gamma)\right]\ \rho+\varepsilon^2<1,$$

其解为

$$\frac{\varepsilon[\varepsilon\cos\theta-\cos(\theta-\gamma)]-\sqrt{\Delta}}{1-2\varepsilon\cos\gamma+\varepsilon^2}<\rho<\frac{\varepsilon[\varepsilon\cos\theta-\cos(\theta-\gamma)]+\sqrt{\Delta}}{1-2\varepsilon\cos\gamma+\varepsilon^2},$$

其中

$$\Delta=\varepsilon^2\left[\varepsilon\cos\theta-\cos(\theta-\gamma)\right]^2+\left(1-\varepsilon^2\right)\left(1-2\varepsilon\cos\gamma+\varepsilon^2\right).$$

显然,

$$\frac{\varepsilon[\varepsilon\cos\theta-\cos(\theta-\gamma)]-\sqrt{\Delta}}{1-2\varepsilon\cos\gamma+\varepsilon^2}<0.$$

由于 $\rho\geqslant 0$, 我们有解

$$0\leqslant\rho<\frac{\varepsilon[\varepsilon\cos\theta-\cos(\theta-\gamma)]+\sqrt{\Delta}}{1-2\varepsilon\cos\gamma+\varepsilon^2}.$$

特别地, 当 $\varepsilon=1$, 即 $c_0=-1+\exp(i\,\gamma)$ 时, 上述表达式给出了

$$0\leqslant\rho<\max\left\{\frac{\cos\theta-\cos(\theta-\gamma)}{1-\cos\gamma},0\right\}.$$

证毕. □

显然, 当 $\gamma=0$ 时, 定理 5.3 是定理 5.4 的特例. 因此, 当 $\gamma=0$ 和 $\varepsilon\to 1$, 即 $c_0\to 0$ 时, 广义泰勒级数在半 η 平面 $\mathrm{Re}(\eta)<1$ 内收敛至 $f(z)$, 如图 5.1 所

示. 现在, 将 c_0 视为一个复数, 有无数种不同的方式使 c_0 趋于零. 例如, 考虑特殊情况: $\varepsilon=1, \gamma\to 0$, 即 c_0 沿着圆 $|c_0+1|=1$ 趋于零. 注意, 即使沿着圆, 也有两种不同的方法来接近 $c_0=0$: 从上方 ($\gamma>0$) 或从下方 ($\gamma<0$). 令 $S_0(\gamma)$ 表示由 (5.20) 给出的收敛区域, $S_0(0^+)$ 和 $S_0(0^-)$ 分别表示 γ 从上方和下方趋于零时的收敛区域. 我们发现, 当 γ 从上方趋于零时, 收敛区域 $S_0(\gamma)$ 会扩大, 例如

$$S_0\left(\frac{\pi}{4}\right)\subset S_0\left(\frac{\pi}{9}\right)\subset S_0\left(\frac{\pi}{18}\right)\subset S_0\left(\frac{\pi}{36}\right)\subset S_0\left(0^+\right),$$

如图 5.2 所示. 特别是, 当 γ 从上方趋于零时, 收敛区域 $S_0(0^+)$ 变为下半平面 $\mathrm{Im}(\eta)<0$, 即在平面 $\eta=(x',y')$ 上

$$S_0\left(0^+\right)=\left\{(x',y')\ \middle|\ y'<0,-\infty<x'<+\infty\right\}.$$

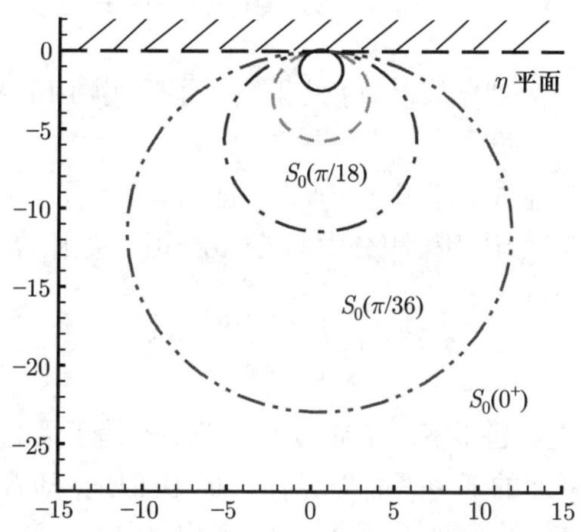

图 5.2 当 $c_0=1+e^{i\gamma}$, γ 从上方趋于零时, 在 $z=\zeta$ 处具有唯一奇点的复函数 $f(z)$ 的广义泰勒级数的收敛区域. 实线: 收敛区域 $S_0(\pi/4)$ 的边界; 虚线: $S_0(\pi/9)$ 的边界; 点划线: $S_0(\pi/18)$ 的边界; 双点划线: $S_0(\pi/36)$ 的边界; 长虚线: $S_0(0^+)$ 的边界

类似地, 当 γ 从下方趋于零时, 收敛区域 $S_0(\gamma)$ 也会扩大, 例如,

$$S_0\left(-\frac{\pi}{4}\right)\subset S_0\left(-\frac{\pi}{9}\right)\subset S_0\left(-\frac{\pi}{18}\right)\subset S_0\left(-\frac{\pi}{36}\right)\subset S_0\left(0^-\right),$$

如图 5.3 所示. 此外, 当 γ 从下方趋于零时, 收敛区域 $S_0(0^-)$ 变为上半平面 $\mathrm{Im}(\eta)>0$, 即在平面 $\eta=(x',y')$ 上

$$S_0\left(0^-\right)=\left\{(x',y')\ \middle|\ y'>0,-\infty<x'<+\infty\right\}.$$

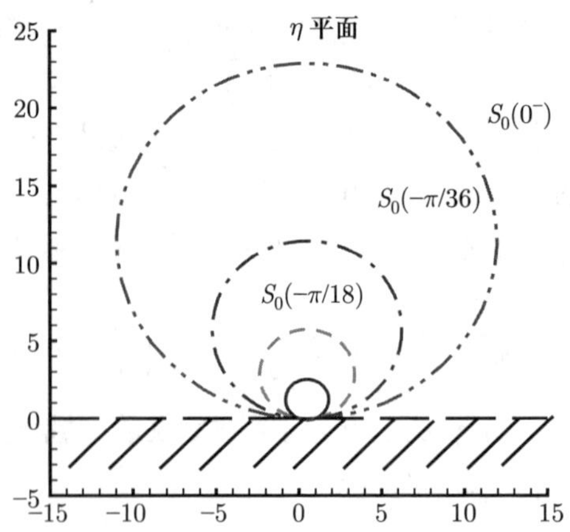

图 5.3 当 $c_0 = 1 + e^{i\,\gamma}$, γ 从下方趋于零时, 在 $z = \zeta$ 处具有唯一奇点的复函数 $f(z)$ 的广义泰勒级数的收敛区域. 实线: 收敛区域 $S_0(-\pi/4)$ 的边界; 虚线: $S_0(-\pi/9)$ 的边界; 点划线: $S_0(-\pi/18)$ 的边界; 双点划线: $S_0(-\pi/36)$ 的边界; 长虚线: $S_0(0^-)$ 的边界

需要强调的是, $S_0(0^+) \cup S_0(0^-)$ 几乎覆盖了除实轴 $\mathrm{Im}(\eta) = 0$ 外的整个 η 平面.

我们可以通过定理 5.4 证明这一点. 根据 (5.20), 当 $\gamma \to 0$ 时, ρ 的表达式为 0/0 型未定式. 然后, 利用微积分中的 L'Hospital 法则, 有

$$\rho < \max\left\{-\frac{\sin(\theta)}{\sin\gamma}, 0\right\}.$$

因此, 随着 $\gamma > 0$ 趋于零, 当 $\sin\theta < 0$ 时, ρ 趋于无穷, 即 $-\pi < \theta < 0$, 所以 $S_0(0^+)$ 是 η 平面的下半平面 $\mathrm{Im}(\eta) < 0$. 类似地, 随着 $\gamma < 0$ 趋于零, 当 $\sin\theta > 0$ 时, ρ 趋于无穷, 即 $0 < \theta < \pi$, 所以 $S_0(0^-)$ 是 η 平面的上半平面 $\mathrm{Im}(\eta) > 0$.

由于在 z 平面上有无数种不同的方法来接近 $c_0 = 0$, 因此我们进一步考虑这种方法

$$\varepsilon = \frac{\sin\delta}{\sin(\delta+\gamma)}, \quad \gamma \to 0,$$

其中 $\delta\,\gamma > 0$, $\delta \in (-\pi/2, \pi/2)$, $\delta + \gamma \in (-\pi/2, \pi/2)$. 在这种情况下, 广义泰勒级数的收敛区域取决于 δ 和 γ, 用 $\Omega(\delta,\gamma)$ 表示. 不失一般性, 我们考虑两种情况: $\delta = \pm\pi/4$. 结果发现, 当 $\delta = \pi/4$ 时, 收敛区域随着 γ 从上方趋于零而扩大, 即

$$\Omega\left(\frac{\pi}{4}, \frac{\pi}{9}\right) \subset \Omega\left(\frac{\pi}{4}, \frac{\pi}{18}\right) \subset \Omega\left(\frac{\pi}{4}, \frac{\pi}{36}\right) \subset \Omega\left(\frac{\pi}{4}, \frac{\pi}{72}\right) \subset \Omega\left(\frac{\pi}{4}, 0\right),$$

如图 5.4 所示. 特别是, 当 γ 从上方趋于零时, 收敛区域变成了 η 平面的半平面

$$\Omega\left(\frac{\pi}{4},0\right)=\left\{(x',y')\ \Big|\ y'<-x'+1,\ \ -\infty<x'<+\infty\right\}.$$

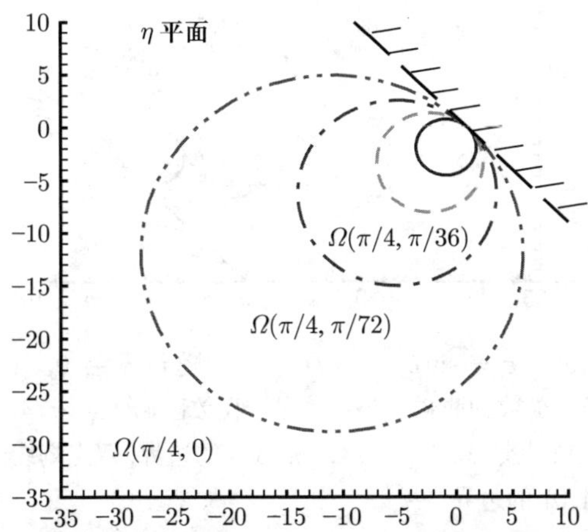

图 5.4 当 $c_0=1+\varepsilon e^{i\,\gamma}$, $\varepsilon=\sin\delta/\sin(\delta+\gamma)$ 时, 随着 $\gamma\to 0$, 具有唯一奇点 $z=\zeta$ 的复函数 $f(z)$ 的广义泰勒级数的收敛区域. 实线: 收敛区域 $\Omega(\pi/4,\pi/9)$ 的边界; 虚线: $\Omega(\pi/4,\pi/18)$ 的边界; 点划线: $\Omega(\pi/4,\pi/36)$ 的边界; 双点划线: $\Omega(\pi/4,\pi/72)$ 的边界; 长虚线: $\Omega(\pi/4,0)$ 的边界

类似地, 结果发现, 当 $\delta=-\pi/4$ 时, 收敛区域随着 γ 从下方趋于零而扩大, 即

$$\begin{aligned}\Omega\left(-\frac{\pi}{4},-\frac{\pi}{9}\right)\subset\Omega\left(-\frac{\pi}{4},-\frac{\pi}{18}\right)\subset\Omega\left(-\frac{\pi}{4},-\frac{\pi}{36}\right)\\ \subset\Omega\left(-\frac{\pi}{4},-\frac{\pi}{72}\right)\subset\Omega\left(-\frac{\pi}{4},0\right),\end{aligned}$$

如图 5.5 所示. 特别是, 当 γ 从下方趋于零时, 收敛区域变成了 η 平面的半平面

$$\Omega\left(-\frac{\pi}{4},0\right)=\left\{(x',y')\ \Big|\ y'<x'-1,\ \ -\infty<x'<+\infty\right\}.$$

此外, 在 $\delta=\pm\pi/4$ 和 $\delta=\pm 35\pi/36$ 的情况下, 广义泰勒级数的收敛区域, 如图 5.6 所示. 我们很容易证明, 当 $\delta\to\pi/2$, γ 从上方趋于零时, 收敛区域变为 $\eta=(x',y')$ 平面的下半平面 $\mathrm{Im}(\eta)<0$, 即

$$\Omega\left(\frac{\pi}{2},0\right)=\left\{(x',y')\ \Big|\ y'<0,\ -\infty<x'<+\infty\right\}.$$

类似地, 当 $\delta\to-\pi/2$, γ 从下方趋于零时, 收敛区域变为 $\eta=(x',y')$ 平面

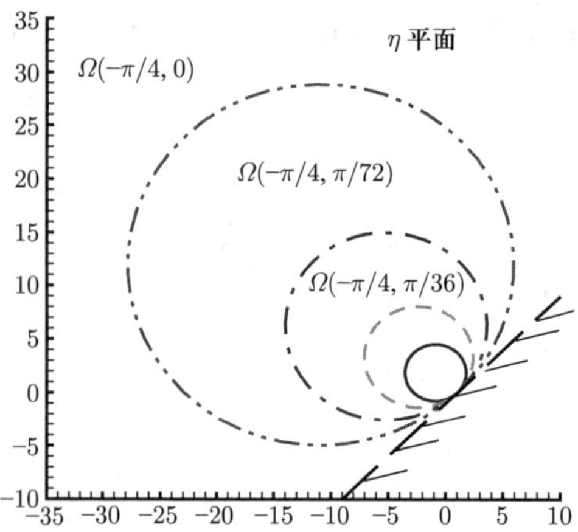

图 5.5　当 $c_0 = 1 + \varepsilon e^{i\,\gamma}$, $\varepsilon = \sin\delta/\sin(\delta+\gamma)$ 时, 随着 $\gamma \to 0$, 具有唯一奇点 $z = \zeta$ 的复函数 $f(z)$ 的广义泰勒级数的收敛区域. 实线: 收敛区域 $\Omega(-\pi/4, -\pi/9)$ 的边界; 虚线: $\Omega(-\pi/4, -\pi/18)$ 的边界; 点划线: $\Omega(-\pi/4, -\pi/36)$ 的边界; 双点划线: $\Omega(-\pi/4, -\pi/72)$ 的边界; 长虚线: $\Omega(-\pi/4, 0)$ 的边界

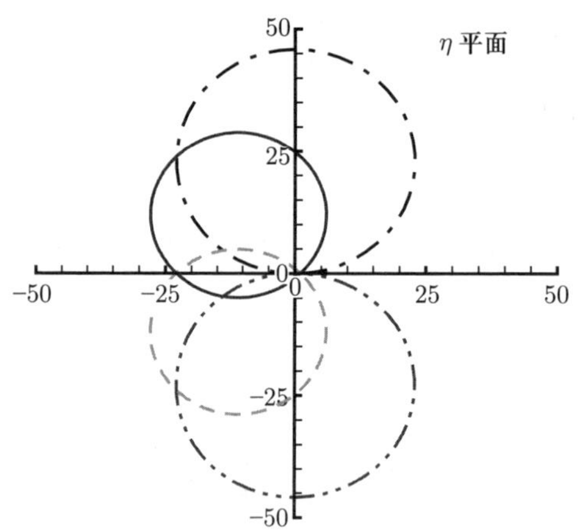

图 5.6　当 $c_0 = 1 + \varepsilon e^{i\,\gamma}$, $\varepsilon = \sin\delta/\sin(\delta+\gamma)$ 时, 随着 $\gamma \to 0$, 具有唯一奇点 $z = \zeta$ 的复函数 $f(z)$ 的广义泰勒级数的收敛区域. 实线: 收敛区域 $\Omega(-\pi/4, -\pi/72)$ 的边界; 虚线: $\Omega(\pi/4, \pi/72)$ 的边界; 点划线: $\Omega(-35\pi/36, -\pi/72)$ 的边界; 双点划线: $\Omega(35\pi/36, \pi/72)$ 的边界

的上半平面 $\mathrm{Im}(\eta) > 0$, 即

$$\Omega\left(\frac{\pi}{2}, 0\right) = \left\{(x', y') \,\middle|\, y' > 0,\ -\infty < x' < +\infty\right\}.$$

所有这些表明, 随着收敛控制参数 $c_0 \to 0$, 收敛区域 Ω 取决于 c_0 趋于零

的近似曲线: $c_0 \to 0$ 的方式不同, 收敛区域对应的 η 平面的半平面也不同.

回顾一下, $c_0 = -1 + \varepsilon \exp(i\gamma)$, 其中 c_0 是复数. 如上所述, 当 $\gamma = 0, \varepsilon \to 1$, 即 c_0 沿着平行轴趋于零时, 广义泰勒级数的收敛区域变为半平面 $\mathrm{Re}(\eta) < 1$. 在 $\varepsilon = 1$ 的情况下, 即 c_0 沿着圆 $|1 + c_0| = 1$ 趋于零, 当 γ 从上方趋于零时收敛区域为下半平面 $\mathrm{Im}(\eta) < 0$, 当 γ 从下方趋于零时收敛区域为上半平面 $\mathrm{Im}(\eta) > 0$. 因此, 如果复函数 $f(z)$ 在 $z = \zeta$ 处具有唯一奇点, 则我们总能找到复收敛控制参数 $|1 + c_0| < 1$, 使得对应的广义泰勒级数在除了实轴 $\mathrm{Im}(\eta) = 0$ 和 $\mathrm{Re}(\eta) \geqslant 1$ 的一半, 即

$$\left\{(x', y') \;\middle|\; x' \geqslant 1, y' = 0\right\}$$

外的整个 η 平面上收敛, 其中

$$\eta = (x', y') = \frac{z - z_0}{\zeta - z_0}.$$

因此, 我们有以下定理:

定理 5.5 令 c_0 为复收敛控制参数, $A(q) = q$ 和 $B(q) = q$ 为两个形变函数. 如果复函数 $f(z)$ 在整个 z 平面上有唯一极点 $z = \zeta$, 那么它在 $z_0 \neq \zeta$ 处的广义泰勒级数, 即

$$f(z_0) + \lim_{m \to +\infty} \sum_{k=1}^{m} \left[\frac{f^{(k)}(z_0)}{k!}(z - z_0)^k\right] T_{m,k}(c_0, A, B)$$

在除了半直线

$$z = z_0 + \rho\,(\zeta - z_0), \quad \rho \geqslant 1$$

上的点外的整个 z 平面上收敛至 $f(z)$.

因此, 如果 $f(z)$ 在 $z = \zeta$ 处有唯一极点, 那么我们可以找到任意两个非奇点 $z_0 \neq \zeta$ 和 $z_0' \neq \zeta$, 它们与 ζ 不共线, 因此在整个 z 平面上除了极点 $z = \zeta$ 外的任意给定点上, 两个广义泰勒级数中的至少一个在 $z = z_0$ 和 $z = z_0'$ 处收敛至 $f(z)$. 因此, 我们有以下定理:

定理 5.6 令 c_0 为复收敛控制参数, $A(q) = q$ 和 $B(q) = q$ 为两个形变函数, ζ 为复函数 $f(z)$ 的唯一极点, $z_0 \neq \zeta$ 和 $z_0' \neq \zeta$ 为两个非奇点. 如果 ζ, z_0 和 z_0' 不共线, 则对于整个平面上任意给定的 $z \neq \zeta$, 存在收敛控制参数 c_0 使得广义泰勒级数

$$f(z_0) + \lim_{m \to +\infty} \sum_{k=1}^{m} \left[\frac{f^{(k)}(z_0)}{k!}(z - z_0)^k\right] T_{m,k}(c_0, A, B)$$

和 (或)

$$f(z_0') + \lim_{m\to+\infty}\sum_{k=1}^{m}\left[\frac{f^{(k)}(z_0')}{k!}(z-z_0')^k\right] T_{m,k}(c_0,A,B)$$

中的至少一个收敛至 $f(z)$.

证明　任意选取两个与奇点不共线的非奇点 $z_0 \neq \zeta$ 和 $z_0' \neq \zeta$. 令 $z \neq \zeta$ 为 z 平面上的任意点. 如果 z 与 z_0 和 ζ 不共线, 则根据定理 5.5 , 存在收敛控参数 c_0 使得在 z_0 处的广义泰勒级数在 z 处收敛. 如果 z 与 z_0 和 ζ 共线, 那么 z 一定不与 z_0' 和 ζ 共线. 那么, 根据定理 5.5, 存在收敛控制参数 c_0' 使得在 z_0' 处的广义泰勒级数在 z 处收敛.

证毕. □

定理 5.7　令 c_0 为收敛控制参数, $A(q)$ 和 $B(q)$ 为形变函数, 其 Maclaurin 级数 $A(q)=\sum\limits_{k=1}^{+\infty} a_k\, q^k$ 和 $B(q)=\sum\limits_{k=1}^{+\infty} b_k\, q^k$ 在 $q=1$ 时收敛, 即

$$\sum_{k=1}^{+\infty} a_k = 1,\quad \sum_{k=1}^{+\infty} b_k = 1.$$

如果 $|1+c_0|<1$, 则对于任意的有限整数 $k\geqslant 1$, 有

$$\lim_{m\to+\infty} T_{m,k}(c_0,A,B) = 1. \tag{5.21}$$

证明　根据 $T_{m,k}(c_0,A,B)$ 的定义, 有

$$\begin{aligned}
&\lim_{m\to+\infty} T_{m,k}(c_0,A,B)\\
=&\lim_{m\to+\infty}(-c_0)^k\sum_{n=0}^{m-k}\sum_{r=0}^{n}\binom{k+r-1}{r}(1+c_0)^r\sum_{s=0}^{n-r}\bar{a}_{k,k+s}\bar{b}_{r,n-s}\\
=&(-c_0)^k\sum_{n=0}^{+\infty}\sum_{r=0}^{n}\binom{k+r-1}{r}(1+c_0)^r\sum_{s=0}^{n-r}\bar{a}_{k,k+s}\bar{b}_{r,n-s}\\
=&(-c_0)^k\sum_{r=0}^{+\infty}\sum_{n=r}^{+\infty}\binom{k+r-1}{r}(1+c_0)^r\sum_{s=0}^{n-r}\bar{a}_{k,k+s}\bar{b}_{r,n-s}\\
=&(-c_0)^k\sum_{r=0}^{+\infty}\binom{k+r-1}{r}(1+c_0)^r\sum_{n=r}^{+\infty}\sum_{s=0}^{n-r}\bar{a}_{k,k+s}\bar{b}_{r,n-s}.
\end{aligned}$$

由于

$$\sum_{n=r}^{+\infty}\sum_{s=0}^{n-r}\bar{a}_{k,k+s}\bar{b}_{r,n-s} = \sum_{s=0}^{+\infty}\sum_{n=r+s}^{+\infty}\bar{a}_{k,k+s}\bar{b}_{r,n-s}$$

$$= \sum_{m=k}^{+\infty}\sum_{j=r}^{+\infty} \bar{a}_{k,m}\bar{b}_{r,j} = \left(\sum_{m=k}^{+\infty}\bar{a}_{k,m}\right)\left(\sum_{j=r}^{+\infty}\bar{b}_{r,j}\right) = \left(\sum_{m=1}^{+\infty}a_m\right)^k\left(\sum_{j=1}^{+\infty}b_j\right)^r = 1,$$

由 $|1+c_0|<1$, 有

$$\sum_{r=0}^{+\infty}\begin{pmatrix}k+r-1\\ r\end{pmatrix}(1+c_0)^r = [1-(1+c_0)]^{-k} = (-c_0)^{-k}.$$

因此, 我们得到

$$\lim_{m\to+\infty} T_{m,k}(c_0,A,B) = (-c_0)^k\sum_{r=0}^{+\infty}\begin{pmatrix}k+r-1\\ r\end{pmatrix}(1+c_0)^r = (-c_0)^k(-c_0)^{-k} = 1.$$

证毕. □

根据定理 5.7, 对于任意的有限整数 $k\geqslant 1$, 有

$$\lim_{m\to+\infty}\frac{f^{(k)}(z_0)}{k!}(z-z_0)^k\,T_{m,k}(c_0,A,B) = \frac{f^{(k)}(z_0)}{k!}(z-z_0)^k.$$

因此, 广义泰勒级数的前 M 项 (其中 M 是任意有限正数) 与传统泰勒级数相应的前 M 项相同. 然而, 如上所述, 广义泰勒级数在比传统泰勒级数大得多的域内收敛. 这是为什么呢? 问题的关键是定理 5.7 只对有限正整数 k 成立. 众所周知, 级数

$$a_0 + a_1\,t + a_2\,t^2 + \cdots + a_m\,t^m + \cdots$$

的收敛性取决于 $m\to+\infty$ 时, 其项 a_m 的性质, 即上述级数的收敛半径由

$$\lim_{m\to+\infty}\left|\frac{a_m}{a_{m+1}}\right|$$

确定. 因此, 收敛控制参数 c_0 和形变函数极大地改进了广义泰勒级数在无穷远处的性质, 从而极大地扩大了其收敛区域.

最后, 我们从另一个角度解释了 $f(z)$ 的广义泰勒级数的收敛性, 即

$$\sum_{k=0}^{+\infty}\Gamma_k(z)\,T_{m,k}(c_0,A,B),$$

其中

$$\Gamma_k(z) = \frac{f^{(k)}(z_0)}{k!}\,(z-z_0)^k$$

可以被收敛控制参数 c_0 和形变函数 $A(q)$ 和 $B(q)$ 极大地改进. 将

$$P^* = (\Gamma_0(z), \Gamma_1(z), \Gamma_2(z), \Gamma_3(z), \cdots)$$

视为无限维空间 $\mathbf{R}^\infty$ (例如, 希尔伯特空间) 中的一点. 然后, $f(z)$ 的传统泰勒级数, 即

$$\sum_{k=0}^{+\infty}\Gamma_k(z)$$

对应于一个极限, 它沿着如下的传统路径趋向于点 $P^*\in\mathbf{R}^\infty$:

$$\begin{aligned}
&(\Gamma_0(z),0,0,0,0,\cdots) &&\in\mathbf{R}^\infty\ ,\\
&(\Gamma_0(z),\Gamma_1(z),0,0,0,\cdots) &&\in\mathbf{R}^\infty\ ,\\
&(\Gamma_0(z),\Gamma_1(z),\Gamma_2(z),0,0,\cdots) &&\in\mathbf{R}^\infty\ ,\\
&(\Gamma_0(z),\Gamma_1(z),\Gamma_2(z),\Gamma_3(z),0,\cdots) &&\in\mathbf{R}^\infty\ ,\\
&\quad\vdots
\end{aligned}$$

根据定理 5.7, 广义泰勒级数

$$\sum_{k=0}^{+\infty}\Gamma_k(z)\ T_{m,k}(c_0,A,B)$$

与传统泰勒级数

$$\sum_{k=0}^{+\infty}\Gamma_k(z)$$

对应于同一点 $P^*\in\mathbf{R}^\infty$. 然而, 广义泰勒级数对应于一系列极限, 这些极限沿着不同的路径趋向于同一点 $P^*\in\mathbf{R}^\infty$, 这些路径取决于收敛控制参数 c_0 和两个形变函数 $A(q)$ 和 $B(q)$, 即

$$\begin{aligned}
&(\Gamma_0(z)\ T_{0,0}(c_0,A,B),0,0,0,0,\cdots) &&\in\mathbf{R}^\infty\ ,\\
&(\Gamma_0(z)\ T_{1,0}(c_0,A,B),\Gamma_1(z)\ T_{1,1}(c_0,A,B),0,0,0,\cdots) &&\in\mathbf{R}^\infty\ ,\\
&(\Gamma_0(z)\ T_{2,0}(c_0,A,B),\Gamma_1(z)\ T_{2,1}(c_0,A,B),\Gamma_2(z)\ T_{2,2}(c_0,A,B),0,0,\cdots) &&\in\mathbf{R}^\infty\ ,\\
&\quad\vdots
\end{aligned}$$

众所周知, 具有多个变量的函数极限对于不同的近似路径可能是完全不同的. 例如, 如果我们沿着不同的近似路径 $y=\alpha x$ 获得极限, 那么极限

$$\lim_{(x,y)\to(0,0)}\frac{\sqrt{x^2+y^2}}{|x|}=\sqrt{1+\alpha^2}$$

取决于任意实数 α. 这也正是当 c_0 从上方沿着圆 $|1+c_0|=1$ 趋于零时, 在 $z=\zeta$ 处具有唯一极点的复函数 $f(z)$ 的广义泰勒级数的收敛区域在整个半平

面 $\text{Im}(\eta) < 0$ 内收敛至 $f(z)$, 而当 c_0 从下方沿着圆 $|1+c_0| = 1$ 趋于零时, 其在整个半平面 $\text{Im}(\eta) > 0$ 内收敛至 $f(z)$ 的原因.

所有这些都在理论上表明, 通过引入非零辅助参数 c_0 (称为收敛控制参数), 级数的收敛性确实可以得到极大地改进. 这很好地解释了为什么同伦分析方法框架中的收敛控制参数 c_0 可以保证同伦级数的收敛性. 注意, 广义泰勒级数依赖于收敛控制参数 c_0 和两个形变函数 $A(q)$ 和 $B(q)$, 尽管上述大多数定理是针对最简单的形变函数 $A(q) = B(q) = q$ 给出的. 还要注意的是, 收敛控制参数甚至可以是 z 平面 $|1+c_0| < 1$ 上的复数, 并且两个形变函数 $A(q)$ 和 $B(q)$ 也可以是复函数! 显然, 采用更好的形变函数, 我们很有可能得到广义泰勒级数更大的收敛区域. 类似地, 在同伦分析方法框架中, 我们有极大的自由度, 不仅可以选择收敛控制参数 c_0, 还可以选择初始近似、辅助线性算子和形变函数来构造不同类型的零阶形变方程. 因此, 同伦分析方法为我们提供了更多的自由度来控制和调节同伦级数的收敛性.

最后, 我们指出收敛控制是同伦分析方法的一个重要概念. 这里, 我们证明了无穷级数的收敛确实可以通过非零辅助参数 c_0 来控制和调节. 这在理论上为同伦分析方法奠定了基石.

5.3 同伦变换

对于级数 $\sum\limits_{k=0}^{+\infty} u_k$, 记数列 $s_n = \sum\limits_{k=0}^{n} u_k$. 由于 Agnew[230] 的定义, 数列 $\{s_n\}$ 的欧拉变换 (用 $\mathcal{E}(\lambda)$ 表示) 是由下式定义的数列 $\{w_n\}$

$$w_n = \sum_{k=0}^{n} \binom{n}{k} \lambda^k \,(1-\lambda)^{n-k}\, s_k. \tag{5.22}$$

欧拉变换由瑞士数学家 Leonhard Euler (1707—1783) 提出. 现今, 该变换被广泛应用于加速数列的收敛, 甚至使发散级数收敛.

采用由 (5.6) 和 (5.7)—(5.9) 定义的 $T_{m,k}(c_0, A, B)$, 廖世俊 [243] 定义了数列的一个新变换, 称为同伦变换, 并证明了其在逻辑上包含欧拉变换 $\mathcal{E}(\lambda)$.

定义 5.3 令 $c_0 \neq 0$ 为收敛控制参数, $A(q)$ 和 $B(q)$ 为两个形变函数, 其 Maclaurin 级数 $A(q) = \sum\limits_{k=1}^{+\infty} a_k\, q^k$ 和 $B(q) = \sum\limits_{k=1}^{+\infty} b_k\, q^k$ 在 $q=1$ 时收敛使得 $\sum\limits_{k=1}^{+\infty} a_k = 1$ 且 $\sum\limits_{k=1}^{+\infty} b_k = 1$. 所谓的同伦变换, 用 $\mathcal{H}(c_0, A, B)$ 表示, 级数 $\sum\limits_{k=0}^{+\infty} u_k$

的同伦变换是由下式定义的数列 $\{\mu_n\}$

$$\mu_n = u_0 + \sum_{k=1}^{n} u_k \, T_{n,k}(c_0, A, B) \tag{5.23}$$

给出, 其中 $T_{n,k}(c_0, A, B)$ 由 (5.6) 根据定义 (5.7)—(5.9) 给出. 当 $n \to +\infty$ 时, 如果 μ_n 趋于有界值, 则级数 $\sum\limits_{k=0}^{+\infty} u_k$ 可通过同伦变换 $\mathcal{H}(c_0, A, B)$ 求和.

引理 5.2 令 c_0 为收敛控制参数. 如果 $A(q) = B(q) = q$, 则

$$T_{m,k}(c_0, A, B) = \mu_0^{m,k}(c_0), \quad k \geqslant m, \tag{5.24}$$

其中 $T_{m,k}(c_0, A, B)$ 由 (5.6) 和 (5.7)—(5.9) 定义, $\mu_0^{m,k}(c_0)$ 由

$$\mu_0^{m,k}(c_0) = (-c_0)^k \sum_{n=0}^{m-k} \binom{n+k-1}{n} (1+c_0)^n, \quad m \geqslant k \geqslant 1 \tag{5.25}$$

定义.

(2.82) 给出了相同的定义.

证明 当 $A(q) = B(q) = q$ 时, 根据定义 (5.7)—(5.9), 有

$$\bar{a}_{m,n} = \bar{b}_{m,n} = \begin{cases} 1, & m = n, \\ 0, & n > m. \end{cases}$$

然后, 根据定义 (5.6) 和 (5.25), 对于 $m \geqslant k \geqslant 1$, 有

$$\begin{aligned} T_{m,k}(c_0, A, B) &= (-c_0)^k \sum_{n=0}^{m-k} \sum_{r=0}^{n} \binom{k+r-1}{r} (1+c_0)^r \, \bar{a}_{k,k} \, \bar{b}_{r,n} \\ &= (-c_0)^k \sum_{n=0}^{m-k} \binom{k+n-1}{n} (1+c_0)^r \, \bar{a}_{k,k} \, \bar{b}_{n,n} \\ &= (-c_0)^k \sum_{n=0}^{m-k} \binom{k+n-1}{n} (1+c_0)^r \\ &= \mu_0^{m,k}(c_0). \end{aligned}$$

证毕. □

定理 5.8 对于级数 $\sum\limits_{k=0}^{+\infty} u_k$, 记数列 $s_n = \sum\limits_{k=0}^{n} u_k$. 令 λ 为复数, c_0 为收敛控制参数. 如果 $A(q) = B(q) = q$, $c_0 = -\lambda$, 则数列 $\{s_n\}$ 的欧拉变换 $\mathcal{E}(\lambda)$ 与级数 $\sum\limits_{k=0}^{+\infty} u_k$ 的同伦变换 $\mathcal{H}(c_0, A, B)$ 相同.

证明 由于 Agnew [230] 对欧拉变换 $\mathcal{E}(\lambda)$ 的定义 (5.22), 所以由数列 $\{s_n\}$ 的欧拉变换得到的数列 $\{\bar{\mu}_m\}$ 为

$$\begin{aligned}\bar{\mu}_m &= \sum_{k=0}^{m} \binom{m}{k} \lambda^k (1-\lambda)^{m-k} s_k \\ &= \sum_{k=0}^{m} \binom{m}{k} \lambda^k (1-\lambda)^{m-k} \sum_{n=0}^{k} u_n \\ &= \sum_{n=0}^{m} u_n \sum_{k=n}^{m} \binom{m}{k} \lambda^k (1-\lambda)^{m-k} \\ &= u_0 \sum_{k=0}^{m} \binom{m}{k} \lambda^k (1-\lambda)^{m-k} + \sum_{n=1}^{m} u_n \sum_{k=n}^{m} \binom{m}{k} \lambda^k (1-\lambda)^{m-k},\end{aligned}$$

由于

$$\sum_{k=0}^{m} \binom{m}{k} \lambda^k (1-\lambda)^{m-k} = [\lambda + (1-\lambda)]^m = 1,$$

所以

$$\bar{\mu}_m = u_0 + \sum_{n=1}^{m} u_n \sum_{k=n}^{m} \binom{m}{k} \lambda^k (1-\lambda)^{m-k}. \tag{5.26}$$

根据引理 5.2, 当 $A(q) = B(q) = q$ 时, $T_{m,n}(c_0, A, B) = \mu_0^{m,n}(c_0)$. 因此, 根据定义 (5.25), 当 $c_0 = -\lambda$, $A(q) = B(q) = q$ 时, 由同伦变换 $\mathcal{H}(c_0, A, B)$ 得到的数列 $\{\mu_m\}$ 为

$$\mu_m = u_0 + \sum_{n=1}^{m} u_n\, \mu_0^{m,n}(-\lambda) = u_0 + \sum_{n=1}^{m} u_n\, \lambda^n \sum_{k=0}^{m-n} \binom{n+k-1}{k} (1-\lambda)^k. \tag{5.27}$$

令 $\bar{\mu}_m = \mu_m$, 并将 (5.26) 和 (5.27) 进行比较, 仍需证明

$$\lambda^n \sum_{k=0}^{m-n} \binom{n+k-1}{k} (1-\lambda)^k = \sum_{k=n}^{m} \binom{m}{k} \lambda^k (1-\lambda)^{m-k}, \quad 1 \leqslant n \leqslant m. \tag{5.28}$$

当 $1 \leqslant n \leqslant m$ 时, 有

$$\lambda^n \sum_{k=0}^{m-n} \binom{n+k-1}{k} (1-\lambda)^k$$

$$
\begin{aligned}
&= \lambda^n \sum_{k=0}^{m-n} \binom{n+k-1}{k} \sum_{r=0}^{k} \binom{k}{r} (-\lambda)^r \\
&= \sum_{r=0}^{m-n} (-\lambda)^{n+r} (-1)^n \sum_{k=r}^{m-n} \binom{n+k-1}{k} \binom{k}{r},
\end{aligned} \tag{5.29}
$$

且

$$
\begin{aligned}
&\sum_{k=n}^{m} \binom{m}{k} \lambda^k (1-\lambda)^{m-k} \\
&= \sum_{k=n}^{m} \binom{m}{k} \lambda^k \sum_{r=0}^{m-k} \binom{m-k}{r} (-\lambda)^r \\
&= \sum_{k=n}^{m} \binom{m}{k} (-1)^k \sum_{r=0}^{m-k} \binom{m-k}{r} (-\lambda)^{k+r} \\
&= \sum_{k=0}^{m-n} \binom{m}{k+n} (-1)^{k+n} \sum_{r=0}^{m-n-k} \binom{m-n-k}{r} (-\lambda)^{n+k+r} \\
&= \sum_{s=0}^{m-n} (-\lambda)^{n+s} (-1)^n \sum_{k=0}^{s} (-1)^k \binom{m}{k+n} \binom{m-n-k}{s-k} \\
&= \sum_{r=0}^{m-n} (-\lambda)^{n+r} (-1)^n \sum_{k=0}^{r} (-1)^k \binom{m}{k+n} \binom{m-n-k}{r-k} \\
&= \sum_{r=0}^{m-n} (-\lambda)^{n+r} (-1)^n \sum_{k=0}^{r} (-1)^k \binom{m}{m-n-r} \binom{r+n}{k+n},
\end{aligned} \tag{5.30}
$$

其中我们使用了这样一个公式

$$
\binom{m}{k+n} \binom{m-k-n}{r-k} = \binom{m}{m-n-r} \binom{r+n}{k+n},
$$

其在相关范围内成立. 因此, 通过 (5.28), (5.29) 和 (5.30), 仍需证明

$$
\sum_{k=r}^{m-n} \binom{n+k-1}{k} \binom{k}{r} = \sum_{k=0}^{r} (-1)^k \binom{m}{m-n-r} \binom{r+n}{k+n}, \tag{5.31}
$$

其中 $1 \leqslant n \leqslant m$. 注意, 当 $n \geqslant 1$ 且 x 足够小时,

$$
\sum_{r=0}^{+\infty} x^r \binom{n+r-1}{r} = (1-x)^{-n}
$$

和

$$
\begin{aligned}
&\sum_{r=0}^{+\infty} x^r \sum_{k=0}^{r} (-1)^k \binom{r+n}{k+n} \\
=& \sum_{k=0}^{+\infty} (-1)^k \sum_{r=k}^{+\infty} \binom{r+n}{k+n} x^r = \sum_{k=0}^{+\infty} (-1)^k\, x^k \sum_{r=0}^{+\infty} \binom{r+k+n}{k+n}\, x^r \\
=& \sum_{k=0}^{+\infty} (-1)^k\, x^k\, (1-x)^{-n-k-1} = (1-x)^{-n-1} \sum_{k=0}^{+\infty} (-1)^k\, x^k\, (1-x)^{-k} \\
=& (1-x)^{-n}
\end{aligned}
$$

成立, 进而有

$$
\binom{n+r-1}{r} = \sum_{k=0}^{r} (-1)^k \binom{r+n}{k+n}. \tag{5.32}
$$

根据 (5.31) 和 (5.32), 仍需证明

$$
\sum_{k=r}^{m-n} \binom{n+k-1}{k} \binom{k}{r} = \binom{m}{m-n-r} \binom{n+r-1}{r}.
$$

需要注意的是,

$$
\begin{aligned}
&\sum_{k=r}^{m-n} \binom{n+k-1}{k} \binom{k}{r} \\
=& \sum_{k=0}^{m-n-r} \binom{n+k+r-1}{k+r} \binom{k+r}{r} \\
=& \sum_{k=0}^{m-n-r} \frac{(k+r+n-1)!}{(n-1)!\, k!\, r!} \\
=& \binom{n+r-1}{r} \sum_{k=0}^{m-n-r} \binom{n+k+r-1}{k},
\end{aligned}
$$

这表明

$$
\binom{m}{m-n-r} = \sum_{k=0}^{m-n-r} \binom{n+k+r-1}{k}.
$$

令 $i=n+r$, 上述表达式为

$$
\binom{m}{m-i} = \sum_{k=0}^{m-i} \binom{k+i-1}{k} = \sum_{k=0}^{m-i} \binom{k+i-1}{i-1} = \sum_{j=i-1}^{m-1} \binom{j}{i-1}.
$$

为证明上式, 可采用数学手册 [229] 中的公式

$$\sum_{j=n}^{N}\binom{j}{n}=\binom{N+1}{n+1},$$

在上式中令 $N=m-1$, $n=i-1$, 则有

$$\sum_{j=r-1}^{m-1}\binom{j}{i-1}=\binom{m}{i}=\binom{m}{m-i}.$$

证毕. □

备注 5.1 根据定理 5.8, 当 $c_0=-\lambda$, $A(q)=B(q)=q$ 时, 欧拉变换 $\mathcal{E}(\lambda)$ 只是由 (5.23) 定义的所谓同伦变换 $\mathcal{H}(c_0,A,B)$ 的特例, 对应于 $a_1=b_1=1$ 和 $k>1$ 时的 $a_k=b_k=0$.

这里, 我们要着重强调两点. 首先, 欧拉变换 $\mathcal{E}(\lambda)$ 只是同伦变换 $\mathcal{H}(c_0,A,B)$ 的特例. 因此, 同伦变换更为普遍. 其次, 欧拉变换被广泛用于加速级数的收敛或使发散级数收敛. 因此, 同伦变换 $\mathcal{H}(c_0,A,B)$ 提供了一种新的但更一般的方法来加速级数的收敛或使发散级数收敛.

5.4 同伦分析方法与欧拉变换的关系

非常有趣的是, (5.23) 定义的同伦变换 $\mathcal{H}(c_0,A,B)$ 可以在同伦分析方法的框架中得到, 如廖世俊 [243] 所示.

为了说明这一点, 我们在这里考虑非线性常微分方程

$$u'(z)+u(z)\left[1-\frac{1}{2}u(z)\right]=0, \qquad u(0)=1, \tag{5.33}$$

其中 $'$ 表示对 z 的导数. 该方程有封闭解 $u(z)=2/(1+e^z)$.

令 $c_0\neq 0$ 为收敛控制参数, $q\in[0,1]$ 为同伦参数, $\alpha(q)$ 和 $\beta(q)$ 为两个形变函数, 其满足

$$\alpha(0)=\beta(0)=0,\ \alpha(1)=\beta(1)=1, \tag{5.34}$$

且它们的 Maclaurin 级数 $\alpha(q)=\sum\limits_{k=1}^{+\infty}\alpha_k\, q^k$ 和 $\beta(q)=\sum\limits_{k=1}^{+\infty}\beta_k\, q^k$ 在 $q=1$ 处收敛. 选取初始近似 $u_0(z)=1$ 和辅助线性算子 $\mathcal{L}(u)=u'$, 并定义非线性算子

$$\mathcal{N}(u)=\frac{du}{dz}+u\left(1-\frac{1}{2}u\right). \tag{5.35}$$

然后, 构造零阶形变方程

$$[1-\alpha(q)]\,\mathcal{L}[\tilde{u}(z;q)-u_0(z)] = c_0\,\beta(q)\,\mathcal{N}[\tilde{u}(z;q)], \quad \tilde{u}(0;q)=1. \tag{5.36}$$

m 阶同伦近似为

$$u(z) \approx u_0(z) + \sum_{m=1}^{m} u_m(z), \tag{5.37}$$

其中 $u_m(z)$ 由 m 阶形变方程

$$\mathcal{L}\left[u_m(z) - \sum_{k=1}^{m-1}\alpha_k\, u_{m-k}(z)\right] = c_0 \sum_{k=1}^{m-1}\beta_{m-k}\,\delta_{k-1}(z), \quad u_m(0)=0 \tag{5.38}$$

控制, 且有如下定义

$$\delta_n(z) = \mathcal{D}_n\left\{\mathcal{N}\left[\tilde{u}(z;q)\right]\right\} = u_n'(z) + u_n(z) - \frac{1}{2}\sum_{k=0}^{n} u_k(z)\, u_{n-k}(z). \tag{5.39}$$

值得注意的是, 我们有很大的自由来选取零阶形变方程 (5.36) 中的形变函数 $\alpha(q)$ 和 $\beta(q)$. 令 $A(q)$ 和 $B(q)$ 为两个满足 $A(0)=B(0)=0$ 和 $A(1)=B(1)=1$ 的形变函数, 其 Maclaurin 级数 $A(q)=\sum\limits_{k=1}^{+\infty} a_k\, q^k$ 和 $B(q)=\sum\limits_{k=1}^{+\infty} b_k\, q^k$ 在 $q=1$ 时收敛, 即

$$\sum_{k=1}^{+\infty} a_k = 1, \quad \sum_{k=1}^{+\infty} b_k = 1.$$

为了推导所谓的同伦变换, 我们定义

$$\alpha(q) = B(q) + c_0[B(q)-A(q)] = \sum_{k=1}^{+\infty}\left[(1+c_0)\, b_k - c_0\, a_k\right]\, q^k,$$

$$\beta(q) = A(q) = \sum_{k=1}^{+\infty} a_k\, q^k,$$

即

$$\alpha_k = (1+c_0)\, b_k - c_0\, a_k, \qquad \beta_k = a_k.$$

然后, 由于 $u_0'(z)=0$, 零阶形变方程 (5.36) 变为

$$\begin{aligned}&[1-(1+c_0)\, B(q) + c_0\, A(q)]\frac{\partial \tilde{u}(z;q)}{\partial z}\\ &= c_0\, A(q)\left\{\frac{\partial \tilde{u}(z;q)}{\partial z} + \tilde{u}(z;q)\,\left[1-\frac{1}{2}\tilde{u}(z;q)\right]\right\},\end{aligned} \tag{5.40}$$

且对应的 m 阶 $(m \geqslant 1)$ 形变方程为

$$\frac{d}{dz}\left\{u_m(z) - \sum_{k=1}^{m-1}[(1+c_0)\,b_{m-k} - c_0\,a_{m-k}]\,u_k(z)\right\} = c_0\sum_{k=1}^{m-1} a_{m-k}\,\delta_{k-1}(z), \tag{5.41}$$

满足初始条件

$$u_m(0) = 0. \tag{5.42}$$

上述高阶形变方程的解为

$$\begin{aligned} u_m(z) = & \sum_{k=1}^{m-1}[(1+c_0)\,b_{m-k} - c_0\,a_{m-k}]u_k(z) \\ & + c_0\sum_{k=1}^{m-1} a_{m-k}\int_0^z\left[u_k'(z) + u_k(z) - \frac{1}{2}\sum_{i=0}^{k} u_i(z)\,u_{k-i}(z)\right]dx. \end{aligned} \tag{5.43}$$

因此, 利用初始近似 $u_0(z) = 1$ 和上述递推公式, 可得到 $u_1(z), u_2(z)$ 等. 我们发现, 相应的 m 阶近似为

$$u_0(z) + \sum_{k=1}^{m} u_k(z) = 1 + \sum_{k=1}^{m}\left(\gamma_k\ z^k\right)\ T_{m,k}(c_0, A, B), \tag{5.44}$$

其中 $T_{m,k}(c_0, A, B)$ 由 (5.6) 和 (5.7)—(5.9) 精确定义, 且 $1+\sum\limits_{k=1}^{+\infty}\gamma_k z^k$ 是 (5.33) 的封闭解 $u(z) = 2/(1+e^z)$ 的泰勒级数. 这确实是一个惊喜!

我们可以用另一种方法证明 (5.44) 的正确性. 注意, 零阶形变方程 (5.40) 可以改写为

$$\frac{1-(1+c_0)\ B(q)}{-c_0\ A(q)}\frac{\partial\tilde{u}(z;q)}{\partial z} + \tilde{u}(z;q)\left[1 - \frac{1}{2}\tilde{u}(z;q)\right] = 0, \tag{5.45}$$

即

$$\frac{d\tilde{u}}{d\bar{\tau}} + \tilde{u}\left(1 - \frac{1}{2}\tilde{u}\right) = 0, \tag{5.46}$$

其解在 $z = 0$ 时满足初始条件 $\tilde{u} = 1$, 恰好为

$$\tilde{u}(z;q) = \frac{2}{1+\exp(\bar{\tau})}, \tag{5.47}$$

其中

$$\bar{\tau} = \frac{-c_0\, A(q)\, z}{1-(1+c_0)\, B(q)}$$

是 $z_0 = 0$ 时 τ 的特例, 如 (5.11) 所定义. 类似地, 将 $\tilde{u}(z;q)$ 展开为 q 的 Maclaurin 级数, 然后令 $q=1$, 得到同伦级数

$$u(z) = \tilde{u}(z;1) = 1 + \lim_{m\to+\infty}\sum_{k=1}^{m}\left(\gamma_k\, z^k\right)\, T_{m,k}(c_0, A, B), \tag{5.48}$$

其中 $T_{m,k}(c_0, A, B)$ 由 (5.6) 和 (5.7)—(5.9) 精确定义, γ_k 是精确解 $u(z) = 2/(1+e^z)$ 的泰勒级数的系数.

因此, 在某些特殊情况下, §5.3 中描述的所谓同伦变换确实可以在同伦分析方法的框架中导出. 正如 §5.3 所证明的那样, 著名的欧拉变换 $\mathcal{E}(\lambda)$ 只是同伦变换 $\mathcal{H}(c_0, A, B)$ 在 $c_0 = -\lambda$ 和 $A(q) = B(q) = q$ 情况下的特例. 所以, 对于初始近似和辅助线性算子的一些特殊选择, $A(q) = B(q) = q$ 情况下的同伦分析方法有时等价于著名的欧拉变换.

由于欧拉变换被广泛应用于加速级数的收敛或使发散级数收敛, 因此上述事实从理论上解释了为什么由同伦分析方法给出的同伦级数的收敛性是可以保证的. 另一方面, 需要强调的是, 同伦分析方法比欧拉变换更普遍, 这是因为我们不仅有极大的自由度来选择不同类型的形变函数 $A(q)$ 和 $B(q)$, 而且还可以选择辅助线性算子 $\mathcal{L}$ 和初始近似. 注意, 对于所考虑的示例, 通过使用特殊的初始近似 $u_0(z) = 1$ 和特殊的辅助线性算子 $\mathcal{L}(u) = u'$, 在同伦分析方法的框架中得到由 (5.23) 定义的同伦变换 $\mathcal{H}(c_0, A, B)$. 然而, 利用同伦分析方法, 我们有很大的自由选择其他初始近似和其他辅助线性算子. 例如, 如果所考虑的简单的算例 (5.33) 选择辅助线性算子 $\mathcal{L}(u) = u' + \kappa u$ 和初始近似 $u_0(x) = \exp(-\kappa\, x)$, 其中 $\kappa > 0$ 为第二个辅助参数, 我们可以得到由以下指数基函数表示的近似

$$\{\exp(-\kappa x), \exp(-2\kappa x), \exp(-3\kappa x), \cdots\}.$$

显然, 这类同伦近似包含两个非零辅助参数 c_0 和 κ, 因此比只有一个辅助参数 λ 的欧拉变换 $\mathcal{E}(\lambda)$ 更为普遍.

欧拉变换被广泛用于加速数列的收敛, 甚至使发散级数收敛. 在本章中, 我们证明了著名的欧拉变换是同伦变换的特例, 它可以通过特殊的初始近似和辅助线性算子在同伦分析方法的框架中导出. 这在理论上进一步解释了为什么同伦分析方法可以保证同伦级数的收敛性, 以及为什么它对如此多的强非线性方程普遍有效.

5.5 本章小结

收敛控制是同伦分析方法中的一个关键概念: 正是收敛控制参数 c_0 为我们提供了一个简便的途径来控制和调节同伦级数的收敛性, 使得同伦分析方法即使对于强非线性问题也是有效的. 第二章通过引入非零辅助参数 c_0, 证明了实函数 $(1+z)^{-1}$ 的幂级数的收敛区域可以极大地扩大到除了奇点 $z=-1$ 外的整个实轴上. 在本章中, 我们进一步证明了这一观点. 注意, 复函数 $f(z)$ 的传统泰勒级数, 即

$$f(z_0)+\sum_{k=1}^{+\infty}\frac{f^{(k)}(z_0)}{k!}\,(z-z_0)^k$$

仅在圆

$$\left|\frac{z-z_0}{\zeta-z_0}\right|<1$$

内收敛, 其中 ζ 是 $f(z)$ 的唯一极点. 在 z 平面中, 传统泰勒级数的收敛区域在半径为 $r=|\zeta-z_0|$ 的圆内. 然而, 根据定理 5.5, 通过引入收敛控制参数 c_0, 广义泰勒级数

$$f(z_0)+\lim_{m\to+\infty}\sum_{k=1}^{m}\frac{f^{(k)}(z_0)}{k!}\,(z-z_0)^k\,T_{m,k}(c_0,A,B)$$

在除了半直线

$$\eta=\frac{z-z_0}{\zeta-z_0}>1$$

外的整个 z 平面内收敛至 $f(z)$. 图 5.7 给出了传统泰勒级数和广义泰勒级数的收敛区域的比较, 这清楚地表明, 通过引入非零辅助参数 c_0, 即收敛控制参数,

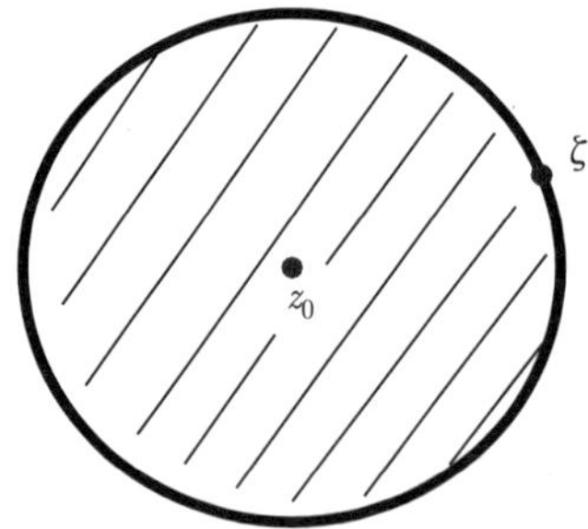

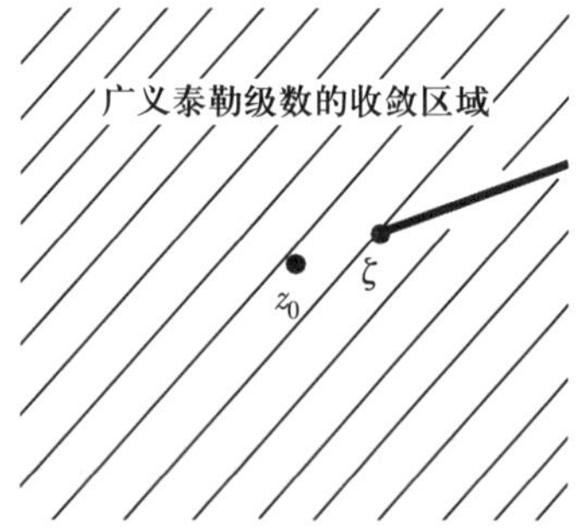

图 5.7 在 $z=\zeta$ 处具有唯一奇点的复函数 $f(z)$ 的传统泰勒级数和广义泰勒级数的收敛区域的比较

确实可以极大地扩大级数的收敛区域. 这很好地解释了为什么收敛控制参数 c_0 通常可以保证同伦级数在同伦分析方法框架内的收敛性. 更重要的是, 它在理论上为同伦分析方法的收敛控制概念提供了保障.

这种广义泰勒级数被进一步用于定义给定数列的同伦变换, 它没有必要是幂级数. 众所周知, 欧拉变换被广泛应用于加速数列收敛, 甚至使发散数列收敛. 然而, 我们证明了著名的欧拉变换只是同伦变换的一个特例. 此外, 我们还证明了同伦变换可以通过最简单的形变函数 $A(q) = B(q) = q$ 在同伦分析方法的框架中导出. 这从另一个角度解释了同伦分析方法可以保证级数解收敛性的原因. 此外, 这一事实也表明了同伦分析方法的普遍性和巨大的潜力.

需要注意的是, 与给定函数的泰勒级数和给定数列的欧拉变换不同, 同伦分析方法一般用于求解非线性微分方程. 因此, 同伦分析方法通过在非线性微分方程中引入收敛控制参数 c_0 和形变函数, 以保证级数解的收敛性. 还要注意的是, 同伦分析方法为我们提供了极大的自由度, 不仅可以自由选择收敛控制参数 c_0 和形变函数 $A(q)$ 和 $B(q)$, 还可以自由选择辅助线性算子 $\mathcal{L}$ 和初始近似. 因此, 同伦分析方法比欧拉变换更通用, 所以应该对科学和工程中更复杂的非线性问题有效.

总之, 本章中给出的数学证明为同伦分析方法框架中收敛控制这一重要概念提供了基石, 并很好地解释了同伦分析方法对于科学和工程中许多强非线性问题通常有效的原因.

致谢

衷心感谢 Graham Little 博士 (英国曼彻斯特大学数学系) 的启发性建议和讨论.

参考文献

[229] Adams, E.P., Hippisley, C.R.L.: Smithsonian Mathematical Formulae Tables and Table of Elliptic Functions. Smithsonian Institute,Washington (1922).

[230] Agnew, R.P.: Euler transformations. Journal of Mathematics. **66**, 313–338 (1944).

[231] Li, Y.J., Nohara, B.T., Liao, S.J.: Series solutions of coupled Van der Pol equation by means of homotopy analysis method. J. Mathematical Physics **51**, 063517 (2010). doi:10.1063/1.3445770.

[232] Liao, S.J.: The Proposed Homotopy Analysis Technique for the Solution of Nonlinear Problems. PhD dissertation, Shanghai Jiao Tong University (1992).

[233] Liao, S.J.: A kind of approximate solution technique which does not depend upon small parameters (II) –An application in fluid mechanics. Int. J. Nonlin. Mech. **32**, 815–822 (1997).

[234] Liao, S.J.: An explicit, totally analytic approximation of Blasius viscous flow problems. Int. J. Nonlin. Mech. **34**, 759–778 (1999a).

[235] Liao, S.J.: A uniformly valid analytic solution of 2D viscous flow past a semi-infinite flat plate. J. Fluid Mech. **385**, 101–128 (1999b).

[236] Liao, S.J., Campo, A.: Analytic solutions of the temperature distribution in Blasius viscous flow problems. J. Fluid Mech. **453**, 411–425 (2002).

[237] Liao, S.J.: On the analytic solution of magnetohydrodynamic flows of non- Newtonian fluids over a stretching sheet. J. Fluid Mech. **488**, 189–212 (2003a).

[238] Liao, S.J.: Beyond Perturbation –Introduction to the Homotopy Analysis Method. Chapman & Hall/CRC Press, Boca Raton (2003b).

[239] Liao, S.J.: On the homotopy analysis method for nonlinear problems. Appl. Math. Comput. **147**, 499–513 (2004).

[240] Liao, S.J.: A new branch of solutions of boundary-layer flows over an impermeable stretched plate. Int. J. Heat Mass Tran. **48**, 2529–2539 (2005).

[241] Liao, S.J.: Series solutions of unsteady boundary-layer flows over a stretching flat plate. Stud. Appl. Math. **117**, 2529–2539 (2006).

[242] Liao, S.J.: Notes on the homotopy analysis method - Some definitions and theorems. Commun. Nonlinear Sci. Numer. Simulat. **14**, 983–997 (2009).

[243] Liao, S.J.: On the relationship between the homotopy analysis method and Euler transform. Commun. Nonlinear Sci. Numer. Simulat. **15**, 1421–1431 (2010a). doi:10.1016/j.cnsns.2009.06.008

[244] Liao, S.J.: An optimal homotopy-analysis approach for strongly nonlinear differential equations. Commun. Nonlinear Sci. Numer. Simulat. **15**, 2003–2016 (2010b).

[245] Liao, S.J., Tan, Y.: A general approach to obtain series solutions of nonlinear differential equations. Stud. Appl. Math. **119**, 297–355 (2007).

[246] Xu, H., Lin, Z.L., Liao, S.J., Wu, J.Z., Majdalani, J.: Homotopy-based solutions of the Navier-Stokes equations for a porous channel with orthogonally moving walls. Physics of Fluids. **22**, 053601 (2010). doi:10.1063/1.3392770.

第六章　基于同伦分析方法的一些方法

摘要

本章简要介绍了基于同伦分析方法 (HAM) 的一些解析和半解析方法，包括所谓的同伦摄动方法、最优同伦渐近方法、谱同伦分析方法、广义边界元方法以及广义比例边界有限元方法. 还揭示了这些方法和同伦分析方法之间的关系.

6.1　同伦分析方法简史

为了揭示同伦分析方法 [264, 265, 269, 270, 271, 272, 273] 与其他解析近似方法之间的关系，我们先简要描述了同伦分析方法的基本思想及其发展和完善的历史.

廖世俊 [264] 在其博士论文中首次描述了早期的同伦分析方法. 对于给定的非线性微分方程

$$\mathcal{N}[u(x)] = 0, \quad x \in \Omega,$$

其中 $\mathcal{N}$ 为非线性算子，$u(x)$ 为未知函数，廖世俊 [264] 利用拓扑 [282] 中同伦 [261] 的概念构造了嵌入变量 $q \in [0,1]$ 的单参数方程族，称为零阶形变方程

$$(1-q)\mathcal{L}\left[\phi(x;q) - u_0(x)\right] + q\,\mathcal{N}[\phi(x;q)] = 0, \quad x \in \Omega,\ q \in [0,1], \tag{6.1}$$

其中 $\mathcal{L}$ 为辅助线性算子, $u_0(x)$ 为初始猜测解. 理论上, 拓扑学 [282] 中的同伦 [261] 概念为我们提供了极大的自由度来选取辅助线性算子 $\mathcal{L}$ 和初始猜测解 $u_0(x)$. 当 $q=0$ 和 $q=1$ 时, 有 $\phi(x;0)=u_0(x)$ 和 $\phi(x;1)=u(x)$. 因此, 当嵌入变量 $q\in[0,1]$ 从 0 增加到 1 时, 零阶形变方程 (6.1) 的解 $\phi(x;q)$ 从初始猜测解 $u_0(x)$ 变化 (或形变) 到原始非线性方程 $\mathcal{N}[u(x)]=0$ 的精确解 $u(x)$. 这种连续变化在拓扑中被称为形变, 因此称 (6.1) 为零阶形变方程. 由于 $\phi(x;q)$ 也取决于嵌入变量 $q\in[0,1]$, 我们可以将其展开为关于 q 的 Maclaurin 级数

$$\phi(x;q)=u_0(x)+\sum_{n=1}^{+\infty}u_n(x)\,q^n, \tag{6.2}$$

称为同伦–Maclaurin 级数. 假设辅助线性算子 $\mathcal{L}$ 和初始猜测解 $u_0(x)$ 选取适当, 使得上述同伦–Maclaurin 级数在 $q=1$ 时收敛, 我们就得到了所谓的同伦级数解

$$u(x)=u_0(x)+\sum_{n=1}^{+\infty}u_n(x), \tag{6.3}$$

它满足原始控制方程 $\mathcal{N}[u(x)]=0$, 正如廖世俊 [270, 269] 所证明的那样.

零阶形变方程 (6.1) 可完全确定 $u_n(x)$ 的控制方程. 对 (6.1) 中的嵌入变量 q 求导 n 次, 然后除以 $n!$, 最后令 $q=0$, 我们得到了所谓的高阶形变方程

$$\mathcal{L}\left[u_n(x)-\chi_n\,u_{n-1}(x)\right]=-\mathcal{D}_{n-1}\left\{\mathcal{N}[\phi(x;q)]\right\}, \tag{6.4}$$

其中 $\chi_1=0$ 且当 $k\geqslant 2$ 时 $\chi_k=1$, $\mathcal{D}_k$ 是所谓的 k 阶同伦导数算子且由下式定义

$$\mathcal{D}_k=\frac{1}{k!}\frac{\partial^k}{\partial q^k}\bigg|_{q=0}. \tag{6.5}$$

需要注意的是, 高阶形变方程 (6.4) 总是与右端的已知项呈线性关系, 因此只要我们适当地选择辅助线性算子 $\mathcal{L}$, 方程就很容易求解.

遗憾的是, 上述早期的同伦分析方法不能保证非线性方程近似级数解的收敛性. 为了克服这一限制, 1997 年廖世俊 [265] 推广了同伦的概念, 并引入了非零辅助参数 c_0 来构造一个双参数方程族, 即零阶形变方程

$$(1-q)\mathcal{L}\left[\phi(x;q)-u_0(x)\right]=c_0\,q\,\mathcal{N}[\phi(x;q)],\quad x\in\Omega,\ q\in[0,1]. \tag{6.6}$$

这样, 同伦级数解 (6.3) 不仅依赖于物理变量 x, 还依赖于辅助参数 c_0. 虽然辅助参数 c_0 没有物理意义, 但其可调节和控制同伦级数解的收敛区域, 相关

证明可参考第五章. 在本质上, 辅助参数 c_0 的使用又为我们引入了一个"人工"自由度, 这显著地改进了早期的同伦分析方法: 正是辅助参数 c_0 为我们提供了一个简便的途径来确保同伦级数解的收敛性. 这就是我们称 c_0 为收敛控制参数的原因. 将 (6.6) 对嵌入变量 q 求导 n 次, 然后除以 $n!$, 最后令 $q = 0$, 得到高阶形变方程

$$\mathcal{L}\left[u_n(x) - \chi_n\, u_{n-1}(x)\right] = c_0\, \mathcal{D}_{n-1}\left\{\mathcal{N}[\phi(x;q)]\right\}, \tag{6.7}$$

需要注意的是, (6.1) 和 (6.4) 分别是 (6.6) 和 (6.7) 在 $c_0 = -1$ 时的特例.

收敛控制参数 c_0 的使用是同伦分析方法发展中的一个里程碑. 意识到更多的自由度意味着获得更好近似的可能性更大, 1999 年廖世俊 [269] 通过使用更一般形式的零阶形变方程, 进一步引入了更多的"人工"自由度:

$$[1-\alpha(q)]\mathcal{L}\left[\phi(x;q) - u_0(x)\right] = c_0\, \beta(q)\, \mathcal{N}[\phi(x;q)], \quad x \in \Omega,\ q \in [0,1], \tag{6.8}$$

其中 $\alpha(q)$ 和 $\beta(q)$ 为形变函数, 其满足

$$\alpha(0) = \beta(0) = 0, \alpha(1) = \beta(1) = 1, \tag{6.9}$$

且其泰勒级数

$$\alpha(q) = \sum_{m=1}^{+\infty} \alpha_m\, q^m, \quad \beta(q) = \sum_{m=1}^{+\infty} \beta_m\, q^m \tag{6.10}$$

对于 $|q| \leqslant 1$ 收敛.

事实上, 如廖世俊 [271, 270] 所述, 零阶形变方程 (6.8) 可以进一步推广. 因此, 同伦分析方法给出的近似级数可以包含许多未知的收敛控制参数, 这为保证同伦级数解的收敛提供了很大的可能性.

此外, 利用这些广义零阶形变方程, 廖世俊 [270] 证明了同伦分析方法在逻辑上包含了其他非摄动方法, 如 Lyapunov 人工小参数法 [275], Adomian 分解法 [251, 252], δ 展开法 [262] 等, 因此具有较强的通用性.

6.2 同伦摄动方法

1998 年, 在廖世俊 [264] 在其博士论文中提出早期同伦分析方法的六年后, 何吉欢 [259, 260] 发表了同伦摄动方法. 与早期同伦分析方法一样, 同伦摄动方法也基于构造同伦方程

$$(1-q)\mathcal{L}\left[\phi(x;q) - u_0(x)\right] + q\, \mathcal{N}[\phi(x;q)] = 0, \quad x \in \Omega,\ q \in [0,1], \tag{6.11}$$

这与零阶形变方程 (6.1) 完全相同. 与同伦分析方法一样, 解 $\phi(x;q)$ 也被展开为 Maclaurin 级数

$$\phi(x;q) = u_0(x) + \sum_{n=1}^{+\infty} u_n(x)\, q^n, \tag{6.12}$$

并通过令 $q=1$ 得到近似, 例如

$$u(x) = u_0(x) + \sum_{n=1}^{+\infty} u_n(x). \tag{6.13}$$

显然, (6.12) 和 (6.13) 分别与 (6.2) 和 (6.3) 完全相同. 同伦摄动方法与早期同伦分析方法之间的唯一区别是嵌入变量 $q \in [0,1]$ 在同伦摄动方法中被视为一个 "小参数", 因此将级数 (6.12) 代入 (6.11) 并将 q 的相同次幂的系数取等式, 可以得到 $u_n(x)$ 的控制方程.

然而, 2007 年 Hayat 和 Sajid [258] 证明, 将 Maclaurin 级数

$$\mathcal{N}[\phi(x;q)] = \sum_{n=0}^{+\infty} \mathcal{D}_n \left\{\mathcal{N}[\phi(x;q)]\right\}\, q^n$$

和级数 (6.12) 代入 (6.11) 中, 其中 $\mathcal{D}_n$ 由 (6.5) 定义, 并将 q 的相同次幂的系数取等式, 对于 $u_n(x)$ 可以得到

$$\mathcal{L}\left[u_n(x) - \chi_n\, u_{n-1}(x)\right] = -\mathcal{D}_{n-1}\left\{\mathcal{N}[\phi(x;q)]\right\}, \tag{6.14}$$

其与高阶形变方程 (6.4) 完全相同! 因此, 无论是否将嵌入参数 $q \in [0,1]$ 视为小参数, 都可以得到与早期同伦分析方法完全相同的近似.

这从数学的角度很容易理解: 同伦摄动方法基于 (6.11), 这与早期同伦分析方法的零阶形变方程 (6.1) 完全相同. 因此, 这两个方程有相同的解 $\phi(x;q)$. 根据微积分基本定理, 函数的 Maclaurin 级数是唯一的. 因此, 作为 $\phi(x;q)$ 的 Maclaurin 级数的系数, $u_n(x)$ 也是唯一的. 所以, $u_n(x)$ 必须由唯一的方程确定, 例如, (6.14) 与 (6.4) 完全相同.

遗憾的是, 与早期同伦分析方法一样, 同伦摄动方法无法保证近似的收敛性, 正如许多学者所报道的那样, 它仅适用于具有物理小参数的弱非线性问题. 例如, Abbasbandy [247] 通过求解非线性热传导方程

$$(1+\varepsilon u)u' + u = 0, \quad u(0) = 1,$$

比较了基于 (6.6) 改进后的同伦分析方法和同伦摄动方法, 其中 $'$ 表示对 t 的导数, $\varepsilon \geqslant 0$ 为物理参数. 利用具有辅助线性算子 $\mathcal{L}(u) = u' + u$ 和初始猜测解

$u_0(t) = \exp(-t)$ 的同伦摄动方法, 可得到如下近似

$$u'(0) = -1 + \varepsilon - \varepsilon^2 + \varepsilon^3 - \varepsilon^4 + \cdots,$$

其仅在 $0 \leqslant \varepsilon < 1$ 时收敛. 因此, Abbasbandy [247] 得出结论: "同伦摄动方法和摄动方法仅对小参数 ε 有效." 这表明, 与摄动方法一样, "同伦摄动方法" 本质上并不独立于物理小参数. Abbasbandy [247] 指出: "事实上, 在许多情况下, 摄动方法和同伦摄动方法得到的解是相同的." 然而, 使用基于 (6.6) 改进后的同伦分析方法, 其具有相同的辅助线性算子和相同的初始猜测解, 但具有不同的①收敛控制参数 $c_0 = -(1+\varepsilon)^{-1}$, Abbasbandy [247] 获得了 $u'(0)$ 的 1 阶同伦近似, 它对于所有物理参数 $0 \leqslant \varepsilon < +\infty$ 都是精确的. 因此, Abbasbandy [247] 得出结论: "同伦分析方法为我们提供了一个简便的途径来控制近似级数的收敛性, 这是同伦分析方法与其他解析方法的根本区别."

Ganji 等人 [257] 还利用了同伦摄动方法来求解以下微分方程

$$u_t + u_x = 2u_{xxt}, \qquad t > 0,\ -\infty < x < +\infty,$$

其满足初始条件

$$u(x,0) = \exp(-x),$$

其中下标表示求导. 这个问题有封闭解

$$u(x,t) = \exp(-x-t).$$

利用辅助线性算子 $\mathcal{L}(u) = u_t$ 和初始猜测解 $u_0(x,t) = \exp(-x)$, Ganji 等人 [257] 报道了同伦摄动方法给出的 "解析近似". 然而, Liang 和 Jeffrey [263] 重复了他们的工作并发现所谓的同伦摄动方法给出的近似 "对于除了 $t=0$ 以外的所有 x 和 t 均发散". 换句话说, 同伦摄动方法给出的结果在除了 $t=0$ 以外的整个区间

$$-\infty < x < +\infty, \quad t > 0$$

上是发散的, 然而它对应于已知的初始条件! Liang 和 Jeffrey [263] 的工作证实了 Abbansbandy [247] 的结论, 即同伦摄动方法不能保证近似的收敛性, 因此仅适用于弱非线性问题. 此外, Liang 和 Jeffrey [263] 还应用了基于 (6.6) 改进后的同伦分析方法来解决相同的问题: 采用相同的辅助线性算子和相同的初始猜测解, 他们通过收敛控制参数 $c_0 = -1$ 得到了发散级数, 这与 Ganji 的近似

① 同伦摄动方法实际上是同伦分析方法在 $c_0 = -1$ 时的特例.

完全相同; 然而, 当使用不同的收敛控制参数 $c_0 = +1$ 时, 他们获得了在整个区间 $-\infty < x < +\infty$ 和 $t \geqslant 0$ 上收敛至精确解 $\exp(-x-t)$ 的精确近似. Liang 和 Jeffrey [263] 也得出结论: 当 $c_0 = -1$ 时, "同伦摄动方法是同伦分析方法的特例", 并且 "研究近似级数的收敛性非常重要, 否则可能会得到无用的结果".

Turkyilmazoglu [285] 从收敛的角度比较了同伦分析方法和同伦摄动方法, 并得出结论 "盲目地使用同伦摄动方法会产生所寻找解的发散级数. 此外, 同伦摄动方法并不总是根据同伦参数生成连续的解族. 然而, 通过收敛控制参数, 可以防止这种情况在同伦分析方法中发生".

这些例子说明了所谓的 "同伦摄动方法" 与早期的同伦分析方法完全相同. 因此, 作为改进的同伦分析方法在 $c_0 = -1$ 时的特例, "同伦摄动方法" 确实没有带来任何新的东西. 此外, 它们还揭示了收敛控制参数 c_0 在理论上的重要性. 收敛控制参数 c_0 的使用是同伦分析方法发展历程中的一个里程碑: 收敛控制参数 c_0 为我们提供了一个简便的途径来保证级数解的收敛性, 从而使同伦分析方法在本质上独立于物理小 (大) 参数. 事实上, 正是收敛控制参数 c_0 使得同伦分析方法不同于其他所有解析近似方法.

6.3　最优同伦渐近方法

2007 年, Yabushita, Yamashita 和 Tsuboi [290] 首次利用控制方程平方残差的最小值来确定同伦分析方法框架内的最优收敛控制参数. 2008 年, Akyildiz 和 Vajravelu [253] 建议采用由控制方程平方残差的最小值确定的最优收敛控制参数.

2008 年, Marinca 和 Herişanu [276, 277] 基于同伦方程

$$(1-q)\mathcal{L}\left[\phi(x;q)-u_0(x)\right] = \left(\sum_{i=1}^{+\infty} c_i\, q^i\right) \mathcal{N}[\phi(x;q)],\quad x\in\Omega,\ q\in[0,1] \tag{6.15}$$

提出了最优同伦渐近方法, 其中 c_i $(i = 1, 2, 3, \cdots)$ 的最优值由控制方程平方残差的最小值确定. 令

$$E_m = \int \left\{\mathcal{N}\left[\sum_{n=0}^{m} u_n(x)\right]\right\}^2 dx$$

为控制方程 $\mathcal{N}[u(x)] = 0$ 在 m 阶近似下的平方残差. 然后, 必须求解一组非线性代数方程

$$\frac{\partial E_m}{\partial c_i} = 0, \qquad 1 \leqslant i \leqslant m \tag{6.16}$$

以获得 m 阶最优近似.

将

$$\alpha(q) = q,\ \ \beta(q) = \frac{1}{c_0}\sum_{i=1}^{+\infty} c_i\, q^i,\ \ c_0 = \sum_{i=1}^{+\infty} c_i$$

代入零阶形变方程 (6.8), 可得到与 (6.15) 完全相同的方程. 因此, Marinca 和 Herişanu 的方法 [276, 277] 在同伦分析方法的框架内有效. 然而, Marinca 和 Herişanu 的方法 [276, 277] 有趣的是: 只要 $\sum\limits_{i=1}^{+\infty} c_i$ 收敛至有界值, 就可将每个 c_i 视为收敛控制参数.

Marinca 和 Herişanu [276, 277] 提出的最优方法在理论上是严谨的. 然而, 随着近似阶数的增加, 未知收敛控制参数的数量呈线性增加, 因此, 正如 Niu 和 Wang [280] 所说明的那样, 在实际计算过程中求解与高阶最优近似相关的一组非线性代数方程变得非常耗时. 2010 年, 廖世俊 [272] 提出了最多只有三个收敛控制参数的最优同伦分析方法, 并说明了具有一个或两个收敛控制参数的最优同伦分析方法在计算上似乎是最有效的.

第三章基于零阶形变方程

$$(1-q)\mathcal{L}\left[\phi(x;q) - u_0(x)\right] = \left(\sum_{i=0}^{\kappa} c_i\, q^{i+1}\right) \mathcal{N}[\phi(x;q)],\ \ x\in\Omega,\ q\in[0,1] \tag{6.17}$$

提出了最优同伦分析方法, 其中 c_i 的最优值由 m 阶近似的平方残差 E_m 的最小值确定, 即

$$\frac{\partial E_m}{\partial c_i} = 0, \qquad 1 \leqslant i \leqslant \min\{m, \kappa\}. \tag{6.18}$$

当 $\kappa = 0$ 时, 上述最优同伦分析方法包含基本收敛控制参数 c_0, 而当 $\kappa \to +\infty$ 时, 其变为 Marinca 和 Herişanu 的方法 [276, 277].

6.4 谱同伦分析方法

2010 年, Motsa, Sibanda 和 Shateyi [278] 提出了 “谱同伦分析方法 (SHAM)”, 其利用切比雪夫伪谱方法求解线性高阶形变方程, 并根据 Don 和 Solomonoff [256] 描述的切比雪夫微分矩阵来选择辅助线性算子 $\mathcal{L}$.

例如, 要通过谱同伦分析方法 [278, 279] 在有限区间 $x \in [a, b]$ 上求解高阶

形变方程 (6.7), 可采用截断的切比雪夫多项式

$$u_n(x) = \sum_{k=0}^{M} a_k\, T_k(x)$$

来近似 $u_n(x)$, 其中 $T_k(x)$ 为 k 阶第一类切比雪夫多项式, 未知系数 a_k 由离散配置点和相关边界条件确定.

在理论上, 有界区间上的任何连续函数都可以用切比雪夫多项式进行最优近似. 因此, 谱同伦分析方法为选取辅助线性算子 $\mathcal{L}$ 和初始猜测解提供了更大的自由度. 谱同伦分析方法的基本思想可以推广到求解非线性偏微分方程. 此外, 在谱同伦分析方法的框架中使用最优收敛控制参数也很容易. 因此, 谱同伦分析方法在解决科学和工程中更复杂的非线性问题方面有很大的潜力, 尽管还需要进一步的理论完善和更多的应用.

切比雪夫多项式是一类特殊的函数. 还有许多其他特殊函数, 如 Hermite 多项式、Legendre 多项式、Airy 函数、Bessel 函数、Riemann Zeta 函数、超几何函数等. 由于同伦分析方法为我们提供了极大的自由度来选取辅助线性算子 $\mathcal{L}$ 和初始猜测解, 所以应该有可能开发一种 "广义谱同伦分析方法", 可以对给定的非线性问题使用适当的特殊函数.

6.5 广义边界元方法

本质上, 因为高阶形变方程总是线性的, 并且由辅助线性算子 $\mathcal{L}$ 控制, 所以同伦分析方法用无穷多个线性子问题来替代非线性问题. 如果适当选取初始猜测解和辅助线性算子 $\mathcal{L}$, 从而可以得到高阶形变方程的解析解, 则可以精确地得到解析同伦近似, 其收敛性通过选取适当的收敛控制参数得到保证. 然而, 很明显, 线性高阶形变方程可通过不同的数值方法来求解, 如有限差分方法 (FDM)、有限元方法 (FEM)、有限体积方法 (FVM) 和边界元方法 (BEM) 等. 因此, 理论上, 将同伦分析方法与先进的数值方法相结合是非常容易的. 由于数值方法对定义在相当复杂区域内的微分方程是有效的, 因此将同伦分析方法与数值方法相结合可以极大地拓宽同伦分析方法的应用领域.

例如, 廖世俊 [267, 268, 266] 在同伦分析方法的基础上提出了 "广义边界元方法". 传统的边界元方法通常适用于线性微分方程 $\mathcal{L}_0(u) = 0$, 其解可以通过边界上基本解的积分来表示. 考虑应用传统边界元方法求解非线性微分方程

$$\mathcal{L}_0(u) + \mathcal{N}_0(u) = 0,$$

其中 $\mathcal{L}_0(u)$ 和 $\mathcal{N}_0(u)$ 为控制方程的线性和非线性部分, 通常将该方程改写为 $\mathcal{L}_0(u) = -\mathcal{N}_0(u)$, 并将右端项视为已知项来使用迭代方法. 遗憾的是, 这种方法对线性算子 $\mathcal{L}_0$ 有很强的限制, 因此, 如果 $\mathcal{L}_0$ 的基本解未知, 或者 $\mathcal{L}_0$ 导数的最高阶数比控制方程导数的最高阶数低, 或者线性算子 $\mathcal{L}_0$ 根本不存在等, 这种方法就失效了. 然而, 同伦分析方法为我们选取辅助线性算子 $\mathcal{L}$ 提供了极大的自由度. 因此, 在同伦分析方法框架中, 我们总是可以选取合适的辅助线性算子 $\mathcal{L}$, 使得线性高阶形变方程可以用传统的边界元方法求解.

以这种方式将同伦分析方法与传统的边界元方法相结合, 许多非线性问题可以通过所谓的广义边界元方法来解决. 例如, Wu 和廖世俊 [289] 利用广义边界元方法 (BEM), 成功地得到了由精确的 Navier-Stokes 方程控制的、雷诺数高达 $R_e = 10,000$ 的驱动空腔黏性流动的收敛结果. 需要注意的是, 人们通常通过传统的边界元方法只得到 $R_e = 1000$ 的驱动空腔流动的收敛数值结果. 这表明了广义边界元方法的巨大潜力.

6.6 广义比例边界有限元方法

比例边界有限元方法 (SBFEM) 是由 Song 和 Wolf [283] 提出的一种在复杂区域内求解线性偏微分方程的新型半解析方法. 简而言之, 在比例边界有限元方法 [283, 286, 287, 288] 框架内, 首先引入一个比例边界坐标系, 然后在圆周方向上应用有限元的加权残差近似, 并将控制偏微分方程转化为径向上的常微分方程, 进而在径向上解析求解. 与边界元方法一样, 比例边界有限元方法只对域的边界进行离散化, 但不需要基本解. 因此, 这种半解析方法结合了有限元方法和边界元方法的优点.

传统的比例边界有限元方法被广泛应用于与弹性静力学和弹性动力学相关的问题, 特别是无界区域内的土 结构相互作用问题 [283, 286]. 最近, 比例边界有限元方法已被推广到流体流动问题中 [284]. 通过耦合有限元方法和比例边界有限元方法, Doherty 和 Deeks [255] 捕捉到了近场问题的非线性. 然而, 比例边界有限元方法仅精确模拟了线性弹性远场响应. 到目前为止, 传统的比例边界有限元方法求解的所有问题都由线性偏微分方程控制.

本质上, 因为高阶形变方程总是线性的, 所以同伦分析方法用无穷多个线性子问题替代非线性问题. 特别是, 同伦分析方法为我们选取辅助线性算子 $\mathcal{L}$ 提供了极大的自由度, 并可通过适当的收敛控制参数 c_0 来保证近似的收敛性. 因此, 林志良和廖世俊 [274] 利用传统的比例边界有限元方法求解线性高阶形变方程, 通过将同伦分析方法与传统的比例边界有限元方法相结合, 提出了所谓的“广义比例边界有限元方法”. 林志良和廖世俊 [274] 以非线性热传导问题为例, 说明了广义比例边界有限元方法对求解非线性偏微分方程的有效性.

自从电子计算机出现以来, 已经独立开发了数百种数值方法和解析方法. 然而, 基于解析方法和数值方法相结合的方法却少得多. 这种半解析方法可以结合解析方法的高精度和数值方法对复杂区域的灵活性的优点. 因此, 尽管广义比例边界有限元方法在理论上还需进一步完善, 在实际中还需要更多的应用, 但在未来仍有很大的发展潜力.

6.7 预测同伦分析方法

Abbasbandy [248] 和 Abbasbandy 和 Shivanian [249, 250] 提出了所谓的“预测同伦分析方法” (PHAM) 来预测非线性方程的多解. 利用“预测同伦分析方法”, 他们通过收敛控制参数 c_0 的不同值, 利用相同的辅助线性算子, 甚至相同的初始猜测解, 得到了一些非线性微分方程的多解. 正如 Abbasbandy 和 Shivanian [249] 所指出的那样, 这一特点使得同伦分析方法不同于其他解析方法, 这些解析方法用于近似一个解, 但可能会丢失其他解.

更多具体内容可参见 Abbasbandy [248] 和 Abbasbandy 和 Shivanian [249, 250].

参考文献

[247] Abbasbandy, S.: The application of the homotopy analysis method to nonlinear equations arising in heat transfer. Phys. Lett. A. **360**, 109–113 (2006).

[248] Abbasbandy, S., Magyari, E., Shivanian, E.: The homotopy analysis method for multiple solutions of nonlinear boundary value problems. Commun. Nonlinear Sci. Numer. Simulat. **14**, 3530–3536 (2009).

[249] Abbasbandy, S., Shivanian, E.: Prediction of multiplicity of solutions of nonlinear boundary value problems - Novel application of homotopy analysis method. Commun. Nonlinear Sci. Numer. Simulat. **15**, 3830–3846 (2010).

[250] Abbasbandy, S., Shivanian, E.: Predictor homotopy analysis method and its application to some nonlinear problems. Commun. Nonlinear Sci. Numer. Simulat. **16**, 2456–2468 (2011).

[251] Adomian, G.: Nonlinear stochastic differential equations. J. Math. Anal. Applic. **55**, 441–452 (1976).

[252] Adomian, G.: Solving Frontier Problems of Physics: The Decomposition Method. Kluwer Academic Publishers, Boston (1994).

[253] Akyildiz, F.T., Vajravelu, K.: Magnetohydrodynamic flow of a viscoelastic fluid. Phys. Lett. A. **372**, 3380–3384 (2008).

[254] Awrejcewicz, J., Andrianov, I.V., Manevitch, L.I.: Asymptotic Approaches in Nonlinear Dynamics. Springer, Berlin (1998).

[255] Doherty, J.P., Deeks, A.J.: Adaptive coupling of the finite-element and scaled boundary finite-element methods for non-linear analysis of unbounded media. Comput. Geotech. **32**, 436–444 (2005).

[256] Don, W.S., Solomonoff, A.: Accuracy and speed in computing the Chebyshev collocation derivative. SIAM J. Sci. Comput. **16**, 1253–1268 (1995).

[257] Ganji, D.D., Tari, H., Jooybari, M.B.: Variational iteration method and homotopy perturbation method for nonlinear evaluation equations. Comput. Math. Appl. **54**, 1018–1027 (2007).

[258] Hayat, T., Sajid, M.: On analytic solution for thin film flow of a fourth grade fluid down a vertical cylinder. Phys. Lett. A. **361**, 316–322 (2007).

[259] He, J.H.: An approximate solution technique depending upon an artificial parameter. Commun. Nonlinear Sci. Numer. Simulat. **3**, 92–97 (1998).

[260] He, J.H.: Homotopy perturbation technique. Comput. Method. Appl. M. **178**, 257–262 (1999).

[261] Hilton, P.J.: An Introduction to Homotopy Theory. Cambridge University Press, Cambridge (1953).

[262] Karmishin, A.V., Zhukov, A.T., Kolosov, V.G.: Methods of Dynamics Calculation and Testing for Thin-walled Structures (in Russian). Mashinostroyenie, Moscow (1990).

[263] Liang, S.X., Jeffrey, D.J.: Comparison of homotopy analysis method and homotopy perturbation method through an evalution equation. Commun. Nonlinear Sci. Numer. Simulat. **14**, 4057–4064 (2009).

[264] Liao, S.J.: The Proposed Homotopy Analysis Technique for the Solution of Nonlinear Problems. PhD dissertation, Shanghai Jiao Tong University (1992).

[265] Liao, S.J.: A kind of approximate solution technique which does not depend upon small parameters (II) - An application in fluid mechanics. Int. J. Nonlin. Mech. **32**, 815–822 (1997a).

[266] Liao, S.J.: General boundary element method for nonlinear heat transfer problems governed by hyperbolic heat conduction equation. Computational Mechanics. **20**, 397–406 (1997b).

[267] Liao, S.J.: Boundary element method for general nonlinear differential operators. Engineering Analysis with Boundary Elements. **20**, 91–99 (1997c).

[268] Liao, S.J.: Numerically solving nonlinear problems by the homotopy analysis method. Computational Mechanics. **20**, 530–540 (1997d).

[269] Liao, S.J.: An explicit, totally analytic approximation of Blasius viscous flow problems. Int. J. Nonlin. Mech. **34**, 759–778 (1999).

[270] Liao, S.J.: Beyond Perturbation - Introduction to the Homotopy Analysis Method. Chapman & Hall/CRC Press, Boca Raton (2003).

[271] Liao, S.J.: On the homotopy analysis method for nonlinear problems. Appl. Math. Comput. **147**, 499–513 (2004).

[272] Liao, S.J.: An optimal homotopy-analysis approach for strongly nonlinear differential equations. Commun. Nonlinear Sci. Numer. Simulat. **15**, 2003–2016 (2010).

[273] Liao, S.J., Tan, Y.: A general approach to obtain series solutions of nonlinear differential equations. Stud. Appl. Math. **119**, 297–355 (2007).

[274] Lin, Z.L., Liao, S.J.: The scaled boundary FEM for nonlinear problems. Commun. Nonlinear. Sci. Numer. Simulat. **16**, 63–75 (2011).

[275] Lyapunov, A.M.: General Problemon Stability of Motion (English translation). Taylor & Francis, London (1992).

[276] Marinca, V., Heris¸anu, N.: Application of optimal homotopy asymptotic method for solving nonlinear equations arising in heat transfer. Int. Commun. Heat Mass. **35**, 710–715 (2008).

[277] Marinca, V., Heris¸anu, N.: An optimal homotopy asymptotic method applied to the steady flow of a fourth-grade fluid past a porous plat. Appl. Math. Lett. **22**, 245–251 (2009).

[278] Motsa, S.S., Sibanda, P., Shateyi, S.: A new spectral homotopy analysis method for solving a nonlinear second order BVP. Commun. Nonlinear Sci. Numer. Simulat. **15**, 2293–2302 (2010a).

[279] Motsa, S.S., Sibanda, P., Auad, F.G., Shateyi, S.: A new spectral homotopy analysis method for the MHD Jeffery-Hamel problem. Computer & Fluids. **39**, 1219–1225 (2010b).

[280] Niu, Z., Wang, C.: A one-step optimal homotopy analysis method for nonlinear differential equations. Commun. Nonlinear Sci. Numer. Simulat. **15**, 2026–2036 (2010).

[281] Sajid, M., Hayat, T.: Comparison of HAM and HPM methods in nonlinear heat conduction and convection equations. Nonlinear Anal. B. **9**, 2296–2301 (2008).

[282] Sen, S.: Topology and Geometry for Physicists. Academic Press, Florida (1983).

[283] Song, C., Wolf, J.P.: The scaled boundary finite-element method - Alias consistent infinitesimal finite-element cell method for elastodynamics. Comput. Meth. Appl. Mech. Eng. **147**, 329–355 (1997).

[284] Tao, L., Song, H., Chakrabarti, S.: Scaled boundary FEM solution of short-crested wave diffraction by a vertical cylinder. Comput. Meth. Appl. Mech. Eng. **197**, 232–242 (2007).

[285] Turkyilmazoglu, M.: Some issues on HPM and HAM methods - A convergence scheme. Math. Compu. Modelling. **53**, 1929–1936 (2011).

[286] Wolf, J.P.: The scaled boundary finite-element method.Wiley, Chichester (2003).

[287] Wolf, J.P., Song, C.: The scaled boundary finite-element method - A primer: Derivation. Comput. Struct. **78**, 191–210 (2000).

[288] Wolf, J.P., Song, C.: The scaled boundary finite-element method - A fundamental solution-less boundary-element method. Comput. Meth. Appl. Mech. Eng. **190**, 5551–5568 (2001).

[289] Wu, Y.Y, Liao, S.J.: Solving high Reynolds-number viscous flows by the general BEM and domain decomposition method. Int. J. Numer. Methods in Fluids. **47**, 185–199 (2005).

[290] Yabushita, K., Yamashita, M., Tsuboi, K.: An analytic solution of projectile motion with the quadratic resistance law using the homotopy analysis method. J. Phys. A - Math. Theor. **40**, 8403–8416 (2007).

现代数学基础图书清单

序号	书号	书名	作者
1	9787040217179>	代数和编码（第三版）	万哲先 编著
2	9787040221749>	应用偏微分方程讲义	姜礼尚、孔德兴、陈志浩
3	9787040235975>	实分析（第二版）	程民德、邓东皋、龙瑞麟 编著
4	9787040226171>	高等概率论及其应用	胡迪鹤 著
5	9787040243079>	线性代数与矩阵论（第二版）	许以超 编著
6	9787040244656>	矩阵论	詹兴致
7	9787040244618>	可靠性统计	茆诗松、汤银才、王玲玲 编著
8	9787040247503>	泛函分析第二教程（第二版）	夏道行 等编著
9	9787040253177>	无限维空间上的测度和积分 —— 抽象调和分析（第二版）	夏道行 著
10	9787040257724>	奇异摄动问题中的渐近理论	倪明康、林武忠
11	9787040272611>	整体微分几何初步（第三版）	沈一兵 编著
12	9787040263602>	数论 I —— Fermat 的梦想和类域论	[日]加藤和也、黒川信重、斎藤毅著
13	9787040263619>	数论 II —— 岩泽理论和自守形式	[日]黒川信重、栗原将人、斎藤毅著
14	9787040380408>	微分方程与数学物理问题（中文校订版）	[瑞典]纳伊尔•伊布拉基莫夫 著
15	9787040274868>	有限群表示论（第二版）	曹锡华、时俭益
16	9787040274318>	实变函数论与泛函分析（上册，第二版修订本）	夏道行 等编著
17	9787040272482>	实变函数论与泛函分析（下册，第二版修订本）	夏道行 等编著
18	9787040287073>	现代极限理论及其在随机结构中的应用	苏淳、冯群强、刘杰 著
19	9787040304480>	偏微分方程	孔德兴
20	9787040310696>	几何与拓扑的概念导引	古志鸣 编著
21	9787040316117>	控制论中的矩阵计算	徐树方 著
22	9787040316988>	多项式代数	王东明 等编著
23	9787040319668>	矩阵计算六讲	徐树方、钱江 著
24	9787040319583>	变分学讲义	张恭庆 编著
25	9787040322811>	现代极小曲面讲义	[巴西] F. Xavier、潮小李 编著
26	9787040327113>	群表示论	丘维声 编著
27	9787040346756>	可靠性数学引论（修订版）	曹晋华、程侃 著
28	9787040343113>	复变函数专题选讲	余家荣、路见可 主编
29	9787040357387>	次正常算子解析理论	夏道行
30	9787040348347>	数论 —— 从同余的观点出发	蔡天新
31	9787040362688>	多复变函数论	萧荫堂、陈志华、钟家庆

续表

序号	书号	书名	作者
32	9787040361681	工程数学的新方法	蒋耀林
33	9787040345254	现代芬斯勒几何初步	沈一兵、沈忠民
34	9787040364729	数论基础	潘承洞 著
35	9787040369502	Toeplitz 系统预处理方法	金小庆 著
36	9787040370379	索伯列夫空间	王明新
37	9787040372526	伽罗瓦理论 —— 天才的激情	章璞 著
38	9787040372663	李代数（第二版）	万哲先 编著
39	9787040386516	实分析中的反例	汪林
40	9787040388909	泛函分析中的反例	汪林
41	9787040373783	拓扑线性空间与算子谱理论	刘培德
42	9787040318456	旋量代数与李群、李代数	戴建生 著
43	9787040332605	格论导引	方捷
44	9787040395037	李群讲义	项武义、侯自新、孟道骥
45	9787040395020	古典几何学	项武义、王申怀、潘养廉
46	9787040404586	黎曼几何初步	伍鸿熙、沈纯理、虞言林
47	9787040410570	高等线性代数学	黎景辉、白正简、周国晖
48	9787040413052	实分析与泛函分析（续论）（上册）	匡继昌
49	9787040412857	实分析与泛函分析（续论）（下册）	匡继昌
50	9787040412239	微分动力系统	文兰
51	9787040413502	阶的估计基础	潘承洞、于秀源
52	9787040415131	非线性泛函分析（第三版）	郭大钧
53	9787040414080	代数学（上）（第二版）	莫宗坚、蓝以中、赵春来
54	9787040414202	代数学（下）（修订版）	莫宗坚、蓝以中、赵春来
55	9787040418736	代数编码与密码	许以超、马松雅 编著
56	9787040439137	数学分析中的问题和反例	汪林
57	9787040440485	椭圆型偏微分方程	刘宪高
58	9787040464832	代数数论	黎景辉
59	9787040456134	调和分析	林钦诚
60	9787040468625	紧黎曼曲面引论	伍鸿熙、吕以辇、陈志华
61	9787040476743	拟线性椭圆型方程的现代变分方法	沈尧天、王友军、李周欣
62	9787040479263	非线性泛函分析	袁荣
63	9787040496369	现代调和分析及其应用讲义	苗长兴

续表

序号	书号	书名	作者
64	9787040497595	拓扑空间与线性拓扑空间中的反例	汪林
65	9787040505498	Hilbert 空间上的广义逆算子与 Fredholm 算子	海国君、阿拉坦仓
66	9787040507249	基础代数学讲义	章璞、吴泉水
67.1	9787040507256	代数学方法（第一卷）基础架构	李文威
68	9787040522631	科学计算中的偏微分方程数值解法	张文生
69	9787040534597	非线性分析方法	张恭庆
70	9787040544893	旋量代数与李群、李代数（修订版）	戴建生
71	9787040548846	黎曼几何选讲	伍鸿熙、陈维桓
72	9787040550726	从三角形内角和谈起	虞言林
73	9787040563665	流形上的几何与分析	张伟平、冯惠涛
74	9787040562101	代数几何讲义	胥鸣伟
75	9787040580457	分形和现代分析引论	马力
76	9787040583915	微分动力系统（修订版）	文兰
77	9787040586534	无穷维 Hamilton 算子谱分析	阿拉坦仓、吴德玉、黄俊杰、侯国林
78	9787040587456	p 进数	冯克勤
79	9787040592269	调和映照讲义	丘成桐、孙理察
80	9787040603392	有限域上的代数曲线：理论和通信应用	冯克勤、刘凤梅、廖群英
81	9787040603568	代数几何（英文版，第二版）	扶磊
82	9787040621068	代数基础：模、范畴、同调代数与层（修订版）	陈志杰
83	9787040621761	微分方程和代数	黎景辉
84.1	9787040627602	非线性微分方程的同伦分析方法（上卷）	廖世俊、崔继峰、刘曾、杨小岩
84.2	9787040629032	非线性微分方程的同伦分析方法（上卷）	廖世俊、崔继峰、刘曾、杨小岩